企業創新驅動
影響因素實證研究

李後建、張劍 著

財經錢線

目　錄

第一章　緒論／1

　　第一節　研究背景／1

　　第二節　研究意義／2

　　第三節　研究內容／3

第二章　法制環境、信貸配給與企業研發投入／6

　　第一節　引言／6

　　第二節　文獻綜述與研究假設／8

　　第三節　研究設計／11

　　第四節　實證結果與分析／14

　　第五節　結論與政策內涵／20

第三章　企業邊界擴張與研發投入／26

　　第一節　引言／26

　　第二節　文獻綜述／27

　　第三節　研究設計／30

　　第四節　計量分析／34

　　第五節　結論與政策內涵／46

第四章　銀行信貸、所有權性質與企業創新／53

　　第一節　引言／53

第二節　文獻探討與研究假設／55

第三節　研究設計／58

第四節　實證檢驗／62

第五節　結論與政策內涵／68

第五章　政策不確定性、銀行授信與企業研發投入／73

第一節　引言／73

第二節　文獻探討與研究假設／75

第三節　研究設計／78

第四節　實證結果與分析／81

第五節　結論與政策內涵／93

第六章　政治關聯、地理鄰近性與企業聯盟研發投入／100

第一節　引言／100

第二節　理論分析與研究假設／102

第三節　研究設計／106

第四節　實證結果與分析／110

第五節　結論與政策內涵／128

第七章　管理層風險激勵模式、異質性與企業創新行為／135

第一節　引言／135

第二節　理論分析與研究假設／136

第三節　數據與方法／140

第四節　實證分析／144

第五節　結論與政策內涵／157

第八章　政治關係、信貸配額優惠與企業創新行為／164

第一節　引言／164

第二節　理論基礎與研究假設／167

第三節　研究設計／170

　　第四節　實證結果與分析／175

　　第五節　結論與政策內涵／184

第九章　金融發展、知識產權保護與技術創新效率改進／190

　　第一節　引言／190

　　第二節　文獻綜述／192

　　第三節　研究方法與數據來源／195

　　第四節　結果分析／202

　　第五節　結論與政策內涵／215

第十章　破解轉型經濟體中企業核心能力悖論／222

　　第一節　引言／222

　　第二節　文獻探討與研究假設／223

　　第三節　研究方法／227

　　第四節　資料分析和結果討論／231

　　第五節　結論與政策內涵／236

第一章　緒論

第一節　研究背景

　　在中國經濟面臨轉型的過程中，尋求驅動中國經濟永續發展的動力適逢其時。過往的「經濟增長奇跡」確實給中國帶來了翻天覆地的變化，但是驅動經濟高速增長的激勵結構背後也給中國帶來了沉重的代價，中央政府和學術界已經意識到現有的經濟增長模式不可持續，必須尋求新的經濟增長動力來確保經濟增長的可持續性。習近平總書記關於創新驅動發展發表了系列重要講話，強調「創新是引領發展的第一動力」，進一步表明新一屆的政府核心領導層對創新的重視。因此，中國的經濟增長必須走出資源依賴型的發展模式，走向創新驅動與轉變的發展模式。但是，如何推動中國經濟增長由要素驅動走向創新驅動是當前擺在政府各部門和學術界面前需要解決的重大問題之一。

　　毋庸置疑，創新是一項高風險的投資項目，它的投資週期長、耗資高、風險大。儘管如此，成功的創新卻能創造新的市場機會，打破現有的市場格局，從而確立新的市場秩序。因此，大力弘揚企業家創新精神，有效激勵企業實施創新是中國經濟增長模式實現創新驅動轉變的重要舉措之一。然而，在經濟步入新常態的關鍵時期，中國的經濟轉型仍然給創新帶來不少風險和挑戰。市場環境不確定、正式制度不完善和政府管制過嚴等問題並存，嚴重制約了中國企業致力於創新的活力。因此，在正式制度缺失的經濟體中，尋求有效途徑促進企業創新，不僅具有重要的理論意義，而且對於現階段實現中國經濟成功轉型具有重要的現實意義。

　　企業的創新活動包羅萬象，主要涉及技術、策略、管理、產品、行銷等方面，這些活動可能會發生在企業內部和外部的任何環節。近些年來，隨著科學技術的不斷進步，創新的觀念逐漸深植在人們心中，不斷變化的市場環境也要

求企業必須通過創新來回應市場環境的變化，否則企業終將面臨淘汰之厄運。毋庸諱言，中國正經歷著走出低水平均衡陷阱的陣痛，在這一艱難的轉型過程中，中國的企業無疑承載著轉型升級的重要使命。引導中國企業走自主創新道路已經成為政府各部門應首要解決的重大問題之一。誠然，近年來，在政府部門的引導下，中國企業自主創新的能力得到了較大的提升。《中國企業自主創新評價報告（2014）》以高端製造業、能源業、電子信息業、生物業和節能環保業這五大行業為主要研究對象。結果顯示，2013年，中國全年R&D經費支出達到11,906億元，佔國內生產總值的2.09%；研發人員全時當量達到324.7萬人/年，居世界第一，佔全球總量的29.2%。儘管近五年來中國不斷加大創新投入，研發人員平均數量持續增加，研發經費的絕對數量與佔比穩步增長，但與國際先進水平仍有較大的差距。較為典型的問題有研發投入與國際先進水平仍有較大的差距、在創新成果產出方面仍缺乏原創性成果、在創新的體制機制方面仍有諸多未理順之處、在創新人才的培養與激勵方面仍有較大的改善空間等。由此可見，在經濟轉型的關鍵時期，尋求驅動企業創新的關鍵因素顯得至關重要。

第二節　研究意義

近些年來，國際競爭越來越激烈，加上生產成本上升，中國企業傳統競爭優勢逐步削弱。與此同時，新一輪科技革命正孕育興起，與中國加快轉變經濟發展方式形成歷史性交匯。因此，將競爭優勢和可持續發展的動力轉至創新上面是中國企業必須走的路。傳統上，企業依靠優惠條件、廉價人力成本來維持競爭優勢，但是隨著這些條件逐漸消失，企業必須更多地依靠科技創新和制度創新來適應市場需求，生產的產品也要以實物為中心轉移到以價值為中心。這也意味著中國企業要逐漸脫離傳統的實物生產階段而進入通過創新來實現價值創造的階段，在通過創新實現價值創造的過程中，企業便進入了一個高度不確定性的環境，特別是在進入初期，企業必須學習如何將創新產品實現商業轉化，以及如何開發出符合市場需求的新產品。對於長期依賴模仿進行產品生產的中國企業而言，自主開發新技術和新產品是一項較大的挑戰，但為了實現中國經濟的轉型升級，企業不得不接受這項挑戰，並努力克服挑戰過程中面臨的一切困難和障礙。

在這個蛻變的過程中，經濟的暫時衰退是必經之路，這是中國企業脫離傳

統競爭模式，學習適應以自主創新去開拓市場所必須付出的代價。這種衰退會發生在陳舊的技術產品已經不符合市場需求，但無法及時開發出符合市場需求的新產品和新技術，也即經濟沒有出現新的增長點的時期。儘管企業已經開始了創新，但是這些創新的產品或技術需要一定的時間讓市場來消化。特別是當經濟不景氣時，市場通常傾向於保守，而在短時間內不願意接受企業的新產品或新技術。因此，創新企業通常在經濟出現衰退的期間內是最艱難的，它需要有新的動力來驅動企業持續地進行創新活動，最終實現整個經濟的成功轉型。從現有的研究來看，大部分的研究者將主要精力集中在如何推動經濟增長這個重大問題上，而可能忽視了驅動經濟可持續增長的內生性因素。特別地，在經濟轉軌時期，探討驅動經濟可持續增長的內生性因素對於有效制定促進經濟成功轉型的相關政策具有重要的理論意義和實踐價值。

第三節 研究內容

本書后續的內容共有九章。第二章從法制環境的角度，探究了信貸配給對企業研發投入的影響。通過借助第三方權威機構世界銀行提供的數據檢驗了法制環境、信貸配給和企業研發投入三者之間的關係。結果表明，信貸配給顯然弱化了企業的研發投資行為，而法制環境的改善有助於激發企業研發投入的動機，並強化企業研發投入強度。進一步研究發現，隨著法制環境的不斷改善，信貸配給對企業研發投入行為的負面影響會逐漸弱化。

第三章首先從理論上探討了企業邊界擴張對研發投資的影響，然后利用相關數據驗證了企業邊界擴張與研發投資之間的內在關係。研究發現企業邊界擴張對研發投資行為具有顯著的消極影響。在此基礎上，本章進一步檢驗了不同情境下企業邊界擴張對研發投資行為的影響，發現，國有控股比例、政治關聯、政策不確定性和遊說都顯著強化了企業邊界擴張對研發投資的消極影響，而法治水平則未能有效緩解企業邊界擴張對研發投資的消極影響。此外，本章運用廣義傾向匹配法和劑量回應模型刻畫了企業邊界擴張與研發投資之間的關係曲線，結果表明企業邊界擴張對研發投資具有較為穩健的負面影響。

第四章主要考察了銀行信貸、所有權性質與企業創新之間的關係。研究發現，銀行信貸對企業創新具有顯著的積極影響，而所有權的國有比例會顯著抑制企業創新。進一步地，隨著國有比例的增加，銀行信貸對企業創新的積極影響會逐漸弱化。研究還發現小型企業和年輕企業的企業創新對銀行信貸和所有

權性質的敏感性更高。這些研究結論意味著深化金融體制改革，引導國有企業發揮企業創新的領頭羊作用將有助於推動企業創新。本章為金融市場發展、政府干預與經濟轉型之間因果關係的解釋提供了重要的微觀基礎。

第五章基於實證的視角，探討了政策不確定性、銀行授信與企業研發投入之間的內在關係。研究發現，隨著政策不確定性程度的增加，企業會減少研發投入，而銀行授信水平則激發了企業的研發投入動機。進一步地，隨著政策不確定性程度的增加，銀行授信對企業研發投入的正向激勵作用會逐漸弱化，而且這一結果具有較強的穩健性。進一步研究發現，處於制度質量水平較高地區的企業，銀行授信對企業研發投入具有更加強烈的積極影響，然而制度質量並不能有效地弱化政策不確定性通過銀行授信對企業研發投入造成的消極影響。本章的研究結論對於理解宏觀政策和資本市場對企業研發投入的影響以及制度質量的作用具有一定的參考價值。

第六章基於實證的視角，探討了政治關聯、地理鄰近性和企業聯盟研發之間的內在關係。研究發現，政治關聯和地理鄰近性對企業聯盟研發投入傾向和強度皆具有顯著的正向影響。此外，政治關聯會強化地理鄰近性對企業聯盟研發行為的積極影響。內生性檢驗和穩健性分析的結果表明政治關聯、地理鄰近性與企業聯盟研發之間的內在影響關係非常穩健。進一步地，本章研究還發現信息通信技術的使用有助於弱化地理鄰近性對企業聯盟研發投入的積極影響，這為聯盟研發企業打破地域上的「空間粘性」提供了有效途徑。本章的研究結論在一定程度上解釋了在欠發達和轉型的經濟體中孱弱的正式制度與積極創新並存的悖論，為更深層次地理解企業聯盟研發行為提供了詳細的微觀經驗證據。

第七章基於 2005 年世界銀行關於中國 2002—2004 年 31 個省 121 個城市 12,136 家企業的投資環境調查數據，檢驗了管理層風險激勵模式和異質性對企業創新行為的影響。研究表明：（1）管理層風險激勵是企業創新行為的重要驅動力，但對於市場化程度較高的東部地區企業而言，短期風險激勵的效果要遜於長期風險激勵；（2）管理層任期與企業創新行為之間呈現倒 U 形曲線關係，即管理層任期過長容易使企業陷入「記憶僵化」的困局；（3）政治關係抑制了企業創新行為，但市場化程度有利於弱化政治關係對企業創新行為的抑製作用；（4）管理層教育水平有利於推動企業創新，但在不同地區存在一定的差異性。通過工具變量迴歸發現，上述主要結果具有較強的穩健性。本章的結論為中國企業成功轉型過程中如何有效治理管理層提供了經驗參考。

第八章以世界銀行在中國開展的投資環境調查數據為樣本，實證考察了政

治關係、信貸配額優惠對企業創新行為的影響。研究發現，主動政治關係推動了企業創新，而被動政治關係則抑制了企業的創新行為。此外，信貸配額優惠對企業創新具有積極作用，但這種作用受制於政治關係的影響，具體表現為政治關係弱化了信貸配額優惠對企業創新行為的正向影響。進一步的研究還發現，市場化進程強化了主動政治關係和信貸配額優惠對企業創新行為的積極影響，而弱化了被動政治關係對企業創新行為的抑制作用，同時在市場化機制的作用下，政治關係對信貸配額優惠和企業創新行為之間正向關係的弱化作用得到了緩解。本章為理解轉軌經濟背景下的中國企業創新行為的影響因素提供了一個新的重要視角，也為理解當前的金融體制改革、企業創新融資約束等問題提供了新的經驗證據。

第九章運用空間動態面板計量分析技術，考察了1998—2008年中國30個省級區域（未含港、澳、臺地區；西藏由於數據缺失嚴重，故將其略去）金融發展、金融市場化和知識產權保護對技術創新效率的影響。研究發現，地區金融發展和知識產權保護積極推動了技術創新效率的改進，而金融市場化則妨礙了技術創新效率的提升。此外，知識產權保護強化了金融發展對技術創新效率改進的積極作用，而弱化了金融市場化對技術創新效率改進的消極作用，但作用程度並不大。進一步研究發現，中國技術創新效率具有較強的空間效應強度和路徑依賴性，同時也具有明顯的區域差異性。本章為理解市場化改革背景下的中國技術創新效率影響因素提供了一個新的視角，也為理解金融發展、金融市場化和知識產權保護對於經濟增長影響的機制提供了新的經驗證據。

第十章以中國中小型信息技術企業作為研究對象，以核心能力理論為基礎，試圖通過探尋企業家精神導向和市場導向的調節作用來破解轉型經濟體中核心能力悖論。研究結果表明，首先，核心能力悖論是中小型信息技術企業中普遍存在的現象；其次，企業家精神導向對核心剛度的軟化作用並不明顯，同時它對核心能力向核心剛度轉化的緩解作用亦不明顯；最後，市場導向既能起到軟化企業核心剛度的作用，同時又能引導企業緩解核心能力對核心剛度的強化作用。本章的結論對於進一步破解轉型經濟體中核心能力悖論，實現經濟結構成功轉型具有非常重要的意義。

第二章　法制環境、信貸配給與企業研發投入

　　本章利用2012年世界銀行關於中國企業營運的制度環境質量調查數據，旨在從實證的角度探究法制環境、信貸配給與企業研發投入之間的關係。研究發現，信貸配給顯著弱化了企業研發投資的概率和研發投入強度。平均而言，與沒有遭受信貸配給的企業相比，遭受信貸配給的企業致力於研發投資活動的概率會顯著降低23.42%，而法制環境的改善有助於激發企業研發投入的動機，並強化企業研發投入強度。具體而言，法制環境從平均值開始的邊際改善會使得企業致力於研發投資活動的概率提高6.88%。本章還發現，隨著法制環境的不斷改善，信貸配給對企業研發投入行為的負面影響會逐漸弱化。上述結論意味著，現階段改善法制環境、弱化金融機構信貸配給行為對於推動企業創新和促進中國經濟的轉型和升級具有重要的現實意義。

第一節　引言

　　企業研發投入作為技術創新的主要形式，一直被視為經濟永續發展和持續改善社會福利的主要驅動力（Aghion & Howitt, 1992）。因此，識別、評估和矯正研發投入不足的不利影響是所有國家政策議題的重要組成部分（Lai et al., 2015）。特別地，對於經濟進入「新常態」的中國而言，粗放式的經濟增長方式不僅妨礙了經濟的可持續發展，而且帶來了極大的負外部性（李后建，2013）。中國的經濟迫切需要轉向創新驅動型的發展之路（嚴成樑、胡志國，2013）。在推動中國經濟由「要素驅動」向「創新驅動」轉變的過程中，企業研發投入起著至關重要的作用（範紅忠，2007）。但毋庸諱言，中國企業研發

投入仍然不足。在《福布斯》雜誌公布的 2013 年全球最具創新力的 100 強企業中，中國只有兩家企業入選。2013 年中國企業 500 強發布會公布的數據顯示，430 家填報了研發數據的企業，在研發資金增幅上有明顯回落，也略低於營業收入增速，企業平均研發強度為 1.27%，連續兩年下滑，其中 104 家企業的研發投入出現了負增長，較 2012 年增加了 28 家。

企業研發投入強度下滑，可能會妨礙中國創新驅動戰略的推動，進而對中國經濟的可持續發展造成諸多負面影響。因此，探尋中國企業研發投入不足的「病根」，並對因治療，這對當前中國經濟的成功轉型具有重要的理論與實踐意義。毋庸諱言，中國資本市場尚不成熟，法制亦不完善，再加上企業研發項目嚴重的信息不對稱問題迫使致力於創新的企業陷入了嚴重的融資困境和代理衝突（謝家智、劉思亞、李后建，2014；解維敏、方紅星，2011）。特別地，由於信貸緊縮，金融機構可能優先減少對企業研發項目的投資額度（李后建、張宗益，2014）。這是因為在制度體系並不完善的經濟體中，研發投資對金融摩擦具有較高的敏感性（Kim & Park，2012；Kim & Lee，2008）。然而，研發投資對信貸配給的反應仍諱莫難明（Das，2004）。主要原因在於：第一，近期的文獻表明，當企業已經獲得增加外部金融資源的多條渠道並管理流動性緩衝儲存時，使用標準投資模型很難識別出融資約束的作用（Brown et al.，2012）；第二，現有的經驗證據幾乎僅基於企業研發支出對內部融資可得性的敏感性，顯然，利用內部融資可得性作為融資約束的代理變量值得商榷（Kaplan & Zingales，2000）；第三，現有的經驗證據並未考慮特定情境下信貸配給對企業研發投資的影響，這使得以往的研究結論存在著較大分歧。

在本研究中，我們在處理上述具體問題的前提下，評估了法制環境和信貸配給對研發投資的不利影響，並進一步探究了法制環境對信貸配給與企業研發投資之間關係的調節效應。研究發現信貸配給顯著弱化了企業研發投資傾向和投入強度，而法制環境的改善有助於強化企業研發投資傾向和投入強度，並且隨著法制環境的改善，金融機構的信貸配給行為對企業研發投資傾向與投入強度的消極影響會逐漸弱化。本章研究結論證實，現階段加快資本市場改革、改善法制環境對中國企業可持續發展乃至經濟轉型升級有著重要的意義。

本章的理論貢獻主要體現在以下幾個方面：首先，學術界關於特定情境下，信貸配給對企業研發投入影響的微觀機制研究較少，本章利用 2012 年世界銀行關於中國企業營運的制度環境質量調查數據有效地評估了法制環境和信貸配給對企業研發投入的影響效應，進一步補充和豐富了法律金融理論的經驗證據；其次，從更廣義的角度而言，本章為深刻理解法制環境和金融發展對中

國經濟轉型升級的影響提供了微觀的經驗證據，為豐富特定的法制環境下，金融發展與經濟增長之間的關係提供了新的視角和有益補充。

第二節　文獻綜述與研究假設

過去幾十年來，大量研究拓展了商業固定投資的傳統模型，並明確地體現和揭示了融資約束的影響，從而彌補了新古典主義投資理論的缺陷（Stiglitz & Weiss, 1981）。現代投資理論模型放鬆了新古典主義嚴格的假設條件，為內外部資金之間的不完全替代性提供了基礎，也為金融因素對投資決策的影響提供瞭解釋。經典的現代投資理論模型闡明了在道德風險或逆向選擇的情境下，信息不對稱對投資的影響，其中項目風險或質量的私人信息會導致債務成本、股權成本和使用內部融資的機會成本之間具有明顯的差異（Stiglitz & Weiss, 1981；Myers & Majluf, 1984）。因此，當保持潛在投資機會不變時，企業的信息成本和內部資源的可用性會影響外部資金的影子成本。

最近的研究表明，相對於其他類型的投資，企業研發投資對金融因素可能更加敏感（Hall & Lerner, 2010）。這是因為普通的投資者會發現對無形資產投資和研發項目投資的價值和風險做出準確的評估是異常困難的。此外，雖然企業可以免費地將信息傳送給普通的投資者，但出於戰略考慮，它們會極力維持信息不對稱以免信息洩露給競爭者，從而確保研發項目的預期價值。同時還應注意到研發項目缺乏有效的抵押品而使得逆向選擇和道德風險問題更加複雜（Himmelberg & Petersen, 1994）。儘管研發投資對信貸配給高度敏感，但融資約束可能無法直接觀測。這可能是研發投資兩個重要的特徵導致的結果：（1）確立研發項目涉及大量沉沒成本；（2）現有研發項目支出波動大，成本昂貴。這是因為研發項目支出主要用於支付工資給訓練有素的科學家、工程師和其他專家。並且這些工人的供給缺乏彈性：根據商業環境的臨時變化解雇和雇傭這些工人的成本將是非常昂貴的，因為這些工人具備大量特定的專業知識，而培訓新工人的成本非常昂貴，並且被解雇的專家能夠將有價值的知識傳達給雇傭他們的競爭者（Hall, 2002）。

上述有關企業研發投入的所有論述特別適用於處在轉型時期的中國企業。因為在當前市場機制並不完善的制度背景下，中國企業的透明度較低，交易成本相對較高，且大部分企業缺少可以用作抵押品的相關資產。特別地，對於中國年輕的中小型企業，上述情形尤為如此。除此之外，中國年輕的中小型企業

利潤累積程度低、與本地銀行沒有建立長期的關係且存在高違約風險。因此，在其他條件不變的情況下，中國年輕的中小型企業更易遭受信貸配給。在信息不對稱的信貸市場，金融機構為了解決信貸配給問題，會設計一系列激勵相容的合同，同時將利率和擔保作為揭示企業事前風險水平的檢測機制（Bester, 1985）。由於企業研發投資形成的無形資產並不具備優良抵押品的特性，因此，金融機構通常會將致力於研發投資的企業排斥在信貸市場之外（Kochhar, 1996）。這可能使得致力於研發投資的企業陷入嚴重的融資約束，最終被迫中斷正在進行的研發投資項目。即使致力於研發投資的企業有幸獲得信貸額度，但債務契約的剛性會損害研發投資項目融資所需的財務靈活性（O'Brien, 2003）。因此，現有的研究表明金融機構會對企業的研發投資採取不恰當的管理保障措施，進而弱化了企業的研發投入強度（Vincente-Lorente, 2001）。

此外，在信貸配給的過程中，金融機構通常會設置繁瑣的貸款程序，包括信用等級評估、貸款調查和貸款審批等。這些程序會耗費企業大量的時間和精力，提高了企業的外部融資成本（Robson et al., 2013）。由於研發週期日益縮短，技術更替日趨加快，企業若要抓住轉瞬即逝的市場機會，就必須強調研發的即時性，並隨時保證研發所需的資金充足性（Czarnitzki & Hottenrott, 2011）。這也意味著金融機構實行信貸配給會使得企業遭受信貸約束而喪失研發機會。現有研究表明，當出現負面的現金流衝擊時，如果企業不能及時獲得外部融資，那麼它會優先考慮短期資本投資，而放棄當前的研發投資（Aghion et al., 2012）。根據上述分析，我們提出如下有待檢驗的假設：

H1：信貸配給對企業研發投入具有顯著的消極影響。

上文強調了企業研發對信貸配給的敏感性，同時，企業研發也必須在特定的法制環境下展開。法律制度在本質上是一種特定的遊戲規則（Harper, 2003），它是人類互動的約束機制（North, 1990）。這些約束機制關乎企業的投資決策，因為它可以降低企業面臨的不確定性並減少交易成本（Williamson, 1985），使得企業能夠獲得相對穩定的預期收益率。特別地，由於研發投資項目是特定知識的工程項目，外部投資者很難監控研發投資項目的整個過程。再加上研發投資項目具有較大的不確定性，外部投資者較難評價管理層對研發項目的管理行為並讓這些管理層為研發項目的失敗擔責，因此，對研發投資項目而言，管理層通常擁有較大的權力，這也為他們從研發投資項目中牟取個人私利開了方便之門。上述情境會加劇代理問題，從而扭曲企業研發投資（Xiao, 2013）。然而，投資者法律保護可以緩解上述代理問題，它能夠有效地緩解管理層對研發投資的扭曲。通過賦予外部投資者更大權利，投資者法律保護可以

有效降低管理層從研發投資項目中抽取租金的激勵（Shleifer & Wolfenzon, 2002）。現有的研究表明由於投資者法律保護能夠緩解代理問題，因此它可以帶來更多派息（La Porta et al., 2000）並減少企業現金持有（Dittmar et al., 2003）。通過緩解代理問題，投資者法律保護會顯著地影響企業的投資政策（Xiao, 2013）。例如，強有力的投資者保護法律制度可以限制企業管理層從過度投資中抽取租金的行為。對於資源有限的企業，投資者的權力將降低管理層追逐私利的激勵並顯著促進有價值的項目投資（John et al., 2008）。由於投資者法律保護在緩解代理問題上的顯著作用，強有力的法律制度可以緩解研發投資過程中的利益衝突問題，有利於強化企業的研發投資動機。

此外，企業研發投入形成的無形資產通常具有弱排他性，如果缺少排他性的知識產權保護，那麼這些無形資產有可能輕易地被他人模仿而將無形資產的收益侵蝕殆盡，一旦潛在的研發投資者預期到這一點，他們將會失去研發投資的動機（李后建，2014；宗慶慶等，2015）。然而，在法律制度完善的經濟體中，司法系統對知識產權的保護有所增強，企業的訴訟成本也會降低，此時維護知識產權的交易費用也相應減少。當企業研發所獲得的無形資產被競爭者毫無成本地剝奪時，企業可以更多地運用司法系統維護無形資產的排他性佔有（Acemoglu & Johnson, 2005）。由此可見，完善的法律制度可以有效地保證企業的研發成果實現市場化運作，增加致力於研發的企業的預期收益，強化了其繼續研發的意願和動力（Acemoglu & Johnson, 2005）。根據上述分析，我們提出如下有待檢驗的假設：

H2：完善的法制環境對企業研發投入具有顯著的積極影響。

法律制度除了對企業研發投入具有直接的影響外，還可以調節信貸配給對研發投入的消極影響。其主要原因是，法律制度和司法執行效率通過影響信貸市場效率而間接影響企業研發投入。在銀企的借貸關係中，法庭起著至關重要的作用，因為它能夠在那些有償付能力的企業故意逃廢債務時強制他們履行償還債務，這顯然弱化了銀行的信貸配給程度，一定程度上保證了企業研發投入外部融資的可得性（Xiao, 2013）。然而，法律執行不力會加劇企業的機會主義行為，當金融機構預料到企業有違約企圖時，金融機構便可能會增加信貸配給而使得致力於研發投資的企業陷入融資困境。La Porta 等人（1997）認為，對投資者有效的法律保護可以弱化金融機構信貸配給的動機，拓寬企業外部融資的渠道。Jappetli 等人（2002）進一步探究了法庭對債務契約執行力度、信貸額度、利率和違約率的影響。他們認為法律執行效率的改進會增加金融機構的信貸供給總量，減少信貸配給。Xiao（2013）的研究表明，有效的投資者法律

保護有助於企業獲得更多的融資渠道，提高企業的資本配置效率，減少企業的融資約束，從而強化企業的研發投資動機。進一步地，在糟糕的法制環境中，企業可能會遭受嚴重的信貸配給而陷入融資約束，同時也會使得企業研發投資所產生的無形資產缺乏有效的司法保護而失去獨占性，此時企業會優先減少耗時長、資金需求量大和風險高的研發投資項目，而將有限的資金集中於短期項目來求取市場生存機會。根據上述分析，我們提出如下有待檢驗的假設：

H3：在相對完善的法制環境中，信貸配給對企業研發投入的消極影響會被弱化。

第三節　研究設計

一、數據來源與研究樣本

我們使用的數據來源於2012年世界銀行關於中國企業營運的制度環境質量調查。這次共調查了2848家中國企業，其中國有企業148家，非國有企業2700家。參與調查的城市有25個，分別為北京、上海、廣州、深圳、佛山、東莞、唐山、石家莊、鄭州、洛陽、武漢、南京、無錫、蘇州、南通、合肥、瀋陽、大連、濟南、青島、菸臺、成都、杭州、寧波、溫州。涉及的行業包括食品、紡織、服裝、皮革、木材、造紙、大眾媒體等26個行業。調查的內容包括控制信息、基本信息、基礎設施與服務、銷售與供應、競爭程度、生產力、土地與許可權、創新與科技、犯罪、融資、政企關係、勞動力、商業環境、企業績效等。這項調查數據的受試者為總經理、會計師、人力資源經理和其他企業職員。調查樣本根據企業的註冊域名採用分層隨機抽樣的方法獲取，因此調查樣本具有較強的代表性。在本研究中，有效樣本為1155個，這是因為我們剔除了一些指標具有缺失值的樣本。需要說的是，在迴歸過程中，我們對連續變量按上下1%的比例進行winsorize處理。

二、估計策略

上述理論框架為本研究估計信貸配給對研發投資決策以及研發投資強度影響的實證策略提供了基礎，同時，考慮到特定情境會對企業的決策行為產生深刻影響，因此，在計量模型中，我們納入了法制環境的影響，並建立以下計量模型：

$$\begin{cases} y_i = f(\alpha_0 + \alpha_1 R_i + \alpha_2 law_i + \alpha_3 R \times law_i + \beta_1 X_i + \mu_i) \\ R_i = I(\beta_2 Z_i + v_i \geqslant 0) \end{cases} \quad (2.1)$$

其中 y_i 表示企業研發投資決策（RD）或者實際研發投入強度（RD/Sales），RD 表示企業在近三年來若開展了研發投資活動則賦值為1，否則為0；而 RD/Sales 則表示企業近三年來平均每年研發投入與銷售額的比值。R_i 表示信貸配給，具體界定過程如下：

根據本研究之目的，所有企業可以分為兩組，即有信貸組和無信貸組。分組是基於企業相關人員對「企業申請了任何貸款或銀行授信嗎?」這一問題的回答。對於這個問題的回答有兩個可能的答案：(1) 申請了；(2) 沒有申請。在此基礎上，我們構建了一個二分變量（NL_i）：

$$NL_i = \begin{cases} 1 & 沒有申請 \\ 0 & 申請了 \end{cases} \quad (2.2)$$

然后，針對那些沒有申請任何貸款或銀行授信的企業需要說明主要原因：(1) 不需要貸款，企業有足夠的資本；(2) 申請程序複雜；(3) 貸款利率過高；(4) 抵押品要求太高；(5) 貸款額度和期限不夠；(6) 認為貸款將不會被批准；(7) 其他。對於沒有申請任何貸款或銀行授信的企業而言，我們排除那些不需要貸款、有足夠資本的企業，將沒有申請任何貸款或銀行授信的主要原因為 (2) – (7) 的企業歸為第一組信貸配給企業（R_i^f），即沮喪的潛在借款人（Jappelli, 1990）或預先配給的借款人（Mushinski, 1999）：

$$R_i^f = \begin{cases} 1 & NL_i = 1 \wedge 企業確實需要貸款 \\ 0 & 其他 \end{cases} \quad (2.3)$$

另一類企業是申請了任何貸款或銀行授信，但有三種可能的結果：(1) 申請獲批；(2) 申請被否；(3) 申請結果仍懸而未決。對於申請了任何貸款或銀行授信的企業而言，我們將申請被否的企業歸為第二組信貸配給企業（R_i^s）：

$$R_i^s = \begin{cases} 1 & NL_i = 0 \wedge 申請被否 \\ 0 & 其他 \end{cases} \quad (2.4)$$

因此，信貸配給的企業被確定為滿足以下條件的企業：

$$R_i = \begin{cases} 1 & R_i^f = 1 \vee R_i^s = 1 \\ 0 & 其他 \end{cases} \quad (2.5)$$

值得注意的是，在 Stiglitz 和 Weiss（1981）設定的模型中，配給的企業可能願意按照市場通行的貸款利率或者更高的貸款利率向銀行借款，但它們的貸款申請仍可能被拒。為此，我們通過以下方法來修正信貸配給識別機制，即將

那些因為貸款利率過高而沒有申請任何貸款或銀行授信的企業予以排除。

此外，上述信貸配給的定義可能存在這樣的問題：某些已經授予信貸的企業事實上也面臨著信貸配給。例如，某些企業的貸款申請額度較大，而信貸授予額度較小，只能滿足企業部分的信貸需求。遺憾的是，世界銀行的問卷設計沒有提供對這類企業進行識別的問題。因此，我們只能進一步假設那些有貸款或銀行授信，且並未要求提供抵押品的企業界定為未進行信貸配給的企業。

law_i表示法制環境，在度量法制環境時，我們根據2012年世界銀行關於中國企業營運的制度質量調查問卷設置的問題：「法院系統是公正、公平和廉潔的」，將其作為法制環境的度量。同時，企業管理層可以選擇的答案為「非常不同意」「傾向於不同意」「傾向於同意」和「非常同意」。根據這些答案，我們依次賦值為1、2、3、4。考慮到同一城市不同企業可能對法律環境的評價有明顯偏差，故將同一城市不同企業對法制環境評價的平均值作為該城市法制環境的度量。$R \times law_i$表示法制環境與信貸配給的交互項，它主要用於檢驗不同的法制環境下，信貸配給對企業研發投入行為影響的差異性。

X_i表示的是控制變量集，包括企業層面和企業所在城市層面兩個維度的控制變量。企業層面的控制變量包括：（1）企業年齡（lnage），定義為2012年減去企業創始年份並取對數；（2）企業規模（Scale），我們使用企業員工人數的自然對數作為企業規模的度量指標；（3）國有股份比例（Soe），定義為所有制結構中國有股份所占比例；（4）正式員工的平均教育年限（Edu），這一指標主要用於反應企業的人力資本質量；（5）微機化程度（Computer），定義為使用電腦的企業員工比例；（6）正式培訓計劃（Train），定義為企業對員工是否有正式培訓計劃，若有則賦值為1，否則為0；（7）企業出口（Export），定義為若企業所有的產品在國內銷售，則賦值為0，否則賦值為1；（8）銷售年平均增長率（Growth），定義為企業近三年平均銷售增長率，即利用2010年的年銷售總額除以2008年的年銷售總額，然后開三次方，最后將所得結果減去1。

城市層面的控制變量包括本地市場規模（Popula），按照該城市的人口規模劃分為四個等級，人口少於5萬的賦值為1，5萬~25萬（不含25萬）的賦值為2，25萬~100萬（含100萬）賦值為3，100萬以上賦值為4。除此以外，由於現有的研究結論顯示不同地區和行業的企業研發活動具有較大的差異，因此，我們還納入了城市和行業的固定效應。Z_i也表示變量控制集，它包括X_i控制變量集，還包括企業購買原材料或服務項目貨款中的賒銷比例（Charge）和由於盜竊、搶劫、故意毀壞和縱火等原因使得企業經歷的損失（Lost）（若

是則賦值為1,否則賦值為0)。主要變量的描述性統計匯報在表 2-1 中。

表 2-1　　　　　　　　主要變量的描述性統計

變量	樣本量	均值	標準差	最小值	最大值
RD	1155	0.3847	0.4867	0	1
RD/Sales	1155	0.0025	0.0119	0	0.0941
R	1155	0.3891	0.4878	0	1
Courts	1155	2.6523	0.6429	1	3
lnage	1155	2.4501	0.4867	1.0986	3.9890
Scale	1155	2.0078	0.7679	1	3
Soe	1155	0.0614	0.2253	0	1
Edu	1155	10.0483	1.8246	6	16
Computer	1155	0.2683	0.2035	0.02	1
Train	1155	0.8608	0.3462	0	1
Export	1155	0.2951	0.4563	0	1
Growth	1155	0.0782	0.1576	-0.1595	1.2240
Popula	1155	2.9776	0.1980	1	3
Charge	1155	0.6377	0.2684	0	1
Lost	1155	0.8956	0.3059	0	1

第四節　實證結果與分析

一、法制環境、信貸配給與企業研發投資決策

在評估法制環境和信貸配給對企業研發投資決策的影響過程中,我們採用 Gouriéroux 等(1980)和 Maddala(1983)提出的完全信息極大似然法來估計遞歸二元單位概率模型。這一方法的提出是為了緩解因變量和內生解釋變量皆為二元變量而導致的內生性問題。由此,我們將預估的方程(2.6)設定如下:

$$\begin{cases} dumRD_i = I(\alpha_0 + \alpha_1 R_i + \alpha_2 law_i + \alpha_3 R \times law_i + \beta_1 X_i + \mu_i \geq 0) \\ R_i = I(\beta_2 Z_i + v_i \geq 0) \end{cases} \quad (2.6)$$

其中,$dumRD_i$ 表示企業研發投資決策,若企業在近三年內開展了研發投資活動,則賦值為1,否則為0。μ_i、v_i 分別表示未被觀測到的擾動項。

表2-2的列（2）至列（4）匯報的是方程（6）的係數估計結果和邊際效應，作為對比，列（1）匯報的是 Probit 模型的係數估計結果。參照遞歸二元單位概率模型的估計結果，我們發現信貸配給（R）的係數在1%的水平上顯著為負，在考慮信貸配給的內生性後，信貸配給會顯著弱化企業致力於研發投資活動的傾向，平均而言，與沒有遭受信貸配給的企業相比，遭受信貸配給的企業致力於研發投資活動的概率會顯著降低23.42%。同樣地，在1%的顯著水平上，法制環境（Courts）的改善會顯著提高企業致力於研發投資活動的概率，即法制環境從平均值（2.6523）開始的邊際改善會使得企業致力於研發投資活動的概率提高6.88%。最後，交互項（R×courts）的係數在10%的水平上顯著為正，這意味著法制環境的改善會弱化信貸配給對企業研發投資傾向的消極影響。由此本章的研究假設獲得實證支持。

除了關鍵的解釋變量之外，控制變量的符號也基本上符合理論預期。第一，隨著企業規模的增加，企業致力於研發投資的概率也會提高，這與現有的文獻結論是一致的（Jefferson et al., 2006），這是因為企業規模越大，企業的規模效應和聲譽優勢就會越明顯，企業越有可能獲得研發投資所需具備的各項條件，同時更有能力應對研發過程中面臨的各類風險。第二，隨著國有股份比例（Soe）的增加，企業致力於研發投資的概率會顯著降低，對此一個可能的解釋是，國有企業雖然可以通過天然的政治關聯或政府擔保優先獲得各種資源，但國有企業這種天然的政治關聯或政府擔保在某種程度上限制或決定了企業的投資取向。特別地，在晉升激勵之下，官員需要在短期內向上級傳遞可置信的政績信號。那些孕育週期長、投資風險大的項目通常難以迎合地方官員的政治偏好，為了配合地方政府的政治和社會目標，國有企業也只能將大量的精力放在短期內能夠促進當地經濟增長和降低失業率的項目上，擠出了企業創新所需投入的精力。此外，在國有控股的情況下，實際控制人通常是企業高級管理人員，他們的任免由政治過程決定而不是由人力資源市場競爭產生。並且他們領取的是固定薪酬，剩餘索取權卻歸國家所有。作為理性的「經濟人」，他們的目標更多地體現為職務待遇和提升機會，需要的是短期業績穩定，而不是歷經數載的研發投資項目。第三，隨著正式員工教育程度（Edu）的提高，企業致力於研發投資的概率會增加，這與 Roper 和 Love（2006）的研究結論是一致的。通常而言，較高的教育水平能夠幫助員工提高認知複雜性，從而獲得更強的能力來掌握新觀念、學習新行為和解決新問題。由於研發項目通常是複雜和不確定的，而具有較高水平的員工可能更容易接受創新和忍受不確定性。此外，較高教育水平還能幫助員工消化和吸收新的知識和技術，有利於推動企業

研發活動的開展。第四，微機化程度（Computer）會顯著提高企業致力於研發投資的概率，可能的原因是微機化程度的提高可以強化企業內外部之間的交流，有利於顯性和隱性知識的傳輸和吸收，從而激發企業研發投資的動機。第五，與沒有正式培訓計劃的企業相比，有正式培訓計劃的企業傾向於研發投資的概率要高3.55%。可能的解釋是，正式培訓有利於促進員工吸收新的知識，從而有利於企業研發活動的開展。第六，企業出口（Export）對企業研發投資傾向具有顯著的促進作用，這可能是因為出口企業可以獲得「出口中學」效應，較快地吸收了國外研發的技術外溢，推動了企業的研發活動。銷售年平均增長率（Growth）的系數在10%的水平上顯著為正，這意味著企業銷售年平均增長率越高，企業創新活動的傾向也會越高。這是因為企業創新是一項耗資巨大的活動，豐厚的利潤才能為這項活動提供物質基礎。最後，本地市場規模（Popula）越大，企業研發投資的傾向就會越高，這意味著市場需求越多，企業越傾向於研發創新。

需要強調的是，解釋信貸配給概率的方程中納入了兩個工具變量。

第一個工具變量：企業購買原材料或服務項目貨款中的賒銷比例（Charge）。其理由是，首先企業不可能使用未支付的賒銷貨款（貿易信貸）作為研發活動的融資資金，這是因為這種外部融資方式的特點是企業逾期支付賒銷貨款會導致巨額罰息，因此它的融資成本是非常昂貴的（Elliehausen & Wolken, 1993）。由此可見，除非企業面臨嚴峻的流動性短缺問題，否則企業並不樂意使用未支付的賒銷貨款。在信息不對稱的情況下，外部投資者並不能有效區分資不抵債和無流動資金而有償債能力的企業，因此對於未支付賒銷貨款的企業而言，信貸配給的可能性會更大。

第二個工具變量：盜竊、搶劫、故意毀壞和縱火等原因是否使得企業經歷損失（Lost），若是則賦值為1，否則賦值為0。其理由如下：上述事件是企業經歷的外部不可控事件。它的特點可以概括為：（1）意料之外的事件；（2）企業的外生不可控事件；（3）可能會導致流動性資金額度暫時性減少。這一事件的衝擊會對企業聲譽造成某種程度的影響，從而影響金融機構對企業的信貸配給程度。因此，Lost與信貸配給之間存在強烈的關聯性並滿足排除限制。值得注意的是我們使用的基準工具變量具有企業層面的變異，相對於使用省域或產業層面的工具變量，它能夠捕捉到大部分的變異，而使得估計結果更加精確。從解釋信貸配給概率方程的系數估計結果可知，上述兩個工具變量在1%的水平上對信貸配給概率具有顯著的積極影響。

表2-2　法制環境、信貸配給對企業研發投資決策影響的基準迴歸結果

解釋變量	Probit (1) dumRD Marg.	Bivariate Probit (2) dumRD Coeff.	Bivariate Probit (3) R Coeff.	Bivariate Probit (4) dumRD Marg.	IVProbit (5) dumRD Coeff.	IVLIML (6) dumRD Coeff.
R	0.0425	−1.3353***		−0.2342***	−1.6292***	−0.6378**
	[0.0323]	[0.0849]		[0.0315]	[0.3730]	[0.2526]
R×courts	0.0594*	0.1384*		0.0232*	0.3278**	0.1695*
	[0.0310]	[0.0742]		[0.0121]	[0.1384]	[0.0863]
Courts	0.1043***	0.2562***	0.1296	0.0688***	0.3870***	0.2177***
	[0.0398]	[0.0963]	[0.0944]	[0.0225]	[0.1001]	[0.0477]
lnage	0.0584*	0.0213	−0.2526***	0.0054	0.0393	0.0031
	[0.0336]	[0.0627]	[0.0698]	[0.0046]	[0.0957]	[0.0324]
Scale	0.0968***	0.1234**	−0.0987	0.0210**	0.0996***	0.0606**
	[0.0234]	[0.0504]	[0.0619]	[0.0101]	[0.0286]	[0.0257]
Soe	−0.1637	−0.8710**	−0.8223*	−0.3099**	−0.7400***	−0.2861**
	[0.1024]	[0.3772]	[0.4318]	[0.1427]	[0.1660]	[0.1310]
Edu	0.0389***	0.0425*	−0.0392	0.0113*	0.0298**	0.0126*
	[0.0081]	[0.0244]	[0.0324]	[0.0062]	[0.0121]	[0.0062]
Computer	0.0006	0.0041**	−0.0068***	0.0021**	0.0042**	−0.0017
	[0.0007]	[0.0018]	[0.0017]	[0.0008]	[0.0019]	[0.0011]
Train	0.2180***	0.2911*	−0.2194	0.0355*	0.2376***	0.1566**
	[0.0510]	[0.1696]	[0.1685]	[0.0182]	[0.0607]	[0.0628]
Export	0.1121***	0.2453***	−0.2325**	0.0440***	0.1027***	0.1282**
	[0.0256]	[0.0721]	[0.0928]	[0.0112]	[0.0303]	[0.0561]
Growth	0.2806**	0.2139*	−0.7403**	0.1376**	0.2461*	0.1830**
	[0.1109]	[0.1185]	[0.2933]	[0.0518]	[0.1529]	[0.0816]
Population	0.1721**	0.2139*	−0.1321	0.0095*	0.1428**	0.1187*
	[0.0683]	[0.1185]	[0.1776]	[0.0051]	[0.0712]	[0.0640]
Charge			0.1416***			
			[0.0345]			
Lost			0.2855***			
			[0.0697]			
城市效應	已控制	已控制	已控制	已控制	已控制	已控制

表2-2(續)

解釋變量	Probit	Bivariate Probit			IVProbit	IVLIML
	(1) dumRD	(2) dumRD	(3) R	(4) dumRD	(5) dumRD	(6) dumRD
	Marg.	Coeff.	Coeff.	Marg.	Coeff.	Coeff.
產業效應	已控制	已控制	已控制	已控制	已控制	已控制
Pseudo R^2	0.1147					
Rho		0.9232***				
Wald test					18.64***	22.14***
Sargan stat						3.4612**
Log Lik	−678.5934	−1365.7894			−1396.876	
N	1155	1155	1155	1155	1155	1155

註：[ ] 內表示基於行業聚類的穩健性標準差（觀察到的信息矩陣法）。***、**和* 分別表示在1%、5%和10%的水平顯著。以下相同，不再贅列。

利用上述工具變量，我們使用了 IVProbit 和 IVLIML（有限信息極大似然法）迴歸，分別報告在表 2-2 中的第（5）至第（6）列。迴歸結果顯示，Wald 外生性排除檢驗拒絕了原假設，表明信貸配給是內生的。同時信貸配給的系數在5%的水平上顯著為負，與遞歸二元單位概率模型估計的結果基本吻合。

二、法制環境、信貸配給與企業研發投入強度

接下來，我們研究信貸配給對企業研發投入強度的影響。考慮到信貸配給的內生性，我們打算使用 IVTobit 模型，由此，我們將預估的方程（2.7）設定如下：

$$\begin{cases} RD/Sales_i = I(\alpha_0 + \alpha_1 R_i + \alpha_2 law_i + \alpha_3 R \times law_i + \beta_1 X_i + \mu_i \geqslant 0) \\ R_i = I(\beta_2 Z_i + v_i \geqslant 0) \end{cases} \quad (2.7)$$

其中，$RD/Sales_i$ 表示企業近三年來平均每年研發投入與企業銷售額的比值。表 2-3 的第（2）列匯報了使用兩步法的 IVTobit 迴歸估計結果，列（3）和列（4）匯報的是 BiTobit 迴歸估計結果。作為對比和驗證忽視內生性和樣本選擇偏差而導致信貸配給影響的有偏估計，我們將標準的 Tobit 迴歸估計結果匯報在第（1）列，其中信貸配給（R）的系數為正，但在10%的水平上並不顯著。在控制住信貸配給的內生性之後，IVTobit 和 Bivariate Tobit 的迴歸結果顯示，信貸配給對企業研發投入強度具有顯著的負面影響，而法制環境對企

研發投入具有顯著的積極影響；進一步地，信貸配給和法制環境的交叉項在5%的水平上顯著為正，這意味著法制環境會顯著弱化信貸配給對企業研發投入強度的消極影響。其他控制變量的符號與預期的結果基本吻合。與 Bivariate Probit 模型的迴歸結果一致的是，在 Bivariate Tobit 迴歸結果中，Charge 和 Lost 對信貸配給的概率具有顯著的正向影響。

表 2-3　法制環境、信貸配給對企業研發投入強度影響的 Tobit 迴歸結果

解釋變量	Tobit ML (1) RD/Sales Coeff.		IVTobit (2) RD/Sales Coeff.		Bivariate Tobit (3) RD/Sales Coeff.		Bivariate Tobit (4) R Coeff.	
R	0.0075	[0.0061]	−0.1245***	[0.0039]	−0.0455**	[0.0207]		
R×courts	0.0158**	[0.0073]	0.0217**	[0.0079]	0.0142**	[0.0053]		
Courts	0.0086**	[0.0036]	0.0234**	[0.0101]	0.0117**	[0.0041]	−0.1685**	[0.0730]
Inage	0.0025	[0.0067]	0.0029	[0.0037]	−0.0006	[0.0067]	−0.1990**	[0.0773]
Scale	0.0077**	[0.0036]	0.0079**	[0.0037]	0.0072*	[0.0042]	−0.0656	[0.0497]
Soe	−0.0205*	[0.0109]	−0.0382**	[0.0120]	−0.0307**	[0.0147]	−0.9988***	[0.2208]
Edu	0.0014*	[0.0007]	0.0013*	[0.0007]	0.0011*	[0.0006]	−0.0438**	[0.0223]
Computer	0.0029	[0.0027]	0.0024	[0.0031]	0.0031	[0.0027]	−0.0059***	[0.0019]
Train	0.0213***	[0.0069]	0.0208**	[0.0072]	0.0146*	[0.0821]	−0.1548	[0.1044]
Export	0.0171**	[0.0071]	0.0173**	[0.0072]	0.0129*	[0.0071]	−0.2024**	[0.0829]
Growth	0.0345*	[0.0185]	0.0308	[0.0217]	0.0464*	[0.0276]	−0.7400***	[0.2516]
Population	0.0046	[0.0109]	0.0049	[0.0092]	0.0017*	[0.0009]	−0.1488	[0.1668]
Charge							0.1026***	[0.0319]
Lost							0.3721***	[0.1201]
城市效應	已控制		已控制		已控制		已控制	
產業效應	已控制		已控制		已控制		已控制	
Pseudo R^2	0.8026							
Rho					0.7360***			
Log Lik	−14.32				−1037.6264			
N	1155		1155		1155		1155	

三、穩健性檢驗

為了檢驗研究結果的穩健性，我們從以下兩個方面進行了穩健性檢驗，穩健性檢驗的結果經整理后匯報在表 2-4 中：（1）尋找信貸配給的替代性工具變量。參照相關文獻的經驗做法（Fisman & Svensson, 2007；Reinnikka & Svensson, 2006），即企業所在城市的特徵變量經常作為企業內生變量的工具變量。

基於此，我們將使用企業所在城市同行業（location-industry average）的信貸配給平均值作為信貸配給的工具變量，利用這一工具變量，我們對計量模型（2.6）和（2.7）進行重新估計的結果表明，主要結論依然成立；（2）尋找信貸配給的替代性指標，我們根據 2012 年世界銀行關於中國企業營運的制度質量調查問卷設置的問題：「融資可得性對企業當前的營運影響程度如何？」將其作為信貸配給的度量。同時，企業管理層可以選擇的答案為「沒有障礙」「障礙小」「障礙一般」「障礙大」和「障礙非常大」。根據這些答案，我們依次賦值為 1、2、3、4、5。但將這一指標作為信貸配給的替代性指標進行迴歸時容易導致樣本選擇問題，而使得信貸配給與企業研發投資之間呈現出顯著的正相關關係。這是因為那些對創新毫無興趣的企業可能感受不到信貸約束的限制，並且這種類型的企業在樣本中所占的比例較大，它們是信貸配給與研發投資決策之間呈現正相關關係的潛在根源。這種正向關係可能會掩蓋信貸配給對研發投資決策的負面影響。

為了緩解樣本選擇偏差帶來的內生性問題，從而有效地分析出信貸配給對企業研發投資決策的影響，我們將關注那些對研發具有潛在意願的企業，以消除正相關關係帶來的混淆影響（Savignac, 2008）。為此，我們排除了無任何創新活動的企業，這些創新活動包括為產品或過程改善引入新技術和設備、在生產或運作過程中引入新質量控制程序、引入新的管理或行政流程、為員工提供技術培訓、引入新產品或服務、為現有產品或服務添加新特徵、採取有關措施減少生產成本、採取有關措施提高生產的靈活性。因此，本章的研究樣本減少為僅包含潛在創新型企業。利用這些樣本，我們對計量模型（2.6）和（2.7）進行重新估計的結果表明，主要結論依然成立。限於篇幅，我們未報告這部分的迴歸結果。

第五節　結論與政策內涵

本章運用 2012 年世界銀行關於中國企業營運的制度環境質量調查數據實證分析法制環境和信貸配給對企業研發投入的影響。研究發現，信貸配給會對企業研發投資決策和研發投資規模具有顯著的消極影響，然而良好的法制環境會激發企業研發投資決策，並強化企業研發投入強度，並且信貸配給對研發投資決策和投入強度的消極影響會隨著法制環境的改善而逐漸弱化。

總體而言，本章的實證結果表明，法制環境是影響企業投資行為的重要因

素之一，也是企業在投資中面臨融資障礙的重要因素。糟糕的法制環境會削弱企業研發投資收益的不確定性，增加金融摩擦成本，強化金融機構的信貸配給行為，對於推動中國經濟轉型升級以及經濟社會的可持續發展具有不利的影響。基於上述研究結論，本章所蘊含的政策建議如下：

（1）完善金融市場運行機制，弱化金融機構的信貸配給行為。本章的研究結論表明信貸配給顯然弱化了企業研發投資傾向和投入強度。因此，政府部門應該完善金融市場運行機制，弱化金融機構的信貸配給行為。具體而言，政府部門應該推動利率市場化改革，進一步完善定價和風險管理機制，並建立前瞻性的風險監控機制，打造金融穩定的信息共享機制以及資本約束和風險防範逆週期機制，提高金融資源的配置效率，緩解金融機構的信貸配給行為。除此之外，政府部門應該降低資本市場門檻，拓寬企業融資渠道，提高資本市場的資源配給效率，讓更多的金融活水流向創新型企業。

（2）政府部門應該建立對研發項目進行評估和監督的第三方獨立機構，有效地緩解金融機構與企業之間關於研發項目的信息不對稱問題，從而弱化金融機構的信貸配給行為。企業研發項目的不確定性因素較多，持續的時間較長，市場前景難以有效估計。如果沒有獨立的第三方機構對企業研發項目的風險和價值進行評估，那麼金融機構將難以辨識研發項目的優劣。顯然，這會加重金融機構與企業之間的信息不對稱問題，導致企業研發面臨更加嚴重的信貸配給。為此，政府部門應該建立專業獨立的第三方評估機構，並促使其充分發揮對企業研發項目的監督作用，以緩解銀企之間的信息不對稱問題，弱化金融機構的信貸配給行為。

（3）全面推進依法治國，改善法制環境，提高企業研發投資的信心，弱化信貸配給對企業研發投資的消極影響。從本章的研究結論來看，改善法制環境，有助於弱化信貸配給對企業研發投資的消極影響。實際上法制環境的改善一方面有助於強化投資者權益保護，提高研發投資項目的融資效率；另一方面有助於確保研發項目收益的排他性佔有，強化企業對研發項目投資的信心，從而將更多的資金配置到企業的研發項目上。

參考文獻：

[1] Aghion, P., Howitt, P. (1992). A Model of Growth through Creative Destruction [J]. Econometrica, 60 (2): 323-351.

［2］Lai, Y. L., Lin, F. J., Lin, Y. H. (2015). Factors affectingfirm's R&D investment decisions ［J］. Journal of Business Research, 68 (4): 840-844.

［3］李后建. 市場化、腐敗與企業家精神 ［J］. 經濟科學, 2015 (1): 99-111.

［4］範紅忠. 有效需求規模假說、研發投入與國家自主創新能力 ［J］. 經濟研究, 2007 (3): 33-44.

［5］謝家智, 劉思亞, 李后建. 政治關聯、融資約束與企業研發投入 ［J］. 財經研究, 2014, 393 (8): 81-93.

［6］解維敏, 方紅星. 金融發展、融資約束與企業研發投入 ［J］. 金融研究, 2011 (5): 171-183.

［7］李后建, 張宗益. 金融發展、知識產權保護與技術創新效率——金融市場化的作用 ［J］. 科研管理, 2014 (12): 160-167.

［8］Kim, H., Park, S. Y. (2012). The relation between cash holdings and R&D expenditures according to ownership structure ［J］. Eurasian Business Review, 2 (2): 25-42.

［9］Kim, H., Kim, H., Lee, P. (2008). Ownership structure and the relationship between financial slack and R&D investments: Evidence from Korean firms ［J］. Organization Science, 19 (3): 404-418.

［10］Kaplan, S., Zingales, L. (2000). Investment-Cash Flow Sensitivities Are Not Valid Measures of Financing Constraints ［J］. Quarterly Journal of Economics, 115 (2): 707-712.

［11］Das, P. K. (2004). Credit rationing and firms investment and production decisions ［J］. International Review of Economics and Finance, 13 (1): 87-114.

［12］Brown, J. R., Martinsson, G., Petersen, B. C. (2012). Do Financing Constraints Matter for R&D ［J］. European Economic Review, 56 (8): 1512-1539.

［13］Stiglitz, J. E., Weiss, A. (1981). Credit rationing in market with imperfect information ［J］. American Economic Review, 71 (3): 393-410.

［14］Myers, S. C., Majluf, N. (1984). Corporate Financing and Investment Decisions When Firms Have Information That Investors Do Not Have ［J］. Journal of Financial Economics, 13 (2): 187-221.

［15］Hall, B. H., Lerner J. (2010). The Financing of R&D and Innovation ［M］. in Hall, B. H. and N. Rosenberg (eds.), Handbook of the Economics of Innovation, Elsevier-North Holland.

[16] Himmelberg, C. P., Petersen, B. C. (1994). R&D and Internal Finance: A Panel Study of Small Firms in High-Tech Industries [J]. Review of Economics and Statistics, 76 (1): 38-51.

[17] Hall, B. H. (2002). The financing of research and development [J]. Oxford Review of Economic Policy, 18 (1): 35-51.

[18] Bester, H. (1985). Screening and Rationing in Credit Markets with Imperfect Information [J]. The American Economic Review, 75 (4): 850-855.

[19] Kochhar, R. (1996). Explaining firm capital structure: The role of agency theory vs transaction cost economics [J]. Strategic Management Journal, 17 (9): 713-728.

[20] O'Brien, J. (2003). The capital structure implication of pursuing a strategy of innovation [J]. Strategic Management Journal, 24 (5): 415-431.

[21] Vincente-Lorente, J. D. (2001). Specificity and opacity as resource-based determinants of capital structure [J]. Strategic Management Journal, 22 (2): 157-177.

[22] Robson, P., Akuetteh, C., Stone, I., Westhead, P., Wright, M. (2013). Credit-rationing and entrepreneurial experience: Evidence from a resource deficit context [J]. Entrepreneurship and Regional Development, 25 (5-6): 349-370.

[23] Czarnitzki, D., Hottenrott, H. (2011). R&D investment and financing constraints of small and medium-sized firms [J]. Small Business Economics, 36 (1): 65-83.

[24] Aghion, P., Askenazy, P., Berman, N., Cette, G., Eymard, L. (2012). Credit constraints and the cyclicality of R&D investments: evidence from France [J]. Journal of the European Economic Association, 10 (5): 1001-1024.

[25] Harper, D. (2003). Foundations of Entrepreneurship and Economic Development [M]. New York: Routledge Press.

[26] North, D. (1990). Institutions, Institutional Change and Economic Performance [M]. Cambridge, MA: Harvard University Press.

[27] Williamson, O. (1985). The Economic Institutions of Capitalism [M]. New York: Free Press.

[28] Xiao, G. (2013). Legal shareholder protection and corporate R&D investment [J]. Journal of Corporate Finance, 23 (12): 240-266.

[29] Shleifer, A., Wolfenzon, D. (2002). Investor protection and equity markets [J]. Journal of Financial Economics, 66 (1): 3-27.

[30] La Porta, R., Lopez-de-Silanes, F., Shleifer, A., Vishny, R. W. (2000). Agency problems and dividend policies around the world [J]. Journal of Finance, 55 (1): 1-33.

[31] Dittmar, A., Mahrt-Smith, J., Servaes, H. (2003). International corporate governance and corporate cash holdings [J]. Journal of Financial and Quantitative Analysis, 38 (1): 111-133.

[32] John, K., Litov, L., Yeung, B. (2008). Corporate governance and risk taking [J]. Journal of Finance, 63 (4): 1679-1728.

[33] 宗慶慶, 黃婭娜, 鐘鴻鈞. 行業異質性、知識產權保護與企業研發投入 [J]. 產業經濟研究, 2015 (2): 47-57.

[34] Acemoglu, D., Johnson, S. (2005). Unbundling institutions [J]. Journal of Political Economy, 113 (5): 949-995.

[35] La Porta, R., Lopez-de-Silanes, F., Shleifer, A., Vishny, R. W. (1997). Legal determinants of external finance [J]. Journal of Finance, 52 (3): 1131-1150.

[36] Jappelli, T., Pagano, M. (2002). Information sharing, lending and defaults: Cross-country evidence [J]. Journal of Banking & Finance, 26: 2017-2045.

[37] Jappelli, T. (1990). Who is credit constrained in the U. S. economy [J]. Quarterly Journal of Economics, 105 (1): 219-234.

[38] Mushinski, D. (1999). An analysis of offer functions of banks and credit unions in Guatemala [J]. Journal of Development Studies, 36 (2): 88-112.

[39] Gouriéroux C., Laffont J. J., Monfort A. (1980). Coherency conditions in simultaneous linear equation models with endogenous switching regime [J]. Econometrica, 29 (4): 975-696.

[40] Maddala, G. S. (1983). Limited-dependent and qualitative variables in econometrics [J]. Cambridge University Press (UK).

[41] Jefferson G., Huamao, B., Xiaojing, G., Xiaoyun, Y. R. (2006). Performance in Chinese Industry [J]. Economics of Innovation and New Technology, 15 (4-5): 345-366.

[42] Roper, S., Love, J. H. (2006). Innovation and Regional Absorptive Capacity [J]. Annals of Regional Science, 40 (2): 437-447.

[43] Elliehausen, G., Wolken, J. (1993). The demand for trade credit: An investigation of motives for trade credit use by small businesses [J]. Staff Study Board of Governors of Federal Reserve System, 165: 1-18.

[44] Fisman, R., Svensson, J. (2007). Are Corruption and Taxation Really Harmful to Growth? Firm Level Evidence [J]. Journal of Development Economics, 83 (1): 63-75.

[45] Reinnikka, R., Svensson, J. (2006). Using Micro-Surveys to Measure and Explain Corruption [J]. World Development, 34 (2): 359-370.

[46] Savignac, F. (2008). Impact of Financial Constraints on Innovation: What Can Be Learned from a Direct Measure [J]. Economics of Innovation and New Technology, 17 (6): 553-569.

第三章 企業邊界擴張與研發投入

本章利用 2012 年世界銀行關於中國企業營運的制度環境質量調查數據，旨在從實證角度研究企業邊界擴張與研發投資之間的內在關係。研究發現企業邊界擴張對研發投資傾向和力度具有顯著的消極影響。在此基礎上，文章進一步研究了不同情境下企業邊界擴張對研發投資的影響。研究發現，國有控股比例、政治關聯、政策不確定性和遊說都顯著強化了企業邊界擴張對研發投資的消極影響，而法治水平則未能有效緩解企業邊界擴張對研發投資的消極影響。此外，我們運用廣義傾向匹配法和劑量回應模型刻畫了企業邊界擴張與研發投資之間的關係曲線，結果表明企業邊界擴張對研發投資具有較為穩健的負面影響。本章研究豐富了我們對組織方式與企業內部資源配置之間關係的理解，同時也增進我們對企業研發投資的理解。

第一節 引言

當前中國正處在經濟轉型升級的關鍵時期，伴隨著市場取向改革的逐步深入，中國經濟發展進入「新常態」。在這一特殊時期，為了應對外部環境變化帶來的衝擊，企業會主動實施一系列變革以達到與外部環境保持協調之目的。在企業的一系列變革中，組織形式（Organizational form）的變革尤為引人注目。這是因為組織形式對企業投資決策有著至關重要的影響（Ciliberto, 2006），即企業邊界（Firm boundaries）在某種程度上決定著企業內部的資源配置（Mullainathan & Scharfstein, 2001; Seru, 2014）。在企業內部資源配置的過程中，研發投入對於企業而言是其維持市場競爭優勢的永恆動力，而對於處在轉型時期的中國而言，它是現階段中國經濟從「要素驅動型」向「創新驅動型」轉變的關鍵驅動力。由此可見，探究企業邊界與研發投入之間的關聯性

對企業的永續發展和中國經濟的成功轉型都具有重要的理論與實踐意義。遺憾的是，儘管關於企業追求邊界擴張決策的重要性有著廣泛共識，但是企業邊界決策對企業投資的影響仍諱莫難明（Li & Tang，2010），更重要的是關於中國企業邊界決策與研發投入之間關係的經驗研究更為鮮見。這不僅造成企業邊界對研發投入影響的正確評價缺少科學依據，而且導致現階段經濟結構調整戰略的爭議無法消弭。為了深入考察企業邊界與研發投入之間的關係，我們利用2012年世界銀行關於中國企業營運制度環境質量的調查數據，以工業增加值占年度銷售額的比例衡量企業邊界擴張，以近三年企業平均研發費用占年度銷售額的比例衡量企業研發投入水平。我們得到以下結論：在當前的制度背景下，企業邊界擴張會顯著降低企業研發投資傾向和力度。為了形象描繪企業邊界擴張與研發投資之間的關係，我們利用廣義傾向匹配法和劑量回應模型刻畫出這兩者之間的關係曲線圖，圖形顯示隨著企業邊界的不斷擴張，企業研發投資力度會加快弱化。在此基礎上，我們進一步研究了不同情境下，企業邊界擴張對研發投資的影響。研究發現國有控股比例、政治關聯、政策不確定性和遊說會顯著強化企業邊界擴張對研發投資的負面影響，而法治水平則並未緩解企業邊界擴張對研發投資的負面影響。

　　本章的研究從以下幾個方面豐富和拓展了現有文獻：一方面，在我們的知識範圍內，鮮有研究從實證角度驗證中國企業邊界擴張對研發投資的影響，因此本章豐富了有關企業組織方式對創新影響的經驗研究（Fagerberg et al.，2005）；另一方面，我們從實證角度檢驗了企業邊界對研發投資的影響，而研發投資是企業獲得持續競爭優勢的關鍵要素，也是中國經濟成功轉型的重要驅動力，因此本研究有助於更好地理解企業組織方式與企業成長以及中國經濟轉型之間的關係。

　　在接下來的部分，本章將作如下安排：第二部分回顧國內外相關研究，並對企業邊界影響研發投入的機理進行分析；第三部分說明本章的數據來源、樣本選擇以及實證研究中各變量的定義；第四部分是實證研究結果；最後是本章的結論與政策內涵。

第二節　文獻綜述

　　企業邊界通常決定著企業的比較優勢（Coase，1937）。需要特別強調的是對於創新型企業而言，企業邊界是一個至關重要的戰略變量（Teece，1986）。

Schumpeter（1943）在其開創性的工作中從組織的視角對創新進行了研究。他的這項研究包涵了兩個主要推測。首先，中型和大型企業是創新的核心主體，因為只有此類企業才有足夠的資本開展研究工作並將新產品或工藝推向市場。其次，企業的組織方式是理解創新過程的關鍵（Coriat & Weinstein, 2002）。創新是一個過程，而這個過程與企業不同部門之間或企業之間的溝通、協調與合作密切相關，這使得企業組織方式成為理解創新的關鍵變量。Winter（2006）認為由於研發投資項目具有明顯的不可分割性，因此創新型企業必須有足夠的勢力來承擔研發投資項目的金融風險。由此可見，研發投資通常伴隨著契約問題和風險承擔問題。Arrow（1958）指出通過解決信息不對稱問題可以有效地治理和管理契約。他認為創新產品或工藝的買主需要事先知曉他所購產品的相關信息，否則他將不願意為此支付費用。然而，如果創新產品或工藝的所有核心機密都在購買者支付前被揭示出來，那麼創新者將會喪失從創新產品或工藝中獲取租金的任何能力。上述情境使得創新者面臨著「基本悖論」（Fundamental paradox），從而導致某些基本的市場失靈問題。因此，由於專屬權問題，完全競爭會使得企業創新活動難以為繼。然而，Schumpeter（1943）和 Arrow（1958）都將市場勢力視為創新專屬權的主要決定因素。Teece（2006）引入互補性資產的概念來解決創新的專屬性問題。他認為當創新成果容易仿製、市場不能良好運作之時，互補性資產則會確保創新者從創新產品或工藝中獲取收益。他強調在強獨占性制度下，創新型企業為獲取創新收益必須發展專屬性互補資產。這意味著獨占性制度與互補性資產對企業創新收益的獲取具有替代性作用，其中最為重要的獨占性制度當屬有效的法律機制。

  從資源基礎理論出發，大量學者認為邊界擴張和多元化可以視為企業獲取專屬性資產收益的方式（Teece, 1986; Williamson, 1991）。Armour 和 Teece（1980）和 Monteverde（1995）指出當涉及複雜的相互依賴的關係時，企業邊界擴張通過分享產業不同發展階段的技術信息來加強技術創新。控制大量相關互補性資產的垂直整合型企業將有更好的機會對由研發產生的新知識和新技術進行內部應用，從而確保研發的專屬權（Kumar & Saqib, 1996）。Chesbrough 和 Teece（1996）指出，由於垂直整合型企業已經制定了相關流程來解決衝突並協調它們的創新活動，因此它們能夠使得研發活動內部化。換言之，企業邊界擴張有助於信息流動和研發投資計劃的協調，從而促進系統性創新。Afuah（2001）的研究也同樣表明在新技術開發的早期，自製策略要優於外購策略，這是因為企業的溝通渠道對成功研發至關重要。具體而言，能夠對下游企業產生鎖定效應的垂直整合通常會增加企業研發活動的預期價值，因為此類垂直整

合能夠更好地確保研發的專屬權（Kumar & Saqib，1996），同時上游企業也更傾向於研發（Brocas，2003）。由此，垂直整合便成為知識轉化和整合的一種內部化機制，它將對企業研發產生積極影響（Li & Tang，2010）。然而，相比之下，在早期研究中，部分學者認為高程度的垂直整合增加企業退出壁壘的高度，最終導致企業缺乏靈活性（Harrigan，1980）。Armour 和 Teece（1980）從三個層面論及了垂直整合與創新之間的關聯性。第一，交易成本論，垂直整合能夠有效規避敲竹杠的問題，因此企業更樂意致力於研發投資而不必擔心來自其他企業的敲竹杠問題；第二，如果創新活動發生在生產過程中的上游或下游企業，那麼垂直整合則有助於企業更好地開展此項創新活動；第三，垂直整合有助於研發流程不同階段之間目標的一致性。由上述可知，垂直整合的確有助於推動企業研發。

然而，在某種程度上，垂直整合也可能給企業研發帶來負面影響。根據 Abernathy 和 Wayne（1974）所言，「對學習曲線不懈追求的經濟體」實施的垂直整合策略對技術創新具有消極影響。由企業的核心能力覆蓋的領域所反應出的知識累積路徑依賴會引導企業技術的進一步發展（Leonard-Barton，1992）。隨著企業知識累積路徑依賴性的強化，這會增強企業核心剛度並導致企業短視，最終使得企業做出進一步的改變變得愈發困難。技術或知識僅在企業內部頻繁地轉化也有可能給企業造成缺乏競爭的錯覺。這可能會對企業未來的技術創新造成負面影響（Mascarenhas，1985）。Leonard-Barton（1992）認為垂直整合會增加鎖定風險，有可能導致核心能力向核心剛度轉化。Kim 和 Song（2007）的研究發現依靠內部慣例成功發展的企業通常過度自信而容易陷入技術陷阱，妨礙了企業研發投資的動機。Harrigan（1985）指出垂直整合程度高會導致上游部門難以掌握市場動態，將使廠商與最終消費者之間的藩籬增高，形成公司創新的阻力。

此外，Allain 等人（2011）指出垂直整合有可能提高信息洩露和模仿的風險，而降低了競爭對手致力於創新的激勵。為了有效交流，企業可能會向他們的供應商提供高度機密的信息，而這為信息洩露埋下了隱患，信息洩露又會導致競爭者競相模仿。特別地，針對創新型企業，上述問題可能會變得更加嚴重。由此，垂直整合將導致投入封鎖（Input foreclosure），這並非因為垂直整合型企業拒絕向競爭對手提供投入品，而是為了解決可信承諾問題（Commitment problem），上述情境強化了垂直整合型企業的市場勢力，提高了競爭對手的成本並妨礙了創新。進一步，Allain 等人（2011）基於雙邊壟斷框架分析了垂直整合對創新的影響。他們表示為了研發，企業必須與它們的供應

商分享某些信息，而這些信息卻不在傳統知識產權保護的範疇。由此，當信息洩露加劇模仿風險時，垂直整合的確會導致市場封殺（Market foreclosure）。為了解決供應商的可信承諾問題，垂直整合便會迫使下遊競爭者與其合併的供應商共享其創新成果。這顯然弱化了競爭對手的創新努力程度，並在損害競爭對手的情況下提高了合併方的利潤。

特別地，中國企業的垂直整合可能反應出了政治關聯性企業旨在累積壟斷勢力的成功尋租。一方面，此類垂直整合更可能會破壞市場競爭環境，妨礙企業創新；另一方面，寡頭壟斷者的垂直整合旨在打破現有市場結構並建立新的壟斷勢力（Murphy, Shleifer, & Vishny, 1991）。而此類垂直整合可能會使得壟斷者享受由於壟斷帶來的超額利潤，而不會在當前各項制度並不完善的情況下，投入大量的資本並致力於孕育週期長、風險大的研發活動。相反地，這些壟斷者為了維持壟斷地位，並免受競爭者的威脅，它們還會竭力抵制潛在競爭者的創新活動。

第三節　研究設計

一、研究樣本與數據來源

我們使用的數據來源於 2012 年世界銀行關於中國企業營運的制度環境質量調查。這次共調查了 2848 家中國企業，其中國有企業 148 家，非國有企業 2700 家。參與調查的城市有 25 個，分別為北京、上海、廣州、深圳、佛山、東莞、唐山、石家莊、鄭州、洛陽、武漢、南京、無錫、蘇州、南通、合肥、瀋陽、大連、濟南、青島、菏臺、成都、杭州、寧波、溫州。涉及的行業包括食品、紡織、服裝、皮革、木材、造紙、大眾媒體等 26 個行業。調查的內容包括控制信息、基本信息、基礎設施與服務、銷售與供應、競爭程度、生產力、土地與許可權、創新與科技、犯罪、融資、政企關係、勞動力、商業環境、企業績效等。這項調查數據的受試者為總經理、會計師、人力資源經理和其他企業職員。調查樣本根據企業的註冊域名採用分層隨機抽樣的方法獲取，因此調查樣本具有較強的代表性。在本研究中，有效樣本為 1285 個，這是因為我們剔除了一些指標具有缺失值的樣本。需要說的是，在迴歸過程中，我們對連續變量按上下 1% 的比例進行 winsorize 處理。

二、計量模型與變量定義

參照現有文獻（Li & Tang, 2010; Karantininis et al., 2010）的相關經驗，我們將考察企業邊界擴張對研發投資影響的基本計量迴歸模型設定如下：

$$RD_i = \alpha_0 + \alpha_1 VI_i + \beta Z_i + \varepsilon_i \tag{3.1}$$

在本研究中因變量 RD_i 表示第 i 個企業近三年來的研發投資狀況，若企業在近三年內開展了研發投資活動則賦值為 1，否則為 0；其次，RD_i 也表示第 i 個企業近三年來平均每年的研發投資費用的自然對數。我們的關鍵解釋變量 VI_i 表示第 i 個企業的垂直整合程度。關於垂直整合程度的度量，目前普遍的做法有 VAS 法（價值增量法）、主輔分離法和投入產出法（周勤，2002）。這三種方法在度量垂直整合程度方面各有優劣（吳利華、周勤、楊家兵，2008）。由於 VAS 法是用企業的工業增加值與總銷售額的比值來衡量企業垂直整合程度，因此該指標的計算相對容易。目前國內大部分文獻也採用這一指標來度量企業垂直整合程度（李青原、唐建新，2010）。Du 等（2012）針對中國企業垂直整合的研究也採用 VAS 法來度量企業垂直整合程度。基於此，根據上述文獻的經驗做法，我們使用工業增加值占年度銷售額的比例來衡量垂直整合程度。特別地，工業增加值等於年度銷售額減去企業在生產過程中使用的原材料和中間產品成本。

Z_i 表示其他可能影響企業研發投資的變量向量，包括企業層面和企業所在城市層面兩個維度的控制變量，即現有文獻經常使用的企業和 CEO 特徵以及產業和城市的虛擬變量。

與企業特徵相關的變量包括：

（1）企業規模（Scale）。與現有研究文獻一致的是，我們仍使用企業員工人數作為企業規模的度量指標（Abdel-Khalik，1993）。具體定義為若員工人數大於或等於 5 而小於或等於 19 則定義為 1；若員工人數大於或等於 20 而小於或等於 99 則定義為 2；若員工人數大於或等於 100，則定義為 3。之所以將企業規模納為控制變量，其原因在於現有研究認為企業規模是影響企業創新活動的重要因素（Jefferson et al., 2006）。通常而言，企業規模越大，企業的規模效應和聲譽優勢就越明顯，則企業越有可能獲得研發投資所需具備的各項條件，同時更有能力應對研發過程中的各類風險。

（2）企業年齡（lnage）。企業年齡定義為 2012 年減去企業創始年份並取其對數。關於年齡對研發投資的影響，目前的文獻就這一問題並未達成一致（Huergo & Jaumandreu, 2004）。因為年輕的企業和成熟的企業在研發上各有優

劣。年輕企業的優勢在於它們易於接受新的思想和方法，而劣勢在於它們研發投資失敗的風險可能要大於成熟企業，這是因為相對於成熟企業而言，年輕企業的市場經驗顯得相對不足，且要面臨各種資源的約束。

（3）國有股份比例（Soe）。國有股份比例定義為所有制結構中國有股份所占的比例。由於國有企業的實際控制人通常是各級政府機構，國有企業與地方政府之間有著天然聯繫。「政府庇護」理論表明，地方政府官員能夠對國有企業施加更多的影響，從而獲取政治收益和私有收益（Shleifer & Vishny, 1993）。因此，國有企業必須附庸地方政府，並助其實現相應的政治和社會目標。這意味著國有企業的相關行為被限定在地方官員政治偏好之下。由此，控制住國有股份比例，有利於我們捕捉地方政府政治偏好對企業研發投資的干擾效應。

（4）市場競爭程度（Compet）。市場競爭程度定義為企業是否要與非正式企業進行競爭，若要與非正式企業競爭，則賦值為1，否則賦值為0。以往研究表明，在激烈的市場競爭環境中，企業若要鞏固市場地位或擴大市場份額，那麼企業必須持續地進行產品改進和過程創新，這將激勵企業進行更多的研發活動（Boone, 2001）。

（5）企業出口（Export）。企業出口定義為若企業所有的產品都在國內銷售，則賦值為0，否則賦值為1。近些年來，出口與企業創新之間的關係得到了諸多學者的廣泛關注。事實上，最近的理論文獻顯示，出口與創新之間有雙向因果關係（Aw et al., 2008）。由於企業創新和出口活動都需要進入成本，因此企業將對這兩種活動產生基於生產力特徵的「自我選擇效應」。總而言之，通過企業生產力的變化，企業創新與出口的雙向因果關係可能存在。這是因為出口能夠提高企業的生產力，從而使得企業傾向於自主選擇創新。同樣地，企業也可以通過創新來提高生產力，從而使得企業傾向於自主選擇出口（Aw et al., 2009）。

（6）銷售年平均增長率（Growth）。它定義為三年平均增長率，即利用2010年的年銷售總額除以2008年的年銷售總額，然後開三次方，最後將所得結果減去1。銷售增長率是體現企業成長狀況和發展能力的重要指標。一般而言，銷售增長率越高表示企業成長狀況越好，發展越有潛力。而這樣的企業通常更有能力致力於企業研發。

（7）企業高層經理的工作經驗（Exper）。企業高層經理的工作經驗定義為企業高層經理在特定行業領域裡的從業年數並取自然對數。Ganataki（2012）認為創新活動是一項高風險的複雜活動，它對環境的敏感性較高，因此需要有

工作經驗豐富的高層管理人員對創新項目進行評估，才能有效地控制創新活動風險，從而推動企業創新。因此企業高層經理的工作經驗越豐富就越有利於促進企業研發。

（8）正式員工的平均教育年限（Edu）。正式員工的平均教育年限用於反應企業的人力資本質量。通常而言，平均教育年限越高，人力資本質量越好。Shane（2000）認為正規教育能夠使人獲得識別商業機會的機能。更重要的是對於企業創新而言，提高具有高等教育學歷的員工比例有利於提升企業的吸收能力（Roper & Love, 2006），從而有效地推動企業研發活動的開展。

（9）企業的微機化程度（Computer）。它定義為使用電腦的企業員工比例。企業的微機化程度越高，企業內部之間以及企業與外部之間的信息互動通道將更加便捷和暢通，有利於企業捕獲市場機會，激發企業的研發意願。

根據 2012 年世界銀行關於中國企業營運的制度環境質量調查，我們還控制了企業層面上其他有可能影響企業創新的因素（Goedhuys, 2008）。

首先，我們構建了企業對員工是否有正式培訓計劃的虛擬變量（Train），將其定義為若企業對員工有正式培訓計劃則賦值為 1，否則為 0。利用企業是否有員工正式培訓計劃的虛擬變量我們可以捕捉到正式培訓對企業研發的影響。

其次，構建企業是否具有透支額度的虛擬變量（Overdraft），將其定義為若企業具有透支額度，則賦值為 1，否則為 0，利用該虛擬變量來捕獲融資約束對企業研發的影響。

最后，我們還控制了城市層面有可能影響企業研發的變量，例如該城市的市場規模（Popula），按照該城市的人口規模分為四個等級，人口少於 5 萬的賦值為 1，5 萬～25 萬（不含 25 萬）的賦值為 2，25 萬～100 萬（含 100 萬）賦值為 3，100 萬以上賦值為 4；該城市是否是重要的商業城市（Business），若是則賦值為 1，否則賦值為 0。除此以外，由於以往的研究結論顯示不同地區和不同行業的企業研發活動具有較大的差異，因此，我們納入了城市和行業的固定效應。主要變量的描述性統計如表 3-1 所示。

表 3-1　　　　　　　　主要變量描述性統計表

變量	觀測值	均值	標準差	最小值	最大值
RD	1285	0.0182	0.0461	0	0.2500
VI	1285	0.6330	0.2036	0.1077	0.9929
Scale	1285	2.0498	0.7677	1	3

表3-1(續)

變量	觀測值	均值	標準差	最小值	最大值
Inage	1285	2.4464	0.4955	1.0986	3.9890
Soe	1285	0.0532	0.2125	0	1
Compet	1285	0.5253	0.4996	0	1
Export	1285	0.3198	0.4666	0	1
Growth	1285	0.0844	0.1640	−0.1595	1.2240
Exper	1285	2.7368	0.4608	1.3863	3.6889
Edu	1285	10.1012	1.8323	6	16
Computer	1285	27.2420	20.0860	2	100
Rrain	1285	0.8553	0.3520	0	1
Overdraft	1285	0.2887	0.4533	0	1
Popula	1285	2.9712	0.2334	1	3
Business	1285	0.8459	0.3612	0	1

第四節　計量分析

一、企業邊界擴張與研發投資

1. 基準規範分析

本研究採用的截面數據要求考察橫向截面的動態變化，因此需要將內生性和異方差等問題充分考慮。為此，我們控制了行業和城市的虛擬變量，並且估計了聚合在行業性質層面的穩健性標準誤。由於企業創新為非負的連續變量，因此我們首先採用 Tobit 方法對計量模型進行估計，它比 OLS 迴歸模型要更加穩健。

表3-2中的列（1）匯報的是沒有納入控制變量的 Tobit 迴歸結果。研究結果顯示，企業邊界擴張（VI）的系數在1%的水平上顯著為負，這意味著在當前的制度環境下，企業邊界擴張對企業研發強度具有顯著的消極影響。對此可能的解釋是企業邊界擴張在某種程度上會導致企業市場勢力增強，甚至成就企業的市場壟斷地位。在一個壟斷的環境中，企業並不會關心市場需求，也並不存在市場壓力，它們憑藉壟斷地位攫取超額利潤，而無意進行研發投資，因為研發項目的投入大、週期長、風險大，尤其在當前市場機制並不健全的經濟體中，企業研發成果的收益更是難以保證。進一步地，為了攫取更多的壟斷利

表 3-2　企業邊界擴張對研發投資影響的實證檢驗結果

變量	(1) Tobit	(2) Tobit	(3) Tobit	(4) Probit	(5) Probit	(6) OLS	(7) IVTobit	(8) IVProbit	(9) IVGMM
VI	−0.0441***	−0.0518***	−0.0490***	−1.0507***	−1.0237***	−0.3309***	−0.1487***	−1.6746***	−0.5471***
	(0.0102)	(0.0128)	(0.0124)	(0.1566)	(0.1584)	(0.0530)	(0.0451)	(0.0513)	(0.1437)
Scale		0.0069*	0.0065*	0.1718***	0.1687***	0.0550***	0.0065*	0.2003***	0.0546***
		(0.0037)	(0.0038)	(0.0579)	(0.0576)	(0.0179)	(0.0036)	(0.0544)	(0.0166)
Image		0.0022	0.0033	−0.0100	−0.0107	−0.0039	0.0048	0.0110	−0.0026
		(0.0050)	(0.0052)	(0.0800)	(0.0819)	(0.0255)	(0.0053)	(0.0881)	(0.0274)
Soe		−0.0315**	−0.0332**	−0.4052**	−0.4131**	−0.0948**	−0.0304*	−0.3131**	−0.0894*
		(0.0148)	(0.0150)	(0.1938)	(0.2052)	(0.0473)	(0.0175)	(0.1542)	(0.0462)
Compet		0.0241***	0.0238***	0.3122***	0.3060***	0.0926***	0.0240***	0.3382***	0.0928***
		(0.0049)	(0.0048)	(0.0818)	(0.0812)	(0.0270)	(0.0047)	(0.0823)	(0.0261)
Export		0.0224***	0.0226***	0.2737***	0.2759***	0.0949***	0.0199***	0.2682***	0.0921***
		(0.0057)	(0.0058)	(0.0862)	(0.0872)	(0.0297)	(0.0065)	(0.0890)	(0.0299)
Growth		0.0374***	0.0372***	0.7188***	0.7420***	0.2249***	0.0499***	0.8157***	0.2401***
		(0.0077)	(0.0076)	(0.2120)	(0.2150)	(0.0717)	(0.0112)	(0.2688)	(0.0793)
Exper		0.0117**	0.0095*	0.3936***	0.3793***	0.1206***	0.0060	0.3409***	0.1173***
		(0.0053)	(0.0056)	(0.1076)	(0.1146)	(0.0372)	(0.0092)	(0.1030)	(0.0321)
Edu		0.0051***	0.0050***	0.0611**	0.0628**	0.0190**	0.0055**	0.0695***	0.0196**
		(0.0019)	(0.0019)	(0.0265)	(0.0274)	(0.0088)	(0.0022)	(0.0254)	(0.0080)
Computer		0.0003*	0.0003*	0.0023*	0.0025*	0.0009	0.0004*	0.0032*	0.0009
		(0.0002)	(0.0002)	(0.0012)	(0.0015)	(0.0007)	(0.0002)	(0.0018)	(0.0007)

表3-2(續)

變量	(1) Tobit	(2) Tobit	(3) Tobit	(4) Probit	(5) Probit	(6) OLS	(7) IVTobit	(8) IVProbit	(9) IVGMM
Train	-0.0125 (0.0082)	0.0174** (0.0081)	0.0204** (0.0085)	0.4820*** (0.1423)	0.5134*** (0.1433)	0.1725*** (0.0434)	0.0241*** (0.0091)	0.4945*** (0.1227)	0.1765*** (0.0377)
Overdraft		0.0332*** (0.0065)	0.0324*** (0.0069)	0.4997*** (0.1018)	0.5110*** (0.1089)	0.1777*** (0.0378)	0.0306*** (0.0071)	0.4936*** (0.0906)	0.1763*** (0.0308)
Popula			0.0317** (0.0130)		0.5156*** (0.1532)	0.1865*** (0.0531)	0.0275** (0.0131)	0.6740*** (0.2184)	0.1816*** (0.0659)
Business			-0.0098 (0.0060)		-0.1762 (0.1185)	-0.0648 (0.0476)	-0.0044 (0.0072)	-0.2046 (0.1306)	-0.0588 (0.0403)
Constant	-0.1647*** (0.0302)	-0.2483*** (0.0490)	-2.5713*** (0.3721)	-3.9921*** (0.4438)	-0.8400*** (0.1456)	-0.1818*** (0.0607)	-4.3966*** (0.9255)	-0.7675*** (0.2807)	
城市效應	YES	YES	YES	YES	YES	YES	YES	YES	YES
行業效應	YES	YES	YES	YES	YES	YES	YES	YES	YES
R²	0.0024	0.1917	0.2016	0.1617	0.1664	0.2024			0.2006
AR							8.68***	9.73***	
Wald test							6.74***	7.89***	
D-H-W									23.19***
Hansen J									0.5528
N	1285	1285	1285	1285	1285	1285	1285	1285	1285

註：1. *、**、*** 分別表示在10%、5%和1%的顯著水平上拒絕原假設，以下相同，不再贅列；
2. Wald test 表示外生性排除性檢驗；
3. Tobit 和 Probit 迴歸中的括號（ ）內表示基於行業聚合的穩健性標準差，stata13.1 版本命令為 weakiv10。
4. AR 表示弱工具變量的穩健性檢驗。

潤，壟斷企業總是試圖通過現有的技術來擴大壟斷勢力，唯恐自己的產品落后，失去壟斷地位，為了維持現有技術的持久收益，它們不會輕易將尚有高額利潤的產品用新技術替換掉，這必然會放緩企業技術創新的進程，減少企業研發投入的強度。此外，為了降低外部環境對企業帶來的威脅，它們會竭力壓制潛在競爭者的新技術，打壓企業家創新精神。表 3-2 中的列（2）和列（3）是分別納入企業層面控制變量以及所有控制變量的 Tobit 迴歸結果。研究結果顯示，企業邊界擴張（VI）的系數值並無明顯變化，且在 1% 的水平上仍顯著為負，這意味著企業邊界擴張對研發投入強度的負面影響具有較強的穩健性。作為對比，我們在表 3-2 中的第（4）列和第（5）列報告了 Probit 的迴歸結果，第（6）列報告了 OLS 的迴歸結果，發現企業邊界擴張（VI）的系數在 1% 的水平上顯著，且符號仍然不變。這一發現與現有部分文獻的研究結論是一致的（Harrigan, 1980；Mascarenhas, 1985）。

除關鍵解釋變量企業邊界擴張外，控制變量的符號也基本上符合理論預期。在第（3）列的 Tobit 迴歸中，企業規模（Scale）的系數顯著為正，這意味著企業規模能夠有效地提高企業研發投入強度。這與吳延兵（2007）的研究結論是一致的，即規模大的企業具有較強的風險承擔能力，同時又能配套研發項目所需的各種資源（Prashanth, 2008）；我們並未發現，在 10% 的水平上，企業年齡（lnage）對研發投入強度具有顯著的影響。對此一個可能的解釋是雖然年長的企業具有較強的市場分析能力，能夠快速地洞悉市場規律，把握研發項目投資機會。但是隨著年齡的增長，企業可能越發擅長執行原有的慣例，並對企業先前的技術能力表現出過度自信的狀態，以致企業醉心於原有的技術優勢，而陷入「能力陷阱」。由此，年長的企業由於惰性的原因又可能會降低研發投入強度。國有股份比例（Soe）系數在 5% 的水平上顯著為負，表明隨著國有股份比例的增加，企業研發投入的強度會逐漸弱化。按理說，國有企業有著天然的政治關聯或政府擔保，這使得國有企業在當前的制度環境下具有較強的免疫力，以保證它的研發投資行為免受市場機制不完善帶來的傷害。因此，國有企業在研發方面應更有優勢。然而，本章的實證研究結果恰好相反。對此一個可能的解釋是國有企業雖然可以通過天然的政治關聯或政府擔保優先獲得各種資源，但國有企業這種天然的政治關聯或政府擔保在某種程度上限制或決定了企業的投資取向。我們認為，從 20 世紀 80 年代開始的地方政府官員之間圍繞地區生產總值增長而展開的「政治晉升錦標賽」是理解國有企業與研發投入之間關係的關鍵線索之一。

「政治晉升錦標賽」由上級政府直至中央政府推行和實施，行政和人事方

面的集權是其實施的基本前提之一。而政治錦標賽則可以將關心仕途的地方官員置於強力的激勵之下，這種強力激勵雖然有利於推動當地經濟增長，但更重要的是這種激勵模式產生了一系列的扭曲性后果（周黎安，2008）。尤其是在財政改革之後，地方政府向上級爭取資源的機會受到限制（Coles et al., 2006）。因此，在地方政府財政預算不足的情況下，地方官員傾向於將政治和社會目標推向轄區企業，其中國有企業首當其衝。在這種情況下，國有企業通常背負著沉重的「政策性負擔」，這些政策性負擔擾亂了企業研發計劃，造成企業過度投資和員工冗余。由此，我們可以將政策性負擔視為國有企業獲取各種資源所要付出的代價之一。需要強調的是，在晉升激勵之下，官員需要在短期內向上級傳遞可置信的政績信號。那些孕育週期長、投資風險大的項目通常難以迎合地方官員的政治偏好，為了配合地方政府的政治和社會目標，國有企業也只能將大量的精力放在短期內能夠促進當地經濟增長和降低失業率的項目上，擠出了企業創新所需投入的精力。此外，在國有控股的情況下，實際控制人通常是企業高級管理人員，他們的任免由政治過程決定而不是由人力資源市場競爭產生。並且他們領取的是固定薪酬，剩余索取權卻歸國家所有。作為理性的「經濟人」，他們的目標更多地體現為職務待遇和提升機會，需要的是短期業績穩定，而不是歷經數載的研發投資項目。

　　企業市場競爭（Compet）的系數在1%的水平上顯著為正，表明市場競爭越激烈，企業越傾向於研發，這與Nicholas（2011）的研究結論是一致的，這也在一定程度上印證了「熊彼特假說」，即在激烈的市場競爭環境中，企業為了取得競爭優勢，免受淘汰厄運，就必須通過各種手段增強自身競爭力。而研發創新是企業創造、吸收、掌握和應用新技術成果，也是企業滿足市場需求，提升競爭力的法寶。這也意味著市場競爭會給企業帶來壓力，迫使企業不斷研發創新。企業出口（Export）的系數在1%的水平上顯著為正，表明出口企業越傾向於研發。這可能是因為出口企業可以獲得「出口中學」效應，較快地吸收了國外研發的技術外溢，推動了企業的研發活動。銷售年平均增長率（Growth）的系數在1%的水平上顯著為正，這意味著企業銷售年平均增長率越高，企業創新活動的傾向和強度就越高。這是因為企業創新是一項耗資巨大的活動，豐厚的利潤才能為這項活動提供物質基礎。企業高層經理的工作經驗（Exper）的系數在5%的水平上顯著為正，這意味著企業高層經理的工作經驗越豐富，企業研發活動投入強度越高。這與Ganatakis（2012）的研究結論是一致的。正式員工的平均教育年限（Edu）的系數在5%的水平上顯著為正，這意味著正式員工的平均教育年限越長，企業創新活動的強度就會越激烈。這

與 Roper 和 Love（2006）的研究結論是一致的。通常而言，較高的教育水平能夠幫助員工提高認知複雜性，從而獲得更強的能力來掌握新觀念、學習新行為和解決新問題。由於研發項目通常是複雜和不確定的，而具有較高水平的員工可能更容易接受創新和忍受不確定性。此外，較高教育水平還能幫助員工消化和吸收新的知識和技術，有利於推動企業研發活動的開展（Roper & Love, 2006）。企業微機化程度（Computer）的系數在10%的水平上顯著為正，這意味著微機化程度越高的企業越傾向於創新，且研發投入強度越高。企業員工培訓（Train）的系數在5%的水平上顯著為正，表明企業員工培訓能夠有效地促進企業研發。對此一個可能的解釋是培訓有利於促進員工吸收新的知識，從而有利於企業研發活動的開展。企業是否有透支額度（Overdraft）的係數在1%的水平上顯著為正，這表明企業的透支額度對企業研發投入有顯著的促進作用。對此一個可能的解釋是企業的透支額度有利於緩解企業研發活動過程中所遭遇的融資約束，從而有利於企業研發活動的開展。本地市場規模（Popula）對企業研發投入強度具有顯著的正向影響（$\beta=0.0317$，$P<0.05$），這意味著本地市場規模越大，市場需求越多，企業越傾向於研發創新。最後，在10%的顯著水平上，商業城市（Business）對企業研發投入強度的影響並不顯著。

2. 內生性問題

已有相關文獻在研究企業邊界擴張與研發投資之間的關聯性時，都面臨著一個難題，即未能使用有效的策略識別出企業邊界擴張與研發投資之間的因果關係。這是因為不僅企業邊界擴張能夠對研發投資產生影響，同時研發投資也會導致企業邊界的變動。不可否認，研發活動在某種程度上會給企業的核心能力帶來新的內容，從而決定了企業的長期競爭力，為企業邊界擴張奠定了雄厚的基礎。曾楚宏和朱仁宏（2014）指出，外部技術創新會對企業自身能力結構和交易成本水平造成影響，從而在某種程度上決定了企業的邊界。為此，我們必須使用工具變量的方法來識別企業邊界擴張與研發投資之間的因果關係走向。因為工具變量迴歸可以產生合適的估計量來克服現存的內生性問題。但是利用工具變量迴歸的一個難題是尋找出有效的工具變量，並且這一變量與內生解釋變量強烈相關且滿足排除限制（Exclusion restriction）。參照相關文獻的經驗做法（Fisman & Svensson, 2007；Reinnikka & Svensson, 2006），即企業所在城市的特徵變量經常作為企業內生變量的工具變量。Fisman 和 Svensson（2007）使用企業所在地區相關經濟變量的平均值作為工具變量。基於此，我們將使用企業所在城市同行業（Location-industry average）邊界擴張的平均值作為企業邊界的工具變量。利用這個工具變量，我們使用了 IVTobit、IVProbit

和IVGMM迴歸，分別報告在表3-2中的第（7）至第（9）列。迴歸結果顯示，Wald外生排除檢驗都拒絕了原假設，表明企業邊界是內生的，同時「弱工具變量」的穩健性檢驗拒絕了原假設，表明不存在「弱工具變量」問題。在表3-2的第（7）列中，企業邊界擴張（VI）的系數在1%的水平上顯著為負。作為對比，在表3-2的第（8）列和第（9）列中，IVProbit和IVGMM迴歸結果顯示，企業邊界擴張的系數在1%的水平上顯著為負，這意味著本章研究結果具有較強的穩健性。從工具變量估計的結果來看，企業邊界擴張對研發投資具有負面影響，且在1%的水平上顯著，與普通的Tobit、Probit和OLS迴歸估計的結果基本吻合。值得注意的是，工具變量估計的結果與普通的Tobit、Probit和OLS迴歸估計的結果相比，工具變量估計的系數值提高較大。這表明，企業邊界擴張的內生性使得普通的Tobit、Probit和OLS迴歸估計產生向下偏倚，從而傾向於低估企業邊界擴張對研發投資的作用。

3. 不同情境下企業邊界擴張對研發投資的影響

為了進一步深入探討企業邊界擴張對研發投資的影響，我們考慮了不同情境下企業邊界擴張對研發投資影響的差異性，這些特定情境包括產權性質（Soe）、政治關聯（Politi）、政策不確定性（Policy）、法治質量（Law）和遊說水平（Lobby）等，具體檢驗結果如表3-3所示。

表3-3 不同情境下企業邊界擴張對研發投資影響的實證檢驗結果

變量	（1）IVTobit	（2）IVTobit	（3）IVTobit	（4）IVTobit	（5）IVTobit
VI	-0.1569***	-0.1613***	-0.1547***	-0.1564***	-0.1572***
	(0.0588)	(0.0571)	(0.0587)	(0.0600)	(0.0597)
Soe	-0.0747**				
	(0.0356)				
VI_soe	-0.0148*				
	(0.0083)				
Politi		0.0029**			
		(0.0014)			
VI_politi		-0.0047*			
		(0.0025)			
Policy			-0.1427***		
			(0.0442)		

表3-3(續)

變量	(1) IVTobit	(2) IVTobit	(3) IVTobit	(4) IVTobit	(5) IVTobit
VI_policy			-0.0716** (0.0355)		
Law				0.0038* (0.0021)	
VI_law				-0.0062 (0.0193)	
Lobby					0.0216** (0.0107)
VI_lobby					-0.0075* (0.0041)
其他變量	YES	YES	YES	YES	YES
城市效應	YES	YES	YES	YES	YES
行業效應	YES	YES	YES	YES	YES
AR	7.48***	8.14***	8.27***	7.43***	8.06***
Wald test	5.25***	6.06***	6.38***	5.01***	5.92***
N	1285	1285	1285	1285	1285

註：在構建交叉項的過程中，首先對需要交叉的變量進行中心化處理，以降低多重共線性的影響。

第一，我們檢驗了不同產權情境下企業邊界擴張對研發投資的影響，迴歸結果列示在表3-3的第(1)列。結果顯示，企業邊界擴張與國有股份比例的交叉項(VI_soe)係數在10%的水平上顯著為負，這意味著隨著國有股份比例的增加，企業邊界擴張對研發投資的負面影響也會逐漸強化。對此一個可能的解釋是，在中國當前的制度環境下，國有企業不僅具有企業一般性質，還因國有的存在而具有特殊性質。一般企業以追求利潤為唯一目的，國有企業則要承擔一定的政治和社會責任，這顯然分散了國有企業的精力，使其較難集中精力從事研發投資活動。特別地，隨著企業邊界的擴張，大型國有企業將擁有市場支配地位，它們缺乏足夠的替代性競爭壓力，企業通常難以感受到強烈的生存壓力和發展壓力，而市場支配地位使得它們能夠攫取超額利潤，因此相對於其他企業而言，大型國有企業更傾向於接納保守的技術和產品，而不願意選擇那些投資大、風險高、週期長的研發投資活動。此外，大型國有企業家都對應著

一定的行政級別，其任職通常由上級「國資委」直接任命，其職位升遷與調任、社會地位、榮譽與成就感通常與企業的社會和政治目標的實現程度有著密切關係，而與研發創新活動的直接關聯度較弱。為了能夠獲得最大的效用，大型國有企業通常會優先實現上級政府部門布置的政治任務，而無意進行研發投資活動。

第二，我們檢驗了不同政治關聯程度情境下企業邊界擴張對研發投資的影響①，迴歸結果列示在表 3-3 的第（2）列。結果顯示，政治關聯對企業研發投資具有顯著的正向影響（$\beta=0.0029$，$P<0.05$），對此可能的解釋是企業高層管理人員主動與政府部門打交道而建立起來的政治關聯與「政府任命高管」這種方式的政治關聯的差異在於它較少受制於政治意志，更多地體現了一種社會交換關係，這種社會交換關係可以使得企業研發投資活動免受市場機制不完善帶來的傷害。同時這一結論與謝家智、劉思亞和李后建（2014）的研究結論是一致的。企業邊界擴張與政治關聯的交叉項（VI_soe）系數在10%的水平上顯著為負，這意味著隨著政治關聯程度的增加，企業邊界擴張對研發投資的負面影響也會逐漸強化。對此一個可能的解釋是，在中國當前的制度環境下，政府部門對企業營運具有較強的干預能力，並且有較大的權力主導資源配置，這使得當前不完善的經濟體制中盛行尋租行為，為企業通過政治關聯等手段取得市場競爭優勢提供了大量機會。具有政治關聯的企業利用它們的政治影響力來獲得市場壟斷地位，然後他們通過企業邊界擴張來拓展它們的壟斷權力範圍。隨著壟斷地位的牢固確立，具有政治關聯的壟斷企業會運用政治影響力來阻止新的競爭者進入，甚至利用政治權力來威脅潛在競爭者，而無須冒風險通過研發投資來改進產品，並阻止競爭者來維持市場地位。由此可見，政治關聯會在某種程度上強化企業邊界擴張對研發投資的負面影響。

第三，我們檢驗了政策不確定性（Policy）情境下企業邊界擴張對研發投資的影響②，迴歸結果列示在表 3-3 的第（3）列。結果顯示，在1%的水平上，政策不確定性對企業研發投資具有顯著的負面影響（$\beta=-0.1427$，$P<$

---

① 在本章中，政治關聯界定為一週內企業高層管理者主動與政府部門打交道的天數，因此這種政治關聯也被稱為主動政治關聯。

② 在本章中，政策不確定性界定為在樣本期間，企業所在轄區的市長是否異地更替，如果市長異地更替則賦值為1，否則賦值為0。之所以這樣界定是因為現有的研究表明，官員異地變更會引發政策不確定性（楊海生等，2014；李后建、張宗益，2014）。此外，在世界銀行提供的調查問卷中，也涉及了有關企業對政局不穩定性的主觀評價。為此，我們也將企業關於政局不穩定性評價的指標作為政策不確定性的代理變量，迴歸發現，研究結果與市長是否異地更替作為政策不確定性代理變量的迴歸結果相差並不明顯，故在文中沒有列出。

0.01），這與以往的研究結論是一致的（何山和李后建，2014）。這是因為政策的不確定性增加了企業對研發投資前景的不確定，此時研發投資等待的期權價值就會增加，理性的投資者會延遲高風險項目的投資（曹春方，2013）。政策不確定性與企業邊界擴張的交叉項（VI_policy）系數在5%的水平上顯著為負，這意味著隨著政策不確定性程度的增加，企業邊界擴張對研發投資的負面影響會逐漸強化。對此一個可能的解釋是，在交易成本理論中，政策的不確定性使得企業無法預測市場需求以及供應商的行為，因此當環境不確定性與複雜性越高，資產的專屬性越高時，不確定性會產生準租金，並提高企業機會主義行為的可能性，使得交易成本增加，此時企業會傾向採取垂直整合擴張邊界的方式來應對環境的不確定性。而在當前中國的制度環境下，隨著企業邊界的不斷擴張，企業研發投資的動機則愈發不足。

第四，我們檢驗了不同法治質量水平情境下企業邊界擴張對研發投資的影響①，迴歸結果列示在表3-3的第（4）列。結果顯示，在10%的水平上，法治質量對企業研發投資具有顯著的正向影響（$\beta=0.0038$，$P<0.10$），這與現有的研究結論是一致的（Djankov et al., 2002）。這是因為良好的法治質量能夠確保契約的執行並保護公民財產免受徵用之風險，同時也為企業發展提供了一個相對穩定的商業環境。同樣地，為了制定和執行規則，法律必須發揮配置、表達和問責的功能。當這些功能能夠有效地發揮出來時，良好的制度會更加強調公眾對制定和執行規則之政府機構的問責，從而形成一套相對最優的商業規則。這些商業規則在某種程度上確保了研發投資的事後收益，有利於激發企業研發投資的動機。法治質量與企業邊界擴張的交叉項（VI_law）係數在10%的水平上並不顯著，這意味著樣本期間的法治質量對企業邊界擴張與研發投資之間的關係並未起到顯著的干擾效應。通常而言，買賣雙方的交易困難可以通過有效的法律合同來規避，在法律合同中清晰地列示出買賣雙方各自的權利和義務可以有效地減少買賣雙方可能發生修改契約的要求和爭議，也可以降低事後討價還價來抽取租金的可能性。由此，具有法律保證的契約能夠促進買賣雙方之間的合作，發揮各自的比較優勢，降低企業垂直整合動機，促進企業的研發投資。然而，中國當前的法律體系還需要進一步完善，法治質量水平還需要進一步提高。因此，當前質量水平的法律還不足以激勵邊界不斷擴張的企業通過

---

① 對於法治質量水平，我們根據2012年世界銀行關於中國企業營運的制度環境質量調查問卷中設置的問題：「法院系統是公正、公平和廉潔的」，將其作為法治質量水平的度量。同時，企業管理層可以選擇的答案為「非常不同意」「傾向於不同意」「傾向於同意」和「非常同意」。根據這些答案，我們依次賦值為1、2、3、4。

研發投資而非壟斷來獲得市場競爭優勢。

第五，我們檢驗了不同遊說水平情境下企業邊界擴張對研發投資的影響①，迴歸結果列示在表 3-3 的第（5）列。結果顯示，在 5% 的水平上，遊說水平對企業研發投資具有顯著的正向影響（$\beta=0.0216$，$P<0.05$）。這意味著企業遊說使得政府官員在經濟體中引入了有效的制度安排，也即遊說會促使政府部門提供一種有價服務的制度安排來改善企業研發投資環境。對於處在經濟轉軌時期的中國而言，由於相關市場機制並不完善，再加上研發成果的非競爭性和非排他性，企業研發面臨巨大的市場風險，而遊說可以說服政府部門為企業研發投資提供有效的保護機制，這激發了企業研發投資的熱情。遊說與企業邊界擴張的交叉項（VI_lobby）系數在 10% 的水平上顯著為負，這意味著隨著企業遊說程度的提高，企業邊界擴張對研發投資的消極影響會逐漸強化。對此可能的解釋如下：儘管遊說在某種程度上可以緩解市場機制不完善給企業研發投資帶來的消極影響，然而對於邊界不斷擴張的企業而言，遊說可以使得企業獲得更多的市場特權，這些市場特權又進一步強化了不斷擴張邊界的動機，通過邊界擴張，獲得市場壟斷地位的企業通常缺少研發創新的競爭壓力，而樂意通過壟斷和打壓潛在競爭對手來攫取超額市場利潤。

4. 穩健性檢驗

為了進一步檢驗企業邊界擴張對研發投資的影響②，我們採用 Hirano 和 Imbens（2004）所發展的基於連續性處理變量的廣義傾向得分匹配方法（Generalized Propensity Score Matching，GPSM）並結合劑量回應模型（Dose-Response Model）進行穩健性分析，以進一步刻畫不同邊界擴張水平對企業研發投資的影響差異。

一般而言，運用廣義傾向得分匹配法來實現因果關係估計的步驟如下：首先，我們計算出處理變量（VI）的廣義傾向匹配得分③；其次，以企業研發投入強度作為被解釋變量，以企業邊界擴張水平作為關鍵解釋變量，並將處理變量的廣義傾向得分作為控制變量，然後通過 OLS 法進行估計。具體結果匯報在表 3-4。由表 3-4 的結果可知，各變量一次項和交互項均通過了顯著性檢

---

① 我們使用企業非正式支付（Informal payment）的總額占年度銷售額的百分比來度量企業的賄賂水平。Lewis（2001）認為非正式支付是指在正式渠道以外向個人支付的金錢以及提供的禮品或服務等。他同時指出非正式支付與賄賂、灰色支付、腐敗活動、酬金、遊說等描述的是同一類現象。

② 在穩健性檢驗過程中，我們也將樣本按照製造業、零售和服務業進行分類迴歸（具體結果並未列出），發現企業邊界擴張對研發投資始終具有顯著的負向影響。

③ 此處沒有列出所有匹配變量的估計值，感興趣的讀者可以通過 E-mail 的方式向作者索取。

驗，我們將這一步的估計系數作為第三步估計的基礎。在第三步估計之後，我們刻畫了不同邊界擴張水平下，企業研發投入強度的趨勢走向，具體見圖3-1。由圖3-1的處理效應函數估計圖的趨勢走向可知，隨著企業邊界擴張水平從低分位點向高分位點的逐漸升高，企業邊界擴張對研發投資強度的負向處理效應逐漸強化。從劑量回應函數估計圖的趨勢走向來看，企業邊界擴張與研發投資強度之間呈現出強烈的負向關係。

表 3-4　　　　　　　　　OLS 估計結果

變量	系數	標準差
VI	−0.1508***	0.0529
VI_sq	0.0427	0.0525
Pscore	−0.0863***	0.0305
Pscore_sq	0.0331	0.0235
VI_pscore	−0.0621**	0.0284
Constant	−0.0009	0.0120

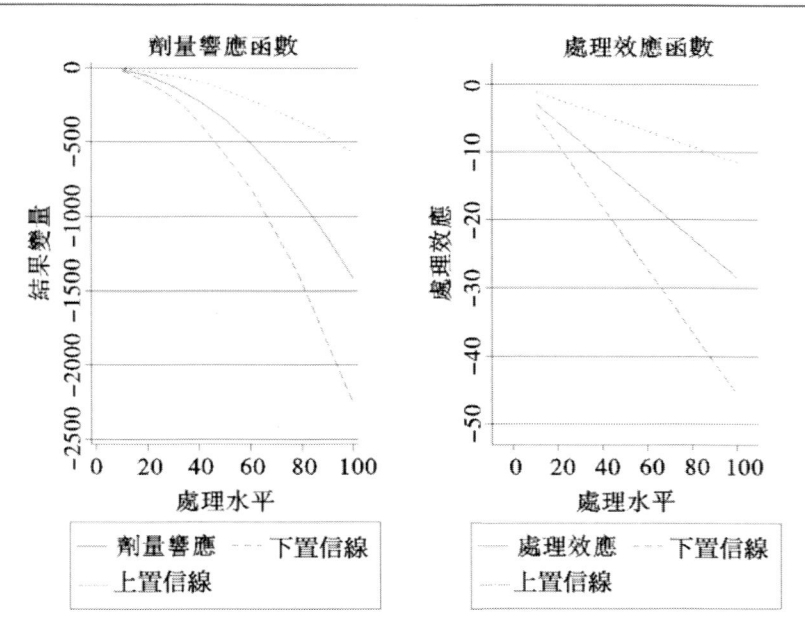

圖 3-1　不同處理水平下的劑量回應函數和處理效應函數估計圖

第五節　結論與政策內涵

　　有關企業邊界擴張與研發投資之間的關係一直是學術界和實踐界普遍關注的重點議題。本章的目的在於運用 2012 年世界銀行關於中國企業營運的制度環境質量調查數據實證分析企業邊界擴張對研發投資的影響，並進一步研究不同情境下，企業邊界擴張對研發投資影響的差異，這些情境包括產權制度、政治關聯、政策不確定性、法治質量和遊說水平等。

　　我們的實證結果提供的經驗證據表明在當前的制度環境下，企業邊界擴張對研發投資具有顯著的消極影響。這意味著，一方面，邊界擴張會導致企業缺乏靈活性，而這會妨礙企業創新，降低企業研發投資強度；另一方面，邊界擴張會強化企業的市場壟斷勢力，導致企業缺乏研發創新的競爭壓力，而樂於享受壟斷帶來的超額利潤，弱化了企業研發創新的動機。本章研究為企業邊界與企業內部資源配置之間的關係提供了來自中國的經驗證據，同時也為企業組織方式能夠解釋企業間的研發投資活動的差異提供了更多的經驗證據。

　　通過進一步研究，我們發現不同情境下，企業邊界擴張對研發投資影響有一定的差異。具體而言，第一，隨著國有控股程度的提高，邊界擴張對企業研發投資的負面影響會進一步強化。這進一步說明在政府干預下，國有企業形成了「小而全」「大而全」的局面，並且國有企業承擔著大量的政策性負擔，這顯然分散了國有企業研發投資的精力。更重要的是，國有企業預算軟約束使得其對外部政策環境變化慣常忽略，而導致其缺乏外部競爭的壓力，從而缺少研發投資的動力。第二，政治關聯也會進一步強化企業邊界擴張對研發投資的負面影響。這說明具有政治關聯的企業通常能夠運用政治影響力獲得市場壟斷地位，並通過邊界擴張來拓展它們的壟斷權力範圍。因此具有政治關聯的壟斷企業更傾向於利用政治權力來威脅潛在競爭者，並享受由壟斷帶來的超額利潤，而無須冒風險通過研發投資來改進產品。第三，政策不確定性進一步強化了企業邊界擴張對研發投資的負面影響。這意味著當企業面臨高度的政策不確定性時，企業需要維持較高的彈性來應對外部環境的變化，此時企業邊界的擴張會導致企業靈活性降低，並強化企業的核心剛度，抑制企業研發投資的行為。第四，法治質量水平並未有效地激勵邊界擴張型企業進行研發投資。這意味著全面推進法制建設，提高法治質量對於推動垂直整合型企業研發創新，從而推動中國經濟轉型具有至關重要的作用。第五，企業的遊說力度會強化企業邊界擴張對

研發投資的消極影響。這說明遊說可以為企業換取更多的市場特權，提高了潛在競爭者的進入障礙，弱化了市場競爭力度，導致垂直整合型企業創新動力不足。

上述研究結論蘊含著重要的政策內涵：

首先，推動中國企業垂直專業化分工，完善市場競爭機制。中國過去三十多年的發展經驗告訴我們，中國經濟增長的基礎建立在政治晉升錦標賽和財政分權上，國有企業的投資成為拉動經濟增長的主力。在這種粗放式的經濟增長模式中，「大而全」「小而全」的企業組織方式不僅導致企業內部資源配置效率降低，而且妨礙了企業研發創新的積極性，成為中國經濟增長方式成功轉型的掣肘。本章的經驗證據表明，企業邊界的不斷擴張在某種程度上抑制了企業研發投資的傾向和力度。目前看來，中國的研發創新程度雖有提高，但大部分貢獻仍依賴於國外的技術引進，並且中國的大部分技術產品都呈現出強烈的全球價值鏈嵌入性特徵，並且大部分企業仍從事產品技術處在低端水平的加工或者代工環節。因此，單純依賴技術引進並不能顯著提升中國企業的創新能力。就中國的經驗教訓而言，加快推動企業的垂直專業化分工或許成為當前改善企業研發創新能力的重要途徑。而在專業化分工的政策設計上，政府部門應著力完善市場競爭機制，制定一套相對最優的商業規則，減少企業在分工合作過程中的交易成本，激勵企業的研發投資熱情。

其次，減少政府部門的過度干預，營造企業研發投資的良好環境。長期以來，中國政府部門對企業的過度干預，嚴重地扭曲了企業內部資源的配置行為。本章提供的經驗證據表明，國有控股比例、政治關聯、政策不確定性和遊說等都顯著地強化了企業邊界擴張對研發投資的消極影響。由此看來，政府部門通過制定大量繁瑣的規則和制度來達到干預企業行為的這種方式不僅降低了企業內部資源配置的合理性，而且導致企業熱衷於非生產性尋利活動，例如通過政治關聯、遊說等方式提高企業的政治影響力，並獲得市場特權來打壓潛在市場競爭者，破壞公平的市場競爭環境，擴大壟斷權力範圍來維持市場競爭優勢。然而，在當前的制度環境下，但凡企業擁有了壟斷勢力，那麼它們都會無限期地推遲研發創新計劃，並極力推崇自身掌握的過時技術，對潛在競爭者的研發創新活動進行打壓，並將潛在競爭者的研發創新活動視為對自身地位和權力的一種挑戰。為了緩解上述情況，政府部門應該減少對企業的行政干預，並營造企業研發投資的良好環境。具體而言，政府部門在改進的進程中應該著重強調政企分離。在市場經濟體系下，參與競爭的國企、民企等應該相互協調，不是國進民退，也不是國退民進，而是讓所有的市場主體在公平競爭的條件下享有平等的地位。

最后，全面提高中國的法治水平，為企業提供良好的契約實施環境。當前中國的法治水平仍較為落后，這使得企業研發投資活動缺乏良好的契約實施環境。從本章的研究發現可知，法治水平並未緩解企業邊界擴張對研發投資的消極影響。這也表明當前的法治水平還不足以激勵邊界不斷擴張的企業積極開展研發投資這種高風險項目。營造良好的法制環境有利於降低契約的不完全性，為企業專業化分工與合作提供良好的契約實施環境。針對企業研發投資的法治化管理應具體體現在簡化各種繁雜、有失合理，更缺乏監督制衡的行政審批，充分發揮市場的競爭優勢，降低企業的稅負負擔，讓企業有更多的精力關注研發投資，最終達到以法治精神推動企業創新發展的目的，讓創新成為驅動中國經濟結構轉型升級的主動力。

參考文獻：

［1］Ciliberto, F. (2006). Does organizational form affect investment decisions? [J]. The Journal of Industrial Economics, 54 (1): 63–93.

［2］Mullainathan, S., Scharfstein, D. (2001). Do firm boundaries matter? [J]. The American Economic Review, 91 (2): 195–199.

［3］Seru, A. (2014). Firm boundaries matter: Evidence from conglomerates and R&D activity [J]. Journal of Financial Economics, 111: 381–405.

［4］Li, H. L., Tang, M. J. (2010). Vertical integration and innovative performance: The effects of external knowledge sourcing modes [J]. Technovation, 30: 401–410.

［5］Fagerberg, J., Mowery, D. C., Nelson, R. R. (2005). The Oxford Handbook of Innovation [M]. Oxford: Oxford University Press.

［6］Coase, R. (1937). The nature of the firm [J]. Economica, 4: 386–405.

［7］Teece, D. J. (1986). Profiting from technological innovation [J]. Research Policy, 15 (6): 285–305.

［8］Schumpeter, J. S. (1943). Capitalism, Socialism and Democracy [M]. Routledge, UK.

［9］Coriat, B., Weinstein, O. (2002). Organizations, firms and institutions in the generation of innovation [J]. Research Policy, 31 (2): 273–290.

［10］Winter, S. G. (2006). The logic of appropriability: from Schumpeter to arrow to Teece [J]. Research Policy, 35 (8): 1100-1106.

[11] Arrow, K. (1958). On the stability of the competitive equilibrium [J]. Econometrics, 26 (4): 522-552.

[12] Teece, D. J. (2006). Reflections on profiting from innovation [J]. Research Policy, 35 (8): 1131-1146.

[13] Williamson, O. E. (1991). Strategizing, economizing and economic organization [J]. Strategic Management Journal 12 (S2): 75-94.

[14] Armour, H. O., Teece, D. J. (1980). Vertical integration and technological innovation [J]. The Review of Economics and Statistics, 62 (3): 470-474.

[15] Monteverde, K. (1995). Technical dialog as an incentive for vertical integration in the semiconductor industry [J]. Management Science, 41 (10): 1624-1638.

[16] Kumar, N., Saqib, M. (1996). Firm size, opportunities for adaptation and in-house R&D activity in developing countries: the case of Indian manufacturing [J]. Research Policy, 25 (5): 713-722.

[17] Chesbrough, H. W., Teece, D. J. (1996). When is virtual virtuous: organizing for innovation [J]. Harvard Business Review, 74 (1): 65-73.

[18] Afuah, A. (2001). Dynamic boundaries of the firm: are firms better off being vertically integrated in the face of a technological change? [J]. Academy of Management Journal, 44 (6): 1211-1228.

[19] Brocas, I. (2003). Vertical integration and incentives to innovate [J]. International Journal of Industrial Organization, 21 (4): 457-488.

[20] Harrigan, K. R. (1980). The effects of exit barriers upon strategic flexibility [J]. Strategic Management Journal, 1 (2): 165-176.

[21] Abernathy, W. J., Wayne, K. (1974). Limits of the learning curve [J]. Harvard Business Review, 52 (5): 109-119.

[22] Leonard-Barton, D. (1992). Core capabilities and core rigidities: a paradox in managing new product development [J]. Strategic Management Journal, 13: 111-125.

[23] Mascarenhas, B. (1985). Flexibility: its relationship to environmental dynamism and complexity [J]. International Studies of Management & Organization, 14 (4): 107-124.

[24] Kim, C., Song, J. (2007). Creating new technology through alliances:

an empirical investigation of joint patents [J]. Technovation, 27 (8): 461-470.

[25] Allain, M. L., Chambolle, C., Rey, P. (2011). Vertical integration, innovation and foreclosure. Working paper.

[26] Murphy, K., Shleifer, A. and Vishney, R. (1991). The Allocation of Talent: Implication for Growth [J]. Quarterly Journal of Economics, 105, 503-530.

[27] Karantininis, K., Sauer, J., Furtan, W. H. (2010). Innovation and integration in the agri-food industry [J]. Food Policy, 35 (2): 112-120.

[28] 周勤. 縱向一體化測度理論評價 [J]. 經濟學動態, 2002, 1: 79-83.

[29] 吳利華, 周勤, 楊家兵. 鋼鐵行業上市公司縱向整合與企業績效關係的實證研究: 中國鋼鐵行業集中度下降的一個分析視角 [J]. 中國工業經濟, 2008 (5): 57-66.

[30] 李青原, 唐建新. 企業縱向一體化的決定因素與生產效率: 來自中國製造業企業的經驗證據 [J]. 南開管理評論, 2010, 13 (3): 60-69.

[31] Du, J. L., Lu, Y., Tao, Z. G. (2012). Contracting institutions and vertical integration: Evidence from China's manufacturing firms [J]. Journal of Comparative Economics, 40 (1): 89-107.

[32] Abdel-Khalik, A. R. (1993). Why Do Private Companies Demand Auditing? A Case for Organizational Loss of Control [J]. Journal of Accounting, Auditing and Finance, 8 (1): 31-52.

[33] Jefferson G., Huamao, B., Xiaojing, G., and Xiaoyun, Y. R. (2006). Performance in Chinese Industry [J]. Economics of Innovation and New Technology, 15 (4-5): 345-366.

[34] Huergo, E., and Jaumandreu, J. (2004). How Does Probability of Innovation Change with Firm Age? [J]. Small Business Economic, 22 (3-4): 193-207.

[35] Shleifer, A. and Vishny, R. W. (1993). Corruption [J]. Quarterly Journal of Economics, 108 (3): 599-617.

[36] Boone, J. (2001). Intensity of Competition and the Incentive to Innovate [J]. International Journal of Industrial Organization, 19 (5): 705-726.

[37] Aw, B. Y., Roberts, M. J. and Xu, D. Y. (2008). R&D Investments, Exporting, and the Evolution of Firm Productivity [J]. American Economic Review, 98 (2): 451-456.

[38] Aw, B. Y., Roberts, M. J., Xu, D. Y. R&D Investment, Exporting, and

Productivity Dynamics. NBER Working Paper Series, National Bureau of Economic Research, Cambridge, MA, 2009.

[39] Ganotakis, P. (2012). Founders' human capital and the performance of UK new technology based firms [J]. Small Business Economics, 39 (2): 495-515.

[40] Shane, S. (2000). Prior knowledge and the discoveryof entrepreneurial opportunity [J]. Organization Science, 11 (4): 448-469.

[41] Roper, S. and Love, J. H. (2006). Innovation and Regional Absorptive Capacity [J]. Annals of Regional Science, 40 (2): 437-447.

[42] Goedhuys, M., Janz, N., and Mohnen, P. (2008). What Drives Productivity in Tanzanian Manufacturing Firms: Technology or Business Environment [J]. European Journal of Development Research, 20 (2): 199-218.

[43] 吳延兵. R&D 與創新：中國製造業的實證分析 [J]. 新政治經濟學評論, 2007, 3 (3): 30-51.

[44] Prashanth, M. Corruption and Innovation: A Grease or Sand Relationship? Jena economic research papers, No. 2008, 017, 2008.

[45] Coles, J., Danniel, N., Naveen, L. (2006). Managerial Incentives and Risk-Taking [J]. Journal of Financial Economics, 79 (2): 431-468.

[46] 曾楚宏, 朱仁宏. 外部技術創新對企業邊界的影響 [J]. 中南財經政法大學學報, 2014, 203 (2): 135-142.

[47] Fisman, R., Svensson, J. (2007). Are Corruption and Taxation Really Harmful to Growth? Firm Level Evidence [J]. Journal of Development Economics, 83 (1): 63-75.

[48] Reinnikka, R., Svensson, J. (2006). Using Micro-Surveys to Measure and Explain Corruption [J]. World Development, 34 (2): 359-370.

[49] 謝家智, 劉思亞, 李后建. 政治關聯、融資約束與企業研發投入 [J]. 財經研究, 2014, 40 (8): 81-93.

[50] 何山, 李后建. 地方官員異地更替對企業 R&D 投資具有「擠出」效應嗎？[J]. 產業經濟研究, 2014, 71 (4): 30-40.

[51] 曹春方. 政治權力轉移與公司投資：中國的邏輯 [J]. 管理世界, 2013 (1): 143-156.

[52] Djankov, S., La Porta, R., Lopez-de-Silanes, F., Shleifer, A. (2002). The regulation of entry [J]. Quarterly Journal of Economics, 117: 1-37.

[53] 李后建, 張宗益. 地方官員任期、腐敗與企業研發投入 [J]. 科學學研究, 2014, 32 (5): 744-757.

[54] 楊海生,聶海峰,陳少凌.財政波動風險影響財政收支的動態研究[J].經濟研究,2014(3):88-100.

[55] Lewis, M. (2001). Who is Paying For Health Care in Eastern Europe and Central Asia? [M]. Washington, D. C.: World Bank.

[56] Hirano, K., and G. W. Imbens. The Propensity Score with Continuous Treatments. In Applied Bayesian Modeling and Causal Inference from Incomplete-Data Perspectives. England: Wiley InterScience, 2004.

第四章　銀行信貸、所有權性質與企業創新

本章基於2012年世界銀行關於中國企業營運的制度環境質量調查數據，旨在從實證角度研究銀行信貸、所有權性質和企業創新之間的關係。結果表明，銀行信貸對企業創新具有顯著的積極影響，而所有權的國有比例會顯著抑制企業創新，進一步地隨著國有比例的增加，銀行信貸對企業創新的積極影響會逐漸弱化。研究還發現小型企業和年輕企業的企業創新對銀行信貸和所有權性質的敏感性更高。這些研究結論意味著深化金融體制改革，引導國有企業發揮企業創新的領頭羊作用將有助於推動企業創新。本章為解釋金融市場發展、政府干預與經濟轉型之間的因果關係提供了重要的微觀基礎。

第一節　引言

企業創新在創造、維持和增加企業價值方面發揮著至關重要的作用。對於處在轉型時期的中國而言，企業創新的意義尤為重要。這是因為，企業創新不僅關乎中國經濟增長模式的成功轉變，而且成為實現偉大中國夢的重要途徑之一。然而，在當前的制度環境下，中國企業創新任重道遠。2014年中國科學技術發展戰略研究院發布的《國家創新指數報告2013》顯示，2013年中國規模以上工業企業R&D經費僅占主營業務收入的0.77%，僅比2000年提高0.2個百分點；新產品銷售收入占主營業務收入的比重為11.9%，僅比2000年提高0.8個百分點。這促使我們思考中國應如何快速推動企業創新。現有的實踐經驗表明，產權制度（陳國宏、郭弢，2008）、政治關聯（江雅雯等，2011）、金融發展（解維敏、方紅星，2011）、企業規模（溫軍等，2011）、腐敗（李

后建，2013）和市場化進程（江雅雯等，2012；李后建，2013）等都是影響中國企業創新的重要因素，但中國企業創新可能更多地面臨著股權和債務融資的雙重約束（溫軍等，2011）。通常而言，在發達的資本市場上，就企業創新項目融資而言，股權融資相比債務融資存在著三大優勢：首先股東能夠分享企業創新所帶來的正向收益；其次，股權融資沒有抵押品要求；最後，追加股權融資不會給企業財務困境等相關問題帶來壓力。然而，股權融資的這些優勢通常受制於企業的內部現金流水平，這意味著對外發行股票對企業創新項目融資起著至關重要的作用（Gompers & Lerner, 2006）。Kim 和 Weisbach（2008）提供的經驗證據表明，股票發行能夠緩解企業創新項目融資約束。由於信息不對稱所導致的發行成本和「檸檬溢價」使得公眾股權並非外部融資的完美替代品（Myers & Majluf, 1984）。這些摩擦加大了外部成本和外部股權融資之間的裂痕。儘管如此，相對於債務融資而言，股票發行是企業創新項目融資的關鍵來源，特別針對年輕企業而言。

然而，中國當前正處在經濟轉軌的關鍵時期，資本市場體系並不完善，且企業上市條件異常苛刻。因此，大部分企業難以借助資本市場平臺以股權的形式為企業創新項目融資。而就企業創新項目的債務融資而言，在信息不對稱和抵押品短缺的情況下，創新投資活動的風險規避和私有信息會導致逆向選擇和道德風險問題。此外，創新投資的一個重要特徵就是它的成果具有強烈的知識溢出效應（Knowledge spillover effect），這意味著企業創新投資的私人最優收益與社會最優收益之間存在著「缺口」問題。上述問題的存在使得風險厭惡對創新活動失去投資興趣。這勢必會阻塞企業創新投資的債務融資渠道，使得企業創新活動陷入融資困境（Hall, 2002）。因此，在雙重融資約束下，中國企業創新規模不足且效率低下。

基於上述探討，中國若要快速推動企業創新，首先必須有效解決企業創新面臨的融資問題。事實上，企業融資文獻表明，由不發達的金融系統所導致的市場缺陷很有可能是限制企業創新項目融資能力的重要因素。Demirguc-Kunt 和 Maksimovic（1998）強調了金融系統在放鬆企業外部融資約束方面的重要性。然而，鮮有文獻提供了有關轉型經濟體中不同所有制結構下，銀行信貸對中國企業創新影響的經驗證據。這不僅造成現有金融體系對中國經濟轉型影響的正確評價缺少足夠的依據，而且導致政府制定引導企業創新，從而推動經濟轉型的相關政策缺乏經驗證據。為此，研究銀行貸款和所有制對企業創新的影響，對提高微觀層面的企業價值以及完善宏觀層面的金融體系均具有一定的理論和現實意義。

第二節 文獻探討與研究假設

一、銀行信貸與企業創新

企業引入創新的概率取決於內部投入要素（如企業研發與固定資產投資）。在內部要素投入量給定的情況下，銀行信貸的持續供給是企業創新產出至關重要的外部投入要素之一。這是因為銀行信貸的發展水平會影響企業所選項目的性質、內部投入要素的質量以及創新產出的有效性。更重要的是，銀行信貸水平對研發支出數量具有直接影響（Benfratello et al., 2008）。此外，高度發達的銀行系統能夠產生有效的信息揭示機制，緩解由於信息不對稱導致的道德風險和逆向選擇問題，減少企業的外部融資成本，化解企業創新項目的融資困境，推動企業創新活動的順利開展（Laeven et al., 2012）。

Greenwood 和 Jovanovic（1990）提供的一個基本觀點是金融仲介降低了信息獲取的成本並對投資項目展開了有效的評估、篩選和監督。這也是解釋銀行業推動企業創新發展的核心所在。換言之，金融仲介致力於提高信息收集能力有助於改善資源配置效率，從而推動經濟增長，這便是 Greenwood 和 Jovanovic（1990）理論貢獻的核心部分。更重要的是，King 和 Levine（1993）強調了金融仲介的另一個重要功能，即金融仲介能夠以更低的成本識別那些更有能力引導創新的企業家。因此，驅動企業創新是金融發展影響經濟增長的重要渠道之一。

近些年來，大量的文獻探討了融資的可獲得性與創新之間的關係（Ayyagari et al., 2011；Brown et al., 2012；Sav-ignac, 2008；Efthyvoulou & Vahter, 2012；Hottenrott & Peters, 2012）。Sav-ignac（2008）在考慮了融資約束的內生性問題之後，估計了法國企業融資約束對企業創新的影響。她發現融資約束會顯著降低企業從事創新活動的可能性。同樣地，Efthyvoulou 和 Vahter（2012）研究發現融資渠道的匱乏是阻礙企業創新績效的重要因素之一。而 Hottenrott 和 Peters（2012）強調外部融資約束對小型企業研發和創新活動更具有制約作用。Ayyagari 等人（2011）利用有關企業創新的調查數據，在考慮了各類控制變量並使用工具變量技術控制了反向因果關係之後，發現企業外部融資的使用對創新具有顯著的正向影響。類似地，Brown 等（2012）提供的有效證據表明融資額度的確事關企業研發強度，即資本市場的發展會增加企業層面的創新活動。

上述論斷表明外部融資的可獲得性對企業創新活動具有至關重要的影響，由此，我們提出第一個假設：

H1：銀行信貸對企業創新具有顯著的正向影響。

二、所有權性質與企業創新

企業創新通常被視為一種動態交互學習和累積的過程（Lundvall, 1998），在這一過程之中，資源配置的效率取決於制度安排的質量。通常地，在推動企業創新的過程中，政府部門發揮著至關重要的作用（Haggard, 1994）。因為，政府部門會針對科學與技術的發展制定一系列的政策，以激發企業參與學習與創新活動的積極性。這些政策工具包括戰略性產業 R&D 投資便利化、政府對研究機構的資助計劃、專利法律法規體系的建立與完善、國外先進技術的引進計劃以及國家戰略項目發布計劃等。國有控股企業憑藉與政府的天然聯繫，通常更容易優先享受國家給予的相關政策優惠，從而獲取企業創新活動所需的各種資源，但國有企業並不一定將這些資源用於企業創新活動。這是因為在國有控股的情況下，實際控制人通常為企業高級管理人員，他們的任免過程並不是從人力資源市場競爭產生而是通過政治過程決定，由政府任命，任期較短，變數較大，並且領取的是固定薪酬，剩餘索取權卻由國家所有，作為理性的「經濟人」，他們的目標函數更多地體現在職務待遇和晉升機會上，力求短期內業績穩定，而不是歷經數載的企業創新，最終釀成「前人栽樹，后人乘涼」的「悲劇」，從而錯失升遷之機會。這會促使國有控股企業高管理性地選擇風險厭惡策略，排斥企業創新活動。更重要的是，國有控股企業通常將社會和政治目標界定為企業的最終目標，而這可能與企業長期的利潤目標相悖。因此，國有控股企業承擔了更多的政策性任務。在當前的制度環境下，政治晉升競標賽使得大量的政策性任務具有急功近利的特點，這客觀上要求國有控股企業將投資目標集中於見效快的政績項目，而放棄孕育週期長、風險大的研發項目。對於非國有控股企業而言，複雜的市場環境給它們的生存帶來了極大的挑戰，若不通過創新來抓住市場機會，適應競爭環境變化，非國有控股企業恐難生存下去。Choi 等（2011）認為非國有控股企業致力於創新活動的主要原因有二：其一是非國有控股企業為了致力於企業的穩定和持久的競爭優勢，它們更傾向於投資 R&D 這樣的長期項目，而不是利潤最大化的短期項目；其二是非國有控股企業的員工希望通過技術創新與企業建立長期穩定的勞動關係。由此可見，非國有控股企業通常對市場動態更加敏感，但是它們對來自政府的制度壓力缺乏敏感（Peng, 2004）。因此，在區分所有權性質之後，我們提出以下

假設：

H2：所有權的國有比例對企業創新具有顯著的消極影響。

三、所有權情境效應

所有權差異作為轉型經濟體中的重要制度背景，是當前學者研究銀行信貸與企業創新的重要情境（Aghion et al., 2013；Choi et al., 2011）。Allen 等（2005）指出四大國有商業銀行的不良貸款是中國銀行業所面臨的關鍵問題之一。他們指出大部分的不良貸款都來源於國有企業。由於政治或其他非經濟因素，中國銀行業被迫將大量資金貸給國有企業。Park 和 Sehrt（2001）和 Cull 和 Xu（2003）通過研究發現，自 20 世紀 90 年代中期，國有銀行在信貸資源配置方面顯得愈發低效，這是因為國有銀行被迫救助更多業績不佳的國有企業。更重要的是，基於某些非經濟因素，中國銀行業在信貸配給過程中存在著嚴重的所有制歧視。相對而言，國有企業憑藉其與政府部門之間的天然聯繫，因此它們在債務融資方面享有獨到優勢。但是，相對於非國有企業而言，國有企業通常背負著沉重的「政策性負擔」，這些政策性負擔會分散企業致力於研發的精力，同時擠出銀行信貸中用於企業研發支出的部分。更重要的是，國有企業的投資戰略通常要受到政府官員政治偏好的制約，它們需要協助政府部門促進本地經濟和就業增長，為地方政府官員的政治升遷增加籌碼。而企業創新這種週期長、風險大而收益不確定的投資活動很難滿足當地政府官員短期內的政績衝動要求。因此，國有企業被迫將大量信貸資金用於地方政府官員中意的項目中，這顯然擠占了企業創新活動所需的銀行信貸資金。

因此，我們認為在所有制的影響下，國有企業身分雖然能夠為企業贏得銀行信貸提供便利。但是與政府有著特殊關係的國有企業的產權性質決定了它的政治使命，而這種政治使命使得大量的銀行信貸從企業創新活動項目中擠走，從而弱化了銀行信貸與企業創新關係的顯著性。基於上述分析，本章提出以下假設：

H3：隨著所有權的國有比例提高，銀行信貸與企業創新之間的正向關係會越來越弱。

第三節　研究設計

一、研究樣本與數據來源

我們使用的數據來源於 2012 年世界銀行關於中國企業營運的制度環境質量調查。這次共調查了 2848 家中國企業，其中國有企業 148 家，非國有企業 2700 家。參與調查的城市有 25 個，分別為北京、上海、廣州、深圳、佛山、東莞、唐山、石家莊、鄭州、洛陽、武漢、南京、無錫、蘇州、南通、合肥、沈陽、大連、濟南、青島、菏澤、成都、杭州、寧波、溫州。涉及行業包括食品、紡織、服裝、皮革、木材、造紙、大眾媒體等 26 個行業。調查的內容包括控制信息、基本信息、基礎設施與服務、銷售與供應、競爭程度、生產力、土地與許可權、創新與科技、犯罪、融資、政企關係、勞動力、商業環境、企業績效等。這項調查數據的受試者為總經理、會計師、人力資源經理和其他企業職員。調查樣本根據企業的註冊域名採用分層隨機抽樣的方法獲取，因此調查樣本具有較強的代表性。在本研究中，有效樣本為 2422 個，這是因為我們剔除了一些指標具有缺失值的樣本。需要說的是，為了消除極端值對迴歸結果的影響，我們對連續變量按上下 1%的比例進行 winsorize 處理。

二、計量模型和變量定義

為了考察銀行信貸和所有權以及其他因素對企業創新的影響，我們遵照相關文獻的經驗做法（戴進、張建華，2013），將本章基本的計量迴歸模型設定如下：

$$innov_i = \alpha_0 + \alpha_1 credit_i + \alpha_2 soe_i + \alpha_3 credit_i \times soe_i + \beta Z_i + \varepsilon_i \tag{4.1}$$

在模型（4.1）中，$innov_i$ 表示第 i 個企業的創新行為。在本章中，我們運用創新產出來度量企業的創新行為。遵循 Chen 和 Miller 的做法，運用兩個變量來度量企業創新，第一，近三年內企業平均每年引入的新產品或服務銷售額占年度銷售總額的百分比（innov1）；第二，近三年內，企業是否引入了新產品或服務（innov2），若引入了則賦值為 1，否則賦值為 0。

$credit_i$ 表示第 i 個企業銀行信貸的情況，這是本章分析的關鍵變量。我們理論上預測 α_1 應該是正向的。在本章中，我們運用企業近期批准的人均貸款額度或信用額度的自然對數來度量企業銀行貸款。

soe_i 表示第 i 個企業所有權的國有比例，這也是本章分析的關鍵變量。我們理論上預測 α_2 應該是負向的。

Z_i 表示控制變量向量，包括企業層面和企業所在城市層面兩個維度的控制變量。企業層面的控制變量包括：

ln（labor）表示企業員工數的自然對數，用於測量企業的規模。主要理由包括大公司通常有更多的資源用於創新，並且能夠在創新生產和行銷過程中獲得經濟規模效益。

Edu 表示完成高中教育的企業員工比例，用以反應企業的人力資本狀況。這一變量可能會與企業創新具有正向關係，因為教育水平越高的員工更有可能勝任企業創新活動。

lnage 表示企業年齡，定義為 2012 年減去企業創始年份並取其自然對數。關於企業年齡對創新的影響，目前的文獻對這一問題並未達成一致。年輕的企業和成熟的企業在創新上各有優劣勢，年輕企業的優勢在於它們易於接受新的思想和方法，而劣勢在於它們創新失敗的風險可能要大於成熟企業。這是因為相對於成熟企業而言，年輕企業的市場經驗顯得相對不足，且要面臨著各種資源的約束。

Compet 用以反應市場競爭程度，它定義為企業就非正式部門競爭者的行為對其營運影響的評價，根據影響程度的高低，依序賦值為 0 至 4。以往研究表明，在激烈的市場競爭環境中，企業若要鞏固市場地位或擴大市場份額，那麼企業必須持續地進行產品改進和過程創新，這將激勵企業進行更多的創新活動。

Import 用於反應企業的轉化能力，具體定義為進口的原材料投入比例。可以推測外國企業與市場很可能激勵企業致力於更多的創新活動，因為外國企業和市場很可能擁有更好的技術、實踐和產品。

Exper 用以反應企業高層經理的工作經驗。具體定義為企業高層經理在特定行業領域從業年數的自然對數。Ganataki 認為創新活動是一項高風險的複雜活動，它對環境的敏感性較高，因此需要有工作經驗豐富的高層管理人員對創新項目進行評估，才能有效地控制創新活動風險，從而推動企業創新。因此企業高層經理的工作經驗越豐富就越有利於促進企業創新。

Computer 用以反應企業的微機化程度，具體定義為使用電腦的企業員工比例。企業的微機化程度越高，企業內部之間以及企業與外部之間的信息互動通道將更加便捷和暢通，有利於企業捕獲市場機會，激發企業的創新意願。

Growth 用以反應銷售年平均增長率，它定義為三年平均增長率，即利用

2010年的年銷售總額除以2008年的年銷售總額，然后開三次方，最后將所得結果減去1。銷售增長率是體現企業成長狀況和發展能力的重要指標。一般而言，銷售增長率越高表示企業成長狀況越好，發展越有潛力。而這樣的企業通常更有能力致力於企業創新。

根據2012年世界銀行關於中國企業營運的制度環境質量調查，我們還控制企業層面上其他有可能影響企業創新的因素。首先，我們構建了企業對員工是否有正式培訓計劃的虛擬變量（Train），將其定義為若企業對員工有正式培訓計劃則賦值為1，否則為0。利用企業是否有員工正式培訓計劃的虛擬變量我們可以捕捉到正式培訓對企業創新的影響。

最后，我們還控制了城市層面有可能影響企業創新的變量，例如該城市的市場規模（Loc），按照該城市的人口規模分為四個等級，人口少於5萬的賦值為1，5萬~25萬（不含25萬）的賦值為2，25萬~100萬（含100萬）賦值為3，100萬以上賦值為4；該城市是否是重要的商業城市（Business），若是則賦值為1，否則賦值為0。除此以外，由於以往的研究結論顯示不同地區和不同行業的企業創新具有較大的差異，因此，我們納入了城市和行業的固定效應。主要變量的描述性統計如表4-1所示。

表4-1　　　　　　　　　　主要變量描述性統計表

變量	觀測值	均值	標準差	最小值	最大值
Innov1	2386	0.1185	0.1837	0	1
Innov2	2422	0.4798	0.4997	0	1
Credit	1888	1.5799	3.8295	0	14.6518
Soe	2422	0.0716	0.2461	0	1
Labor	2422	246.704	1240.158	4	30000
Edu	2422	0.5981	0.2994	0	1
Inage	2422	2.4413	0.4980	0	4.8903
Compet	2412	0.8888	0.8920	0	4
Import	2422	0.0233	0.1082	0	1
Exper	2422	2.7040	0.4858	0	4.0073
Computer	2422	0.3738	0.2990	0	1
Growth	2422	0.0992	0.4510	-0.9937	19.5637
Train	2422	0.8534	0.3538	0	1
Loc	2422	2.9765	0.2148	1	4
Business	2422	0.8708	0.3355	0	1

三、實證策略

使用最小二乘法或 Probit（Tobit）模型對計量方程（4.1）進行估計會導致關鍵參數的有偏估計。換言之，傾向於創新的企業很有可能較難獲得銀行信貸（Hajivassiliou & Savignac, 2007），因此銀行信貸與企業創新之間可能存在反向因果關係而導致內生性問題。為了修正內生性偏誤，我們打算使用工具變量，這些工具變量會對企業銀行貸款有直接影響，而並不會（直接）影響企業創新活動的強度。對企業現金收入的外生衝擊因素似乎是企業銀行貸款可行的工具變量。因為這樣的外生衝擊不僅會影響企業內部資金的數量，而且還會影響企業對外部投資者的信譽和吸引力，但是這些外生衝擊對企業創新活動並無直接影響。

慶幸的是，2012 年世界銀行關於中國企業營運的制度環境質量調查不僅收集了有關企業現金流外生衝擊的信息，而且還收集了企業應對這些衝擊的策略信息。特別地，我們使用了兩個工具變量。

第一個工具變量是 Poc，表示企業購買原材料或服務項目的貨款中賒銷的比例。這個變量之所以是可行的工具變量，其原因如下：首先企業不可能使用未支付的賒銷貨款（貿易信貸）作為企業創新的融資資金，因為這種外部融資方式的特點是企業逾期支付賒銷貨款會導致巨額罰息，因此它的融資成本是非常昂貴的（Elliehausen & Wolken, 1993）。由此可見，除非企業面臨嚴峻的流動性短缺問題，否則企業並不樂意賒銷。在信息不對稱的情況下，外部投資者並不能有效地區分資不抵債的企業和無流動資金而有償債能力的企業，因此對於未支付賒銷貨款的企業而言，它們的外部融資額度會下降。

第二個變量 Lost 用於反應企業外部不可控事件導致的損失經歷。在 2012 年的調查中，我們用「由於斷電導致的損失額占企業年度銷售總額的比例」「在產品運送過程中由於盜竊導致的損失額占產品價值總額的比例」「在產品運送過程中由於破損或變質導致的損失額占產品價值總額的比例」等來反應企業經歷的外部不可控事件。上述事件的特點可以概括為：（1）意料之外的事件；（2）可能會導致流動性資金額度暫時性的減少；（3）企業的外生事件。因此 Lost 與企業銀行貸款具有強烈的關聯性並滿足排除限制。注意到我們的基準工具變量具有企業層面的變異，因此相對於使用省域或產業層面的工具變量，它能夠捕捉到大部分的變異，並使得估計結果更加精確。

第四節　實證檢驗

一、基準分析

在這一部分，我們通過估計計量方程（4.1）來驗證本章第二部分的主要研究假設。在表4-2中，我們報告了銀行貸款和所有權性質對企業創新影響的基準迴歸分析結果。考慮到橫向截面的動態變化，因此需要將內生性和異方差等問題進行充分考慮。為此我們控制了行業和城市的虛擬變量，並且估計了聚合在行業性質層面的穩健性標準誤。由於企業創新強度是非負的連續變量，故我們優先使用Tobit方法對計量模型進行估計。

表4-2中的列（1）和列（2）分別匯報的是沒有納入銀行信貸和所有權性質交互項的Probit和Tobit迴歸結果，發現銀行信貸和國有比例的係數在1%的水平上分別顯著為正和負。這意味著銀行信貸對企業創新決策和創新強度皆具有顯著的積極影響，而國有比例的增加則會妨礙企業創新決策並弱化企業創新強度，這與研究假設1和2是一致的。與此同時，我們在表4-2中的列（3）和列（4）中納入了銀行信貸和所有權性質的交互項，主要考察在所有權性質的影響下，銀行信貸對企業創新決策和創新強度的影響。研究結果顯示，銀行信貸和所有權性質交互項（Credit×soe）的係數在10%的水平上顯著為負。這意味著隨著所有權中國有比例的增加，銀行信貸對企業創新決策和創新強度的積極影響會逐漸弱化，這與研究假設3是一致的。但正如本章第三部分所述，銀行信貸和企業創新之間的內生性將會導致最小二乘法的估計結果向下偏倚，這是因為傾向於創新的企業可能面臨著更加嚴重的信息不對稱問題，而遭遇銀行信貸條款的硬性約束。基於此，我們在表4-2的列（5）至列（8）中分別報告了與列（1）至列（4）相呼應的工具變量迴歸結果，即IVProbit和IVTobit迴歸結果。迴歸結果顯示，儘管關鍵解釋變量的係數符號並無變化，但係數的顯著性和大小有了明顯的改變，工具變量的迴歸結果使得關鍵解釋變量的估計係數更加顯著，且更大。這與以往的研究結論是一致的（de Mel et al., 2008; Banerjee & Duo, 2008），即相對於工具變量估計而言，最小二乘法會導致估計結果向下偏倚，從而低估銀行信貸的處理效應。注意到我們的工具變量與內生解釋變量之間具有強烈的正向關係。一方面，弱工具變量 [Wald（IVtest）] 檢驗在1%的顯著水平上拒絕了原假設，意味著我們使用的工具變量並非弱工具變量；另一方面，排除限制檢驗（FAR）接受了原假設，意味著

我們使用的工具變量滿足排除限制的條件。由此可見，我們使用的工具變量是有效的。

表 4-2　銀行貸款、所有權性質與企業創新的基準迴歸結果

	Probit	Tobit	Probit	Tobit	IVProbit	IVTobit	IVProbit	IVTobit
	(1)	(2)	(3)	(4)	(5)	(6)	(7)	(8)
Credit	0.0495***	0.0075***	0.0496***	0.0076***	0.3752***	0.0932***	0.3754***	0.0956***
	(0.0131)	(0.0023)	(0.0131)	(0.0023)	(0.0785)	(0.0194)	(0.0792)	(0.0201)
Soe	-0.7711***	-0.1553***	-0.7677***	-0.1555***	-0.6540***	-0.1739***	-0.7224***	-0.1751***
	(0.2081)	(0.0591)	(0.2053)	(0.0581)	(0.1944)	(0.0518)	(0.2069)	(0.0538)
Credit×soe			-0.0151*	-0.0028**			-0.5565***	-0.1742***
			(0.0088)	(0.0012)			(0.1291)	(0.0517)
ln(labor)	0.1565***	0.0284***	0.1566***	0.0283***	0.1319**	0.0372**	0.1427**	0.0300*
	(0.0311)	(0.0073)	(0.0311)	(0.0073)	(0.0619)	(0.0153)	(0.0621)	(0.0152)
ln(labor)²	-0.0155**	-0.0039***	-0.0156**	-0.0040***	-0.0159*	-0.0116*	-0.0171*	-0.0125*
	(0.0071)	(0.0015)	(0.0072)	(0.0016)	(0.0083)	(0.0062)	(0.0093)	(0.0068)
Edu	0.4904***	0.1131***	0.4901***	0.1134***	0.3002**	0.0663**	0.3195*	0.0612*
	(0.1207)	(0.0289)	(0.1205)	(0.0291)	(0.1501)	(0.0325)	(0.1702)	(0.0457)
lnage	-0.1417*	-0.0354*	-0.1416*	-0.0354*	-0.2461**	-0.0609**	-0.2363**	-0.0588**
	(0.0761)	(0.0190)	(0.0761)	(0.0190)	(0.1002)	(0.0262)	(0.0994)	(0.0269)
Compet	0.1044**	0.0084	0.1047**	0.0082	0.0936*	0.0108	0.0852*	0.0087
	(0.0414)	(0.0115)	(0.0418)	(0.0114)	(0.0503)	(0.0132)	(0.0505)	(0.0136)
Import	1.0597**	0.2210***	1.0615**	0.2200***	1.0446**	0.2432**	1.1485**	0.2485**
	(0.4836)	(0.0832)	(0.4854)	(0.0833)	(0.4573)	(0.1141)	(0.4580)	(0.1162)
Exper	0.2482***	0.0632***	0.2480***	0.0633***	0.0814	0.0081	0.0751	0.0088
	(0.0765)	(0.0219)	(0.0764)	(0.0219)	(0.1060)	(0.0272)	(0.1059)	(0.0136)
Computer	0.3183*	0.1229***	0.3181*	0.1230***	0.4332**	0.1609***	0.4080**	0.1637***
	(0.1661)	(0.0378)	(0.1661)	(0.0378)	(0.1740)	(0.0452)	(0.1730)	(0.0464)
Growth	0.8434***	0.1806***	0.8437***	0.1805***	0.7791***	0.1843***	0.7567***	0.1902***
	(0.2246)	(0.0478)	(0.2241)	(0.0478)	(0.2510)	(0.0649)	(0.2490)	(0.0671)
Train	0.1845**	0.0410*	0.1843**	0.0411*	0.0919	0.0022	0.0069	0.0034
	(0.0930)	(0.0223)	(0.0930)	(0.0223)	(0.1297)	(0.0338)	(0.1282)	(0.0348)
Loc	0.2186	0.0181	0.2189	0.0180	0.3357	-0.1009	-0.4211	-0.1038
	(0.2716)	(0.0693)	(0.2717)	(0.0692)	(0.5336)	(0.1251)	(0.3209)	(0.0824)
Business	-0.3362*	-0.1444***	-0.3364*	-0.1443***	0.3837***	0.0171	0.3924***	0.0182
	(0.1825)	(0.0548)	(0.1827)	(0.0548)	(0.1244)	(0.0324)	(0.1238)	(0.3309)
Constant	-2.4458***	-0.3123	-2.4414***	-0.3150	-0.2263	0.1629	0.2240	0.1836
	(0.9372)	(0.2658)	(0.9366)	(0.2661)	(1.0637)	(0.2714)	(1.0932)	(0.2783)

表4-2(續)

	Probit	Tobit	Probit	Tobit	IVProbit	IVTobit	IVProbit	IVTobit
	(1)	(2)	(3)	(4)	(5)	(6)	(7)	(8)
Citydum	已控制	已控制	已控制	已控制	已控制	已控制	已控制	已控制
Inddum	已控制	已控制	已控制	已控制	已控制	已控制	已控制	已控制
Wald test					29.61***	30.89***	28.00***	31.23***
Wald(IVtest)					22.83***	23.15***	22.44***	22.74**
FAR(P)					0.1192	0.1861	0.1161	0.1752
偽 R^2	0.1845	0.2560	0.1846	0.2562				
N	1887	1871	1887	1871	1813	1792	1807	1790

註：1. *、**、*** 分別表示在10%、5%和1%的水平上具有統計顯著性，以下相同，不再贅列；2. 列（1）至列（4）括號（）內表示基於行業聚類穩健性標準差，其餘括號內表示穩健性標準差；3. citydum 表示城市固定效應，inddum 表示產業固定效應，以下相同，不再贅列；4. Wald（IVtest）表示弱工具變量檢驗，Stata12.0 的命令為 weakiv；4. FAR（p）為排除限制假設檢驗，Stata12.0 的命令為 far，具體可以參見 Berkowitz et al.（2012）的相關論述；5. 此處樣本量並非單個變量的有效樣本量，而是各個變量有效樣本量的交集，因此迴歸的有效樣本要比各個變量的有效樣本少，以下相同，不再贅列。

在表4-2中，關於控制變量，有幾個有趣的發現值得一提。第一，現有的文獻（Becheikh et al., 2006）和熊彼特假說皆表明規模更大的企業更傾向於創新。而在本研究中，企業創新的規模效應呈倒 U 形。這意味著當企業達到一定的規模時，企業規模的擴大可能會對創新產生抑制效應，這有可能源於企業規模擴大帶來的壟斷利潤使得企業對創新表現出強烈的惰性。第二，人力資本對企業創新表現出強烈的正向效應，即完成高中教育的企業員工比例越高，企業引進新產品或服務的可能性越大，強度越高。第三，相對於年輕的企業而言，年老的企業引進新產品或服務的可能性更小，強度更低。對此一個可能的解釋是雖然年長的企業具有較強的市場分析能力，能夠快速地洞悉市場規律，把握創新項目投資機會。但是隨著年齡的增長，企業可能越發擅長執行原有的慣例，並對企業的先前的技術能力表現出過度自信的狀態，以致企業陶醉於原有的技術優勢，而陷入「能力陷阱」。因此，年長的企業由於惰性的原因又可能會減少嘗試創新的機會。第四，在10%的水平上，企業市場競爭（Compet）的系數在大部分的模型中顯著為正，表明市場競爭越激烈，企業越傾向於創新。這與 Nicholas 的研究結論是一致的，這也在一定程度上印證了「熊彼特假說」，即市場力量在某種程度上決定了企業創新的傾向。第五，企業轉化能力（Import）的系數在10%的水平上顯著為正，這意味著企業的轉化能力越強，企業創新可能性越大、創新強度越高。這與 Gorodnichenko 等（2010）的研究

結論是一致的。第六，企業微機化程度（Computer）的系數在10%的水平上顯著為正，這意味著微機化程度越高的企業越傾向於創新，且創新強度越高。第七，銷售年平均增長率（Growth）的系數在10%的水平上顯著為正，這意味著企業銷售年平均增長率越高，企業創新活動的傾向和強度就越高。這是因為企業創新是一項耗資巨大的活動，豐厚的利潤才能為這項活動提供物質基礎。其他的控制變量對企業創新的影響並不明顯。

二、穩健性檢驗

企業創新擁有多個維度。典型地，企業創新可以被度量為：（1）為生產或流程的改善，企業是否引進了新技術和設備（NTC）；（2）在生產或營運過程中，企業是否引進了新的質量控制程序（NQC）；（3）企業是否引進了新的管理或行政流程（NMP）；（4）企業是否為員工提供了技術培訓（PTT）；（5）企業是否引進了新產品或新服務（NPS）；（6）企業是否為現有產品或服務增添了新的特徵（AEF）；（7）企業是否採取了相關措施來降低生產成本（RPC）；（8）企業是否採取了相關措施來改善生產柔性（IPF）。因此，我們將以上企業創新活動的八個維度分別作為被解釋變量進行穩健性檢驗，若企業管理層對上述問題的回答為「是」則賦值為1，「否」則賦值為0。通過IVProbit迴歸分析方法重新對計量模型（4.1）進行迴歸估計，估計結果匯報在表4-3的列（1）至列（8）。結果表明，在10%的水平上，除（4）、（7）和（8）這三種類型的企業創新外，銀行信貸對各種類型的企業創新皆具有顯著的積極影響，而除（4）和（7）這兩類企業創新外，國有比例對各類企業創新皆具有顯著的消極影響。最后，在10%的水平上，隨著國有比例的增加，銀行信貸對以上八類企業創新的影響都會顯著弱化。

當然特定企業可能從事上述某幾種創新活動，企業從事創新活動的種類越多，則企業的創新活動表現得越活躍。為此，我們將上述八個維度分別相加，從而得到企業創新活動類型的計數，該計數最大值為8，最小值為0。基於這類數據的特點，我們運用基於工具變量的泊松迴歸對計量模型的系數進行估計。研究結果匯報在表4-3的列（9），結果表明，銀行信貸會增加企業創新活動的多元化，而國有比例則會弱化企業創新活動的多元化，同時隨國有比例的增加，銀行信貸對企業創新活動多元化的積極影響會顯著弱化。

此外，企業研發支出水平一直作為測度企業創新努力程度的重要代理指標之一。這一代理指標的優勢在於它是一個相對容易理解的學術術語，並且它提供了可以測度的幣值用於后續分析。因此我們將企業研發支出水平作為企業創

新的另一種測量指標。在衡量中,我們將企業近三年來,平均每年的研發支出額度除以企業員工數,然后再取對數作為企業創新強度的測度。利用IVTobit重新對計量模型(4.1)進行迴歸估計,研究結果匯報在表4-3的列(10)。結果表明,銀行信貸對企業研發強度具有積極影響,而國有比例則會弱化企業研發強度,同時隨著國有比例的增加,銀行信貸對企業研發強度的積極影響會顯著弱化。

表4-3　　銀行貸款、所有權性質與企業創新的穩健性迴歸結果

	NTE (1)	NQC (2)	NMP (3)	PTT (4)	NPS (5)	AEF (6)	RPC (7)	IPF (8)	IVPossion (9)	IVTobit (10)
Credit	0.1251**	0.1276**	0.1136**	0.0546	0.3021***	0.1113**	0.0048	0.0099	0.0914***	0.0514***
	(0.0613)	(0.0606)	(0.0601)	(0.0605)	(0.0595)	(0.0409)	(0.0581)	(0.0592)	(0.0304)	(0.0180)
Soe	-0.6332***	-0.6369***	-0.8172***	0.1214	-0.6923***	-0.4983***	0.1550	-0.9311***	-0.3985***	-0.4987***
	(0.1647)	(0.1757)	(0.1738)	(0.1412)	(0.1731)	(0.1712)	(0.1382)	(0.1708)	(0.1229)	(0.1183)
Credit×soe	-0.0984**	-0.1229**	-0.1226**	-0.0919**	-0.1715***	-0.0712*	-0.1087**	-0.1514***	-0.1544***	-0.4513***
	(0.0394)	(0.0419)	(0.0466)	(0.0387)	(0.0383)	(0.0391)	(0.0381)	(0.0399)	(0.0363)	(0.1752)
其他變量	已控制	已控制	已控制	已控制	已控制	已控制	已控制	已控制	已控制	已控制
Citydum	已控制	已控制	已控制	已控制	已控制	已控制	已控制	已控制	已控制	已控制
Inddum	已控制	已控制	已控制	已控制	已控制	已控制	已控制	已控制	已控制	已控制
Wald test	8.71**	7.93**	6.48**	1.28	12.95***	4.92***	0.97	0.22		15.75***
Wald (IV)	4.17**	4.40**	3.95**	0.81	13.16***	5.81***	1.13	0.81		8.12***
FAR (P)	0.0948	0.1273	0.1024	0.0413	0.1538	0.1021	0.0126	0.0185		0.2183
N	1814	1814	1814	1814	1811	1811	1814	1814	1809	1783

三、分樣本迴歸分析

　　針對不同類型的企業樣本,銀行信貸對企業創新的影響可能存在異質性,為了驗證這一可能性,我們針對不同類型的子樣本重新估計了計量模型(4.1)。在這些子樣本中,我們主要關注的是企業引進新產品或服務的強度。表4-4報告了按照行業(製造業和服務業)、年齡(大於10歲為成熟企業,而小於或等於10歲則為年輕企業)、規模(員工人數大於等於5且小於或等於19則為小型企業;員工人數大於等於20且小於或等於99則為中型企業;員工人數大於等於100則為大型企業)等分類的子樣本迴歸結果。

　　首先,對於服務業或製造業的企業而言,銀行信貸、國有比例以及兩者之間的交互項對企業創新的影響並無明顯差異,且與基準迴歸結果類似。

　　其次,相對於成熟的企業而言,年輕企業創新對銀行信貸和國有比例具有

更強的敏感性，這與 Ayyagari 等（2011）的研究結論是一致的，即年輕企業可能只有較短的信用記錄，這使得它們獲得外部融資的難度加大，再加上它們很少有機會累積內部資金，因此它們可能更依賴於外部融資。在企業投資的現金流敏感性分析的文獻中，企業年齡通常作為企業的典型特徵來區分外部融資難度不同的企業（Fazzari et al., 1988）。同樣地，我們的發現也與 Brown 等（2009）的研究結論一致，即相對於年輕企業而言，成熟企業的R&D支出可能對現金流和外部股權融資並不那麼敏感。

最後，銀行信貸、國有比例以及兩個變量之間的交互項對企業創新的影響會隨著企業規模的變化而有不同的回應。即企業的規模越小，則企業創新對銀行信貸、國有比例以及兩者之間交互項的影響具有更強的敏感性。這一發現與以往的研究結論是一致的，即小型企業更有可能遭遇外部資金的匱乏和嚴重的信息摩擦等問題（Harho, 1998; Canepa & Stoneman, 2008; Ughetto, 2008; Ayyagari et al., 2011），最終導致企業創新對銀行信貸具有更強的敏感性。

表 4-4　　銀行貸款、所有權性質與企業創新的分樣本迴歸結果

	Manu	Serv	New	Old	Small	Medium	Large
	（1）	（2）	（3）	（4）	（5）	（6）	（7）
Credit	0.1395***	0.1022**	0.2012***	0.0961*	0.4175***	0.1310**	0.0545**
	（0.0533）	（0.0510）	（0.0513）	（0.0509）	（0.0611）	（0.0539）	（0.0262）
Soe	−0.7116***	−0.5041**	−0.9131***	−0.3181**	−1.2741***	−0.2718**	0.1966
	（0.2013）	（0.2125）	（0.1491）	（0.1308）	（0.1960）	（0.1141）	（0.2154）
Credit×soe	−0.1257**	−0.0991*	−0.2104***	−0.1576**	−0.3520***	−0.1388**	0.0914
	（0.0516）	（0.0508）	（0.0530）	（0.0632）	（0.0628）	（0.0616）	（0.1057）
其他變量	已控制	已控制	已控制	已控制	已控制	已控制	已控制
Citydum	已控制	已控制	已控制	已控制	已控制	已控制	已控制
Inddum	已控制	已控制	已控制	已控制	已控制	已控制	已控制
Wald test	6.28**	5.71**	7.18***	7.71***	11.76***	4.45**	2.15
Wald (IV)	6.85**	3.82*	6.39***	6.13***	12.59***	3.97*	0.99
FAR (P)	0.1135	0.0937	0.1850	0.1501	0.2916	0.1018	0.0145
N	1125	667	605	1187	676	637	479

第五節　結論與政策內涵

　　本章基於金融資源配置的角度，運用 2012 年世界銀行關於中國企業營運的制度環境質量調查數據實證分析了銀行信貸和所有權性質對企業創新的影響。研究發現銀行信貸對企業創新具有顯著的正向效應，而所有權的國有比例對企業創新具有消極影響；進一步地，隨著所有權國有比例的增加，銀行信貸對企業創新的正向效應會逐漸弱化。因此，本章的研究結論為轉型經濟體中金融市場發展、政府干預與經濟轉型之間關係的因果解釋提供了微觀基礎。

　　此外，我們也提供了不同類型的企業有關銀行信貸和所有權的國有比例對企業創新影響的詳細描述。值得關注的是小型企業或年輕企業，它們的創新傾向和創新強度對銀行貸款和所有權的國有比例更加敏感。換言之，小型企業或年輕企業在創新的過程中更容易遭受外部融資摩擦，從而表現出對銀行信貸的高度敏感。這些證據意味著轉型和新興市場經濟體應該將相關優惠政策向融資摩擦高度敏感的企業傾斜，夯實它們進行創新活動所需的資本基礎。

　　從廣義的層面而言，從微觀層面對企業創新行為的分析表明提高金融市場的發展水平有助於緩解企業所面臨的融資約束問題，從而促進企業創新，並推動經濟體的成功轉型。隨著銀行系統和金融部門改革的進一步深化，由金融摩擦導致的不良影響會逐步緩解，並最終激勵經濟轉型和維持經濟的可持續增長。與此同時，在加快和推進金融系統的改革和進程中，我們應該牢記一個重要原則，外部融資的收益取決於仔細的篩選和監督。因此，一個明智的策略應該是減少銀行的歧視性信貸政策，並逐步實現利率市場化，同時還要實行一些策略組合，包括強化篩選流程、改善信息系統、完善信用記錄和促進信用擔保。針對企業創新的中國金融市場改革而言，倡導金融所有制改革並消除金融所有制歧視能有效地改善商業銀行的信貸和風險管理技能，並在企業創新的銀行信貸過程中有效地引入風險管理的理念，提高信貸資源配置效率，強化銀行信貸對企業創新的積極影響。另外，降低國有企業憑藉與政府部門的獨特優勢獲得的超額收益，激勵國有控股企業擺脫創新惰性並依靠創新獲得市場競爭優勢。對此，政府部門應該減少國有企業部門的政策性負擔，同時加強對國有企業創新活動的監督和激勵，引導國有企業在創新方面發揮領頭羊的作用。

參考文獻:

[1] 陳國宏,郭發.中國FDI、知識產權保護與自主創新能力關係實證研究 [J].中國工業經濟,2008(4):25-33.

[2] 江雅雯,黃燕,徐雯.政治聯繫、制度因素與企業的創新活動 [J].南方經濟,2011(11):3-15.

[3] 解維敏,方紅星.金融發展、融資約束與企業研發投入 [J].金融研究,2011(5):171-183.

[4] 溫軍,馮根福,劉志勇.異質債務,企業規模與R&D投入 [J].金融研究,2011(1):167-181.

[5] 李后建.市場化,腐敗與企業家精神 [J].經濟科學,2013(1):99-111.

[6] Gompers, P., Kovner, A., Lerner, J., & Scharfstein, D. (2006). Skill vs. luck in entrepreneurship and venture capital: Evidence from serial entrepreneurs. WorkingPaper (No. w12592), National Bureau of Economic Research.

[7] Kim, W. and Weisbach, M. S. (2008). Motivations for Public Equity Offers: An International Perspective [J]. Journal of Financial Economics, 87: 281-307.

[8] Myers, S. C., and Majluf, N. S. (1984). Corporate Financing and Investment Decisions When Firms have Information that Investors Do Not [J]. Journal of Financial Economics, 13: 187-221.

[9] Hall, B. H. (2002). The financing of research and development [J]. Oxford Review of Economic Policy, 18 (1): 35-51.

[10] Demirgüç-Kunt, A., Maksimovic, V. (1998). Law, finance, and firm growth [J]. The Journal of Finance, 53 (6): 2107-2137.

[11] Benfratello, L., Schiantarelli, F., Sembenelli, A. (2008). Banks and innovation: Micro-econometric evidence on Italian firms [J]. Journal of Financial Economics, 90 (2): 197-217.

[12] Laeven, L., & Valencia, F. (2012). The use of blanket guarantees in banking crises [J]. Journal of International Money and Finance, 31 (5): 1220-1248.

[13] Greenwood, J., & Jovanovic, B. (1990). Financial Development, Growth and the Distribution of Income [J]. Journal of Political Economy, 98: 1076-1107.

[14] King, R. G., & Levine, R. (1993). Finance, entrepreneurship and growth [J]. Journal of Monetary Economics, 32 (3): 513-542.

[15] Ayyagari, M., Demirguc-Kunt, A. and Maksimovic, V. (2011). Firm innovation in emerging markets: The roles of governance and finance [J]. Journal of Financial and Quantitative Analysis, 46 (6): 1545-1580.

[16] Brown, J. R., Martinsson, G., and Petersen, B. C. (2012). Do Financing Constraint Matter for R&D? [J]. European Economic Review, 56: 1512-1529.

[17] Savignac, F. (2008). Impact of financial constraints on innovation: What can be learned from a direct measure? [J]. Economics of Innovation and New Technology, 17 (6): 553-569.

[18] Efthyvoulou, G., & Vahter, P. (2012). Innovative Performance and Financial Constraints: Firm-level Evidence from European Countries [J]. Sheffield Economic Research Paper Series, No. 2012030.

[19] Hottenrott, H., & Peters, B. (2012). Innovative capability and financing constraints for innovation: More money, more innovation? [J]. Review of Economics and Statistics, 94 (4): 1126-1142.

[20] Lundvall, B. A. (1998). Why study national systems and national styles of innovation? [J]. Technology analysis & strategic management, 10 (4): 403-422.

[21] Haggard, S. M. (1998). Business, politics and policy in East and Southeast Asia [M]. Behind East Asian growth: The political and social foundations of prosperity, 78-104.

[22] Choi, S. B., Lee, S. H., Williams, C. (2011). Ownership and firm innovation in a transition economy: Evidence from China [J]. Research Policy, 40: 441-452.

[23] Peng, M. W. (2004). Outside directors and firm value during institutional transitions [J]. Strategic Management, 25: 453-471.

[24] Aghion, P., & Burgess, R. (2013). Financing in Eastern Europe and The Former Soviet Union [M]. International Finance: Contemporary Issues, 101.

[25] Allen, F., Qian, J., Qian, M. (2005). Law, Finance, and Economic Growth in China [J]. Journal of Financial Economics, 77: 57-116.

[26] Park, A., & Sehrt, K. (2001). Tests of financial intermediation and

banking reform in China [J]. Journal of Comparative Economics, 29 (4): 608-644.

[27] Cull, R., & Xu, L. C. (2005). Institutions, ownership, and finance: the determinants of profit reinvestment among Chinese firms [J]. Journal of Financial Economics, 77 (1): 117-146.

[28] 戴静, 張建華. 金融所有制歧視、所有制結構與創新產出——來自中國地區工業部門的證據 [J]. 金融研究, 2013 (5): 86-98.

[29] Chen, W. R., Miller, K. D. (2007). Situational and Institutional Determinants of Firms' R&D Search Intensity [J]. Strategic Management Journal, 28 (4): 369-381.

[30] Hajivassiliou, V. and Savignac, F. (2007). Financing constraints and arm's decision and ability to innovate: Establishing direct and reverse effects. FMG Discussion Paper 594.

[31] Elliehausen, G. and Wolken, J. (1993). The demand for trade credit: An investigation of motives for trade credit use by small businesses, Staff Study Board of Governors of Federal Reserve System, 165: 1-18.

[32] De Mel, S., McKenzie, D. and Woodru, C. (2008). Returns to capital in microenterprises: Evidence from a field experiment [J]. Quarterly Journal of Economics, 123 (4): 1329-1372.

[33] Banerjee, A. V. and Duo, E. (2013). Do firms want to borrow more? Testing credit constraints using a directed lending program [J]. The Review of Economic Studies, 1: 1-36.

[34] Becheikh, N., Landry, R. and Amara, N. (2006). Lessons from innovation empirical studies in the manufacturing sector: A systematic review of the literature from 1993—2003 [J]. Technovation, 26 (5-6): 644-664.

[35] Gorodnichenko, Y., Svejnar, J. and Terrell, K. (2010). Globalization and innovation in emerging markets [J]. American Economic Journal: Macroeconomics, 2 (1): 194-226.

[36] Fazzari, S. M., Hubbard, G. R. and Petersen, B. C. (1988). Financing constraints and corporate investment [C]. Brookings Papers on Economic Activity, 1: 141-195.

[37] Harho, D. (1998). Are there financing constraints for R&D and investment in German manufacturing firms [J]. Annales d'Economie et de Statistique, 49: 421-456.

［38］Canepa, A. and Stoneman, P. (2008). Financial constraints to innovation in the UK: Evidence from CIS2 and CIS3 ［C］. Oxford Economic Papers, 60: 711-730.

［39］Ughetto, E. (2008). Does internal finance matter for R&D? New evidence from a panel of Italian firms ［J］. Cambridge Journal of Economics, 32 (6): 907-925.

第五章 政策不確定性、銀行授信與企業研發投入

本章利用 2012 年世界銀行關於中國企業營運的制度環境質量調查數據，旨在從實證的視角研究政策不確定性、銀行授信與企業研發投入之間的內在關係。研究發現，隨著政策不確定性程度的增加，企業會減少研發投入，而銀行授信水平則激發了企業的研發投入動機。進一步地，隨著政策不確定性程度的增加，銀行授信對企業研發投入的正向激勵作用會逐漸弱化，而且這一結果具有較強的穩健性。進一步研究發現，處於制度質量水平較高地區的企業，銀行授信對企業研發投入具有更加強烈的積極影響，然而制度質量並不能有效地弱化政策不確定性通過銀行授信對企業研發投入造成的消極影響。本章的研究結論對於理解宏觀政策和資本市場對企業研發投入的影響以及制度質量的作用具有一定的參考價值。

第一節 引言

研發投資不僅是企業獲取競爭優勢的關鍵手段（Franko，1989），而且是國民經濟可持續發展的重要引擎（Aghion & Howitt，1992）。尤其對於處在轉型關鍵時期的中國而言，企業研發投資是推動中國經濟轉型升級的內生性動力（李后建，2013）。不過，企業研發過程不僅漫長、特殊和變化莫測，而且還面臨著過高的失敗風險（Hsu, et al., 2014）。因此，有效地促進企業研發需要運轉良好的金融市場有效地發揮降低融資成本、分配稀缺資源、評價研發項目、管理創新風險和監督經理人的功能（李后建、張宗益，2014a；Hsu, et al., 2014）。但是，對於處在新興加轉軌階段的中國而言，相關正式制度並不

完善，金融市場運行相對不暢，大部分企業依然陷入融資困境（Banerjee & Duflo，2010）。與普通的投資相比，企業研發投資所產生的無形資產通常難以符合抵押品資質標準，這使得金融機構不願為此類項目放款（Kochhar & David，1996）。此外，高新技術企業國內上市條件異常苛刻（Hsu, et al., 2014）。因此，在中國當前的制度環境下，保證企業研發獲得穩定、持續和長期的資金支持似乎並不現實。

然而，銀行授信為企業從銀行獲得穩定和持續的資金提供了一個重要的渠道（馬光榮等，2014）。銀行授信，有時被稱為信貸承諾或週轉信用協議，是銀行在預先確定的條件下承諾給企業的信貸額度（Lockhart，2014）。與抵押貸款相比，銀行授信為企業減少了向銀行借款的繁瑣檢查程序，節約了雙方的交易成本（Demiroglu & James，2011）。更重要的是銀行授信通常不需要抵押品，企業可以根據自身經營狀況在授信額度範圍內自主地申請貸款，降低了債務契約的剛性，在某種程度上滿足了企業研發項目融資的所需靈活性（O'Brien，2003）。但是，銀行授信可得性取決於借款人和貸款人雙方的財務條件（Demiroglu & James，2011）。Demiroglu 和 James（2011）認為如果貸款人違反貸款條約，那麼銀行通常有權否決借款人申請的信用額度。特別地，在政策不確定性的條件下，銀行可能會直接拒絕履行提供承諾信貸的義務以降低信貸風險（Ivashina & Scharfstein，2010）。

當前，中國經濟社會發展在進入新常態的過程中，不確定性狀態更加複雜，主要表現為政策效果的不確定性增加；突發事件的影響力增大；系統性風險累積疊加。不確定性的增加會對金融市場風險有直接的影響（Krkoska & Teksoz，2009），尤其是銀行系統風險（Talavera et al.，2012）。現有文獻的結論表明政策不確定性的增加會導致銀行貸款損失撥備和不良債務增加，迫使銀行緊縮貸款條件（Quagliarieuo，2006）。Baum 等人（2009a）在他們構建的投資組合模型中探究了宏觀經濟不確定性對銀行信貸行為的影響。他們認為銀行判斷投資機會的能力受制於宏觀經濟不確定性，因為宏觀經濟的不確定性會製造出期望收益的噪音信號，由此產生的羊群效應弱化了銀行貸款的決策能力。

基於上述探討，銀行授信通常可以緩解企業的融資約束，從而促進企業研發投資。然而，隨著政策不確定性的增加，銀行授信對企業研發投資的影響是否會發生變化？針對這一問題，本章在理論分析的基礎上，運用世界銀行關於2012年中國企業營運制度環境質量的調查數據，將是否擁有銀行授信以及授信額度大小作為衡量銀行授信的指標，考察其對企業研發投入的影響。結果發現，銀行授信會提高企業的研發傾向，並強化企業的研發強度，而政策不確定

性會降低企業的研發傾向，並弱化企業的研發強度。此外，隨著政策不確定性的增加，銀行授信對企業研發的積極影響會逐漸弱化。進一步研究發現，制度質量的提升有助於強化銀行授信對企業研發投入行為的積極影響，卻並不能弱化政策不確定性通過銀行授信對企業研發投入造成的消極影響。

本章的研究從以下兩個方面豐富和拓展了現有文獻：第一，探討了政策不確定性下銀行首先對企業研發投入的影響，有助於進一步理解不同情境下，銀行授信對企業可持續發展重要性的差異。第二，從信用的角度加深了對中國經濟轉型的理解，為我們正確理解在金融市場運轉不暢的情況下，信用對中國經濟轉型的作用機制提供了經驗證據。

第二節　文獻探討與研究假設

由於研發項目的投資和回報之間的時間間隔較長，再加上研發過程中出現的某些無法預料的外部因素都會影響研發項目的最終回報（Hill & Snell, 1988），因此，有效地評價研發投資的成效是非常困難的（Laverty, 1996）。更重要的是，這些無法預料的外部因素所帶來的不確定性會導致潛在的逆向選擇和道德風險，最終弱化企業研發投入的動機（David, 2008）。特別地，在中國政治晉升錦標賽的官員考核機制下，地方官員的輪替和交接會帶來一系列的政策不確定性（王賢彬等，2011）。這是因為，來自中央政府的相對績效考核機制會促使新上任的地方官員有執行差異化策略的強烈動機，從而突出表現與前任非一致的施政方針，以便中央政府有效地區分現任地方官員與前任地方官員之間的政績差異，這會帶來政策的不確定性（李后建、張宗益，2014b）。顯然，政策的不確定性增加投資前景的不確定性，弱化了企業的投資判斷能力。此時，投資等待的期權價值就會增加，理性的企業通常會延遲對高風險項目的投資（Bloom et al., 2007）。Chen 和 Funke（2003）指出當投資風險增加時，企業對投資的態度將變得異常謹慎並會抑制高風險項目的投資。因此，地方官員的輪替和交接對企業而言就如同 Bernanke（1983）所強調的「壞消息」。具體而言，當存在壞消息時，不確定性的增加會導致企業優先減少週期長、風險大的項目投資。由於研發項目具有投資大、週期長和風險高的特點，因此，政策不確定性的增加會導致轄區內企業優先減少或停止對研發項目的投入（李后建、張宗益，2014b）。

此外，中國正處在經濟轉型的關鍵時期，此時中國政府會推行一系列的重

大改革措施，這些重大的改革舉措可能會帶來一定程度的政策不確定性。Rodrik（1991）指出發展中國家的改革所帶來的政策不確定會導致企業投資項目的延遲，尤其是一些高風險項目會優先被延遲，直到關於改革成功與否的不確定性被消除時，企業才有可能重新啟動這些被延遲的投資項目。Jeong（2002）研究指出政策不確定性會提高企業的預期成本，促使企業減少長期投資。Pastor 和 Veronesi（2013）的理論模型和實證研究結果表明，政策的不確定性降低了政府對市場價值的保護程度，增加了企業對未來投資前景評判的難度，提高了企業的融資成本，弱化了企業對長期投資的激勵。由於研發投資是高風險的長期投資項目，它對相關政策具有較高的敏感性，因此，政策不確定性會促使企業優先減少研發項目的投資。根據以上分析，我們提出以下有待檢驗的假設：

H1：政策不確定會弱化企業的研發投入。

毋庸置疑，相對於普通的投資項目而言，企業研發是一個漫長和持續的過程，例如持續地引入新技術、新設備和人才。這意味著在研發項目的孕育週期內，企業必須時刻備足資金來支持研發項目的規模與效率，否則研發項目將可能由於融資約束而被迫中止（Hsu, et al., 2014）。由此可見，對於任何企業而言，有限內部資金可能無法填補研發項目的資金缺口，企業必須持續地進行外部融資，以保證創新項目的持續運行。然而，與普通項目的外部融資相比，企業研發項目可能面臨著股權和債務融資的雙重約束。Kim 和 Weisbach（2008）通過研究發現，企業研發項目的融資約束可以通過發行股票得以緩解。然而，由於信息不對稱導致的發行成本和「檸檬溢價」使得公眾股權並非外部融資的完美替代品（Myers & Majluf, 1984），這些金融摩擦顯然擴大了外部成本和外部股權融資之間的裂痕。對於處在經濟轉型的中國而言，資本市場體系並不完善，企業上市條件異常苛刻，因此，大部分企業通過信貸市場以債務的形式為研發項目融資。然而，債務融資亦不能有效地促進企業研發投入，其主要的原因有三點。第一，債務融資過程中缺少以噪聲理性預期均衡為特徵的反饋機制。Rajan 和 Zingales（2001）的研究表明，由於缺少價格信號，銀行可能會為企業提供持續的融資，甚至為企業虧損的項目進行融資。因此，正如 Beck 和 Levine（2002）所言，以銀行為基礎的金融系統可能會妨礙外部資金向最具有創新能力的企業有效地流動。第二，致力於創新的企業通常會產生不穩定的和有限數量的內部現金流來償債（Brown et al., 2012）。此外，企業研發所構建的知識資產通常是無形的，並且大部分嵌入人力資本當中（Hall & Lerner, 2010）。因此，無形資產的有限抵押品價值極大地限制了企業對債務融資的使

用（Brown et al., 2009）。第三，滿足債務融資支付條款的必要條件會降低融資的靈活性，加上可能出現的無法預料的流動性問題，這可能導致經理人中斷正在持續的研發項目（O'Brien, 2003）。

基於上述考慮，銀行授信可以被視為某種週轉信用條件（Demiroglu & James, 2011）。相對於現金持有量，銀行授信是緩衝流動性的一種有效機制（Holmstrom & Tirole, 1998）。銀行能夠對出現信息問題的企業做出提供流動性支持的承諾，而資本市場卻不能。這是因為銀行具有資本市場投資者所不具備的篩選和監督能力（Demiroglu & James, 2011）。此外，發放貸款和吸收存款的協同效應使得銀行具有天然的對沖屬性。當企業的流動性需求上升時，這種天然的對沖屬性能夠降低流動性供給的相關成本（Gatev & Strahan, 2006）。

從企業的角度來看，相對於現金，銀行授信的主要優勢體現在，當出現有價值的投資項目時，銀行授信便成為企業獲得流動性支持的重要承諾，有助於企業克服與現金持有相關的管理代理問題（Demiroglu & James, 2011），從而為企業研發項目提供某種程度的外部融資保障；相對於債務，銀行授信的主要優勢體現在它能在某種程度上克服債務契約剛性給企業研發項目融資所需的財務靈活性造成的損害（O'Brien, 2003）。此外，由於銀行授信反應了銀企之間的密切關係，通常具有較強的私密性（Petersen & Rajan, 1994），它並不需要公共信息披露，因此它有助於限制競爭對手占用企業通過研發獲得的專有知識（David, 2008）。更重要的是，銀行授信通常無須企業提供任何抵押品以及額外的擔保措施，這在一定程度上克服了致力於研發的企業由於缺乏抵押品而造成的融資困境（David, 2008）。最後，銀行授信使得企業能夠規避繁雜的貸款審批程序，幫助企業快速地籌措資金，有助於企業及時地捕捉市場商業機會，激發了經理人研發投資的熱情（Demiroglu & James, 2011）。根據以上分析，我們提出以下有待檢驗的假設：

H2：銀行授信有助於強化企業的研發投入。

銀行授信是企業獲得資金最為常見的債務形式。銀行授信為企業提供了靈活和可信的短期可用性資金，然而，銀行授信的條款也會隨時發生變化（Sufi, 2009）。這是因為政策不確定性會加劇銀行與企業之間的信息不對稱程度，隨著信息不對稱程度的增加，銀行通常會要求修改授信條款，並減少事先協商確定的信貸額度，以緩解代理問題。Baum 等（2009b）的研究表明政策的不確定性通過影響銀行經理對貸款機會回報率的預測能力而對銀行的信貸策略產生重要的影響。他們進一步指出在政策明朗期，銀行可以獲得更多的可用信息，而這些信息是銀行做出貸款決策的重要依據，此時它們可能會放寬貸款條

件，從而降低了企業獲取外部融資的成本。由此可見，隨著政策不確定性程度的增加，銀行的等待期權價值也會增大，此時，推遲貸款決策對銀行而言是有益的。Valencia（2014）指出外部融資溢價和較高的不確定性會增加銀行破產的風險，因此，在政策不確定性期間，銀行通常會減少信貸供給。事實上，銀行會根據某些特定的財務指標來評估企業的違約風險和償債能力，從而決定是否向企業授信（Behr & Güttler, 2007）。然而，政策不確定性將可能惡化企業的財務狀況，提高企業的違約風險並降低企業的償債能力（Norton, 1991），此時銀行為了避免損失會違反事先與企業簽訂的授信協議而拒絕向企業授信（Talavera et al., 2012）。

　　特別地，企業研發項目是一項不可逆的資本投資，因為研發投資的大部分比例都用於支付研究人員的工資以及完成特定任務所需購買的設備和材料。如果研發項目最終落敗，那麼企業的前期投入便不可回收。然而，企業通過等待有關政策條件的新信息可以避免巨額虧損，即當信息不利時，企業通常會放棄投資（Dixit & Pindyck, 1994）。由此，企業便會降低研發投入水平。更重要的是，政策不確定性可能會弱化銀行授信對企業研發投入的影響。這是因為在政策不確定的情境下，銀企之間的信息不對稱程度加重，這使得銀行對授信的審批保持審慎的態度（Behr & Güttler, 2007）。為了降低不良貸款的風險，應對政策的不確定性，銀行可能會不顧聲譽而違反與企業事前簽訂的針對研發項目的授信協議，推遲信貸額度的兌現或者要求重新修改授信協議，增加各種苛刻條款。這是因為研發項目對政策不確定性具有高度的敏感性，而這種高度敏感性顯然弱化了銀行對企業研發項目經濟價值的有效評估，並給銀行帶來了較高的授信風險。因此，政策不確定性增加了企業通過銀行授信的方式為研發項目融資的難度，迫使企業中斷研發項目的投入。根據以上分析，我們提出以下有待檢驗的假設：

H3：政策不確定性弱化了銀行授信對企業研發投入的積極影響。

第三節　研究設計

一、研究樣本和數據來源

　　本研究使用的數據來自於由世界銀行發起的關於2012年中國企業營商制度環境質量調查。此次調查採取的抽樣方法為根據註冊域名進行分層隨機抽樣，並由企業的總經理、會計師、人力資源經理和其他企業職員填寫問卷。此

次調查總共抽取到的企業為2848家，其中國有企業和非國有企業分別為148家和2700家。這些企業分佈在北京、上海、廣州、深圳、佛山、東莞、唐山、石家莊、鄭州、洛陽、武漢、南京、無錫、蘇州、南通、合肥、瀋陽、大連、濟南、青島、菸臺、成都、杭州、寧波和溫州等25個城市。調查過程中，涉及26個行業，包括服裝、紡織、皮革、造紙等。在本研究中，有效樣本為1781個，這是因為我們剔除了一些指標具有缺失值的樣本。需要強調的是，在接下來的迴歸過程中，我們按上下1%的比例對研究中所有的連續變量進行winsorize處理，以緩解極端值對迴歸結果的影響。

二、計量模型與變量定義

為了考察政策不確定性、銀行授信以及其他因素對企業研發投入的影響，我們遵照現有文獻的經驗做法（馬光榮等，2014），將本章的基本計量迴歸模型設定如下：

$$RD_i = \alpha_0 + \alpha_1 line_i (lines_i) + \alpha_2 policy_i + \alpha_3 line(lines) \times policy_i + \beta Z_i + \varepsilon_i \quad (5.1)$$

在模型（5.1）中，RD_i表示第i個企業近三年來的研發投入情況，若企業在近三年內開展了研發投資活動則賦值為1，否則為0；其次，RD_i也表示第i個企業近三年來平均每年研發投入與企業銷售額的比值。我們的關鍵解釋變量$line_i$表示第i個企業是否獲得銀行授信，若企業獲得銀行授信則賦值為1，否則賦值為0；$lines_i$表示第i個企業擁有的銀行授信額度與銷售額的比值，沒有授信額度的企業則比重為0。$line$和$lines$值越大，表示企業有較好的外部融資渠道。$policy_i$表示第i個企業所在地區的政策不確定性，對於政策不確定性的衡量，我們借鑑徐業坤等（2013）的做法，即將企業註冊地所在城市市委書記或市長的異地更替作為政策不確定性的衡量。在中央政府的相對績效考核機制之下，新上任的地方官員迫切希望在新的工作崗位上超越前任。為了更加突出與前任不同的政績，新上任的地方官員有強烈的動機實施差異化的策略，推行與前任非一致的一系列政策。因此，地方官員的異地更替通常會給轄區內的宏觀政策帶來強烈的不確定性（王賢彬等，2011；宋凌雲等，2012；徐業坤等，2013；李后建、張宗益，2014b）。為了獲得市委書記和市長異地更替的數據，我們首先根據樣本的註冊城市，從新華網和人民網等查詢到企業所在城市市長和市委書記的任職年份；在此基礎上，通過倒推方法，繼續利用百度等網路收集企業所在城市市委書記和市長的簡歷，最終確定市委書記和市長異地輪替的年份和月份。政策不確定性的具體操作性定義如下：若2010年企業所在城市的市委書記和市長皆未發生異地輪替，則賦值為0；若2010年企業所在城

市的市委書記或市長發生異地輪替，則賦值為1；若2010年企業所在城市的市委書記和市長同時發生異地輪替，則賦值為3。$line(lines)_i \times policy_i$表示政策不確定性與銀行授信的交互項，它主要用於檢驗不確定性條件下銀行授信對企業研發投入的影響。ε_i表示的是誤差項。

Z_i表示控制變量向量，包括企業層面和企業所在城市層面兩個維度的控制變量。企業層面的控制變量包括：

（1）企業規模（Scale）。借鑑現有文獻的經驗，我們將企業員工人數的自然對數作為企業規模的衡量指標。通常而言，規模越大的企業，其聲譽優勢和規模效應就越明顯，企業也越有可能獲得項目研發所需具備的各類條件，因此現有研究認為企業規模是影響企業研發投入的重要因素之一（Jefferson et al., 2006）。

（2）企業年齡（Inage）。企業年齡定義為2012年減去企業的創始年份並取其對數。關於企業年齡對研發投入的影響，現有文獻對這一問題並未達成一致（Huergo & Jaumandreu, 2004）。因為年輕的企業和成熟的企業在研發上各有優劣，年輕企業的優勢在於它們易於接受新的思想和方法，而劣勢在於它們研發失敗的風險可能要大於成熟企業。這是因為相對於成熟企業而言，年輕企業的市場經驗顯得相對不足，而且還要面臨各種資源的約束。

（3）國有控股比例（Soe）。國有控股比例定義為國有股份在所有制結構中所占的比例。通常地，國有企業在實際控制人的影響下必須附庸地方政府，並助其實現相應的政治和社會目標。這意味著國有控股企業的相關行為囿於地方政府的政治偏好之下。因此，控制住國有控股比例，我們可以捕捉到地方官員政治偏好對企業研發投資行為的干擾效應。

（4）市場競爭程度（Compet）。市場競爭程度定義為企業就非正式部門競爭者行為對其營運影響的評價，根據影響程度的高低，依序賦值為0至4。現有研究表明，在激烈的市場競爭環境中，企業若要保持永續的競爭優勢，那麼必須不斷地進行產品改進和過程創新，這將激勵企業開展更多的研發項目（Boone, 2001）。

（5）企業出口（Export）。企業出口定義為若企業將所有的產品在國內出售，則賦值為0，否則賦值為1。出口可以促使企業進行外部學習，激發企業研發投入行為；同時出口使得企業面臨更多的市場競爭對手，由此帶來的競爭壓力迫使企業進行持續的研發投資行為。

（6）銷售年平均增長率（Growth）。銷售年平均增長率定義為近三年來，企業的平均銷售增長率，即2010年的年銷售總額除以2008年的年銷售總額，然后開三次方，最終所得結果減去1。年銷售增長率是反應企業成長動力和發

展空間的重要指標之一。通常地，年平均銷售增長率越高，表明企業的成長動力更足，發展空間更大，只有這樣的企業才更有能力承擔起高風險的研發項目。

（7）企業高層經理的工作經驗（Exper）。企業高層經理的工作經驗定義為企業高層經理在特定行業領域裡的從業年數並取其自然對數。由於研發活動是一項高風險的複雜活動，它對環境的敏感性較高，因此需要工作經驗豐富的高層管理人員對研發項目進行評估，才能有效地掌控研發過程中所面臨的各類風險，從而為企業順利開展研發活動提供保障。

（8）正式員工的平均教育年限（Edu）。正式員工的平均教育年限是企業人力資本質量的重要體現。對於企業研發而言，提高具有高等教育學歷的員工比例有助於提升企業的吸收能力，從而有效地推動企業研發活動的順利開展。

（9）企業的微機化程度（Computer）。它定義為使用電腦的企業員工比例。微機化程度越高的企業，企業內部以及企業與外部之間的信息傳遞、知識分享和知識擴散的管道便會更加便捷和暢通，有利於企業吸收新鮮的知識並捕捉商業機會，激發企業研發投入的動機。

（10）正式培訓計劃（Train）。它定義為企業是否為員工安排正式培訓計劃。若企業為員工安排了正式的培訓計劃則賦值為1，否則賦值為0。利用企業是否為員工安排正式培訓計劃的虛擬變量我們可以捕捉到正式培訓對企業研發投入的影響。

最后，我們還控制了來自企業所在城市層面可能影響企業研發的系列變量，例如該城市的市場規模（Popula），按照該城市的人口規模分為四個等級，人口少於5萬的賦值為1，5萬~25萬（不含25萬）的賦值為2，25萬~100萬（含100萬）賦值為3，100萬以上賦值為4。除此以外，由於以往的研究結論顯示不同地區和行業的企業研發活動具有較大的差異，因此，我們還納入了城市和行業的固定效應。

第四節　實證結果與分析

一、基準迴歸結果

考慮到本研究的因變量是非負的連續變量，因此我們使用Tobit模型，同時考慮到內生性和異方差等問題，我們採用了聚合在行業性質層面的穩健性標準誤並且控制了行業和城市的固定效應。

表5-1匯報的是基層迴歸結果。其中第（1）至（2）列的結果顯示，首

先，無論是否納入控制變量，政策不確定性（Policy）的迴歸系數在1%的水平上均顯著為負，這意味著政策不確定性對企業研發投入水平會產生顯著的抑制作用，支持了研究假設1。這與以往的研究結論是一致的（徐業坤等，2013；宋凌雲等，2012；王賢彬等，2009），即，在官員異地更替背後隱含著政策連續性的中斷，由政策連續性中斷帶來的政策不確定性會增加企業的投資風險，降低企業的投資規模。根據Dixit和Pindyck（1994）的經典論述，投資項目的期權特徵決定了不確定性對投資影響的重要性。投資項目的收益通常取決於投資項目的遲延期權、不可逆性和未來價格的不確定性。期權的價值源於投資項目的遲延有助投資者獲得更準確、真實和可靠的政策信息，從而有效地應對政策的不確定性。Goel和Ram（1999）的研究結論表明，企業研發投資對不確定性具有更強的敏感性。這是因為研發投資通常具有較強的資產專用性、較高的路徑依賴性和較多的條款默示性，這就使得研發投資項目具有很強的不可逆性。因此，政策的不確定性便成為企業研發投資項目順利開展的重大阻礙因素之一。

其次，銀行授信（Line）的迴歸系數在1%的水平下均顯著為正，這說明銀行授信對企業研發投入具有顯著的積極影響，支持了研究假設2。這與馬光榮等（2014）的研究結論是一致的。銀行授信為企業研發提供了比較靈活的融資來源，緩解了企業研發項目的融資約束，有利於激發企業研發投資的熱情。

最後，交互項Line×policy的迴歸系數在5%的水平上顯著為負，這說明，隨著政策不確定性的增加，銀行授信對企業研發投入的正向影響會逐漸弱化，由此研究假設3獲得實證結果支持。

除了關鍵解釋變量政策不確定性、銀行授信以及兩者交互項外，控制變量的符號也基本上符合理論預期。在第（2）列的Tobit迴歸中，企業規模（Scale）的係數顯著為正，這意味著企業規模能夠有效地提高企業研發投入強度。這與吳延兵（2007）的研究結論是一致的，即規模大的企業具有較強的風險承擔能力，同時又能配套研發項目所需的各種資源（Prashanth，2008）；我們並未發現在10%的水平上，企業年齡（lnage）對研發投入強度具有顯著影響。對此一個可能的解釋是雖然年長的企業具有較強的市場分析能力，能夠快速地洞悉市場規律，把握研發項目投資機會。但是隨著企業年齡的增長，企業越發可能擅長執行原有的慣例，並對先前成功的技術能力表現出過度自信的狀態，以致企業醉心於原有的技術優勢，而陷入「能力陷阱」。由此，年長的企業由於惰性的原因又可能會降低研發投入強度。國有股份比例（Soe）系數在5%的水平上顯著為負，表明隨著國有股份比例的增加，企業研發投入的強

度會逐漸弱化，這與李后建和劉思亞（2015）的研究結論是一致的。按理說，國有企業有著天然的政治關聯或政府擔保，這使得國有企業在當前的制度環境下具有較強的免疫力，以保證它的研發投資行為免受市場機制不完善帶來的傷害。因此，在正式制度並不完善的經濟體中，國有企業在研發投資方面的優勢更加明顯。然而，本章的研究結果卻與之相悖。對此一個可能的解釋是國有企業雖然可以通過天然的政治關聯或政府擔保優先獲得各種資源，但國有企業這種天然的政治關聯或政府擔保在某種程度上限制或決定了企業的投資取向。這是因為國有企業的實際控制人通常是由政府主管部門任命或者委派，並領取固定薪酬，而剩餘索取權則歸國家所有。因此，國有企業實際控制人通常具有強烈的非財務動機（Non-financial motives），例如努力完成政府布置的任務，幫助消化政府的困難，促進個人政治生涯的發展等。為此，他們為了職務待遇和提升機會，通常會優先完成政治任務，而非將精力集中在孕育週期長的研發投資項目。此外，由中央自上而下推行和實施的「政治晉升錦標賽」可以將關心仕途的地方官員置於強力的激勵之下，而這種激勵模式卻導致了一系列的扭曲性后果。尤其是在財政改革之後，地方政府向上級爭取資源的機會受到限制（Coles et al., 2006）。因此，在地方政府財政預算不足的情況下，地方官員傾向於將政治和社會目標推向轄區內企業，尤其是國有企業。為此，國有企業通常肩負著沉重的「政策性負擔」，這些政策性負擔擾亂了企業研發投資計劃，造成企業過度投資和員工冗餘。由此，我們可以把政策性負擔視為國有企業獲取各種資源所要付出的代價之一。需要強調的是，在晉升激勵之下，官員需要在短期內向上級傳遞可置信的政績信號。那些孕育週期長、投資風險大的項目通常難以迎合地方官員的政治偏好，為了配合地方政府的政治和社會目標，國有企業也只能將大量的精力放在短期內能夠促進當地經濟增長和降低失業率的項目上，擠出了企業創新所需投入的精力。

企業市場競爭（Compet）的系數在1%的水平上顯著為正，這意味著市場競爭越激烈，企業越傾向於研發，這與Nicholas（2011）的研究結論是一致的。這也在一定程度上印證了「熊彼特假說」，即在激烈的市場競爭環境中，企業為了維持市場競爭優勢，攫取壟斷租金，就必須通過有效手段強化自身競爭力。而研發創新是企業掌握和應用新技術的重要法寶，也是企業迎合市場需求，維持競爭優勢的重要手段。因此，激烈的市場競爭給企業帶來的壓力會不斷地激勵企業進行研發創新。企業出口（Export）的系數在1%的水平上顯著為正，這意味著出口有助於激勵企業進行研發創新。這可能是因為出口企業可以獲得「出口中學」效應，較快地吸收了國外研發的技術外溢，推動了企業

的研發活動。銷售年平均增長率（Growth）的系數在1%的水平上顯著為正，這意味著企業銷售年平均增長率越高，企業創新活動的傾向和強度就越高。這是因為企業創新是一項耗資巨大的活動，豐厚的利潤才能為這項活動提供物質基礎。企業高層經理的工作經驗（Exper）的系數在5%的水平上顯著為正，這意味著企業高層經理的工作經驗越豐富，企業研發活動投入強度越高。這與Ganatakis（2012）的研究結論是一致的。正式員工的平均教育年限（Edu）的係數在5%的水平上顯著為正，這意味著正式員工的平均教育年限越長，企業創新活動的強度就會越激烈。這與Roper和Love（2006）的研究結論是一致的。通常而言，較高的教育水平能夠幫助員工提高認知複雜性，從而獲得更強的能力來掌握新觀念、學習新行為和解決新問題。由於研發項目涉及複雜的技術問題並且對政策環境的不確定性具有高度的敏感性，因此，只有較高教育水平的員工才有可能成功應對研發項目中的複雜技術問題，並忍受研發項目的高風險。較高教育水平還能幫助員工消化和吸收新的知識和技術，有利於推動企業研發活動的開展（Roper & Love，2006）。企業員工培訓（Train）的系數在5%的水平上顯著為正，表明企業員工培訓能夠有效地促進企業研發。對此一個可能的解釋是培訓有利於促進員工吸收新的知識，從而有利於企業研發活動的開展。企業微機化程度（Computer）的系數在10%的水平上顯著為正，這意味著微機化程度越高的企業越傾向於創新，且研發投入強度越高。本地市場規模（Popula）對企業研發投入強度具有顯著的正向影響（$\beta = 0.0307$，$P < 0.01$），這意味著本地市場規模越大，市場需求越多，企業越傾向於研發創新。

表 5-1　政策不確定性和銀行授信對企業研發投入影響的實證檢驗結果

變量	(1) Tobit	(2) Tobit	(3) Tobit	(4) Probit	(5) Probit	(6) IVTobit	(7) IVProbit	(8) IVTobit	(9) IVPobit
Line	0.0425***	0.0396***		0.6904***		0.2151***	1.5763***		
	(0.0077)	(0.0059)		(0.1014)		(0.0581)	(0.5676)		
Line×policy	-0.0321***	-0.0276**		-0.4812***		-0.0925**	-0.7216**		
	(0.0104)	(0.0106)		(0.1454)		(0.0453)	(0.3156)		
Policy	-0.0781***	-0.0673***	-0.0764***	-0.9451***	-0.9017***	-0.0649***	-0.8915***	-0.0637***	-0.8816***
	(0.0091)	(0.0087)	(0.0091)	(0.0911)	(0.1235)	(0.0117)	(0.1484)	(0.0118)	(0.1145)
Lines			0.0086***		0.1016***			0.0194***	0.2464***
			(0.0024)		(0.036i)			(0.0061)	(0.0718)
Lines×policy			-0.0094***		-0.1276***			-0.0138***	-0.1406**
			(0.0031)		(0.0473)			(0.0043)	(0.0591)

表5-1(續)

變量	(1) Tobit	(2) Tobit	(3) Tobit	(4) Probit	(5) Probit	(6) IVTobit	(7) IVProbit	(8) IVTobit	(9) IVProbit
Scale		0.0074* (0.0038)	0.0070* (0.0038)	0.1970*** (0.0515)	0.1958*** (0.0516)	0.0065* (0.0039)	0.1732*** (0.0547)	0.0058 (0.037)	0.1637*** (0.0541)
Inage		0.0008 (0.0051)	0.0010 (0.0047)	−0.0548 (0.0653)	−0.0574 (0.0667)	0.0006 (0.0057)	−0.0952 (0.0803)	0.0005 (0.0043)	−0.0947 (0.0826)
Soe		−0.0305** (0.0142)	−0.0312** (0.0145)	−0.2890 (0.2545)	−0.2761 (0.2158)	−0.0211 (0.0152)	−0.2220 (0.2300)	−0.0196 (0.0153)	−0.2154 (0.2304)
Computer		0.0099*** (0.0020)	0.0094*** (0.0022)	0.0958*** (0.0295)	0.0944*** (0.0302)	0.0162*** (0.0053)	0.1385*** (0.0482)	0.0158*** (0.0054)	0.1276** (0.0486)
Export		0.0187*** (0.0048)	0.0182*** (0.0051)	0.2354*** (0.0744)	0.2419*** (0.0753)	0.0153** (0.0072)	0.2477*** (0.0804)	0.0148** (0.0070)	0.2469*** (0.0806)
Growth		0.0311*** (0.0081)	0.0296*** (0.0076)	0.5528** (0.2271)	0.5610** (0.2303)	0.0403** (0.0176)	0.5977*** (0.2231)	0.0387** (0.0184)	0.6010*** (0.2236)
Exper		0.0119* (0.0061)	0.0110 (0.0066)	0.4143*** (0.1010)	0.4025*** (0.0968)	0.0073 (0.0076)	0.3344*** (0.1187)	0.0081 (0.0073)	0.3341*** (0.1189)
Edu		0.0057*** (0.0014)	0.0061*** (0.0018)	0.0785*** (0.0198)	0.0801*** (0.0200)	0.0048** (0.0021)	0.0668** (0.0318)	0.0052** (0.0022)	0.0648* (0.0322)
Train		0.0187** (0.0077)	0.0180** (0.0080)	0.4487*** (0.1414)	0.4491*** (0.1415)	0.0149* (0.0082)	0.3164* (0.1620)	0.0171** (0.0081)	0.3014* (0.1622)
Comput		0.0004* (0.0002)	0.0004* (0.0002)	0.0004 (0.0018)	0.0003 (0.0015)	0.0005 (0.0002)	0.0019 (0.0021)	0.0006 (0.0002)	0.0020 (0.0020)
Popula		0.0307*** (0.0102)	0.0301*** (0.0097)	0.4834*** (0.1348)	0.4451*** (0.1276)	0.0279* (0.0154)	0.4101** (0.1830)	0.0264* (0.0148)	0.4169** (0.2010)
Constant		−0.2864*** (0.0354)	−0.0657*** (0.0061)	−4.7772*** (0.3976)	−1.5393*** (0.4017)	−0.2241*** (0.0663)	−3.8284*** (1.1330)	−0.1893*** (0.0516)	−2.8176*** (0.8139)
城市效應	已控制	已控制	已控制	已控制	已控制	已控制	已控制	已控制	已控制
行業效應	已控制	已控制	已控制	已控制	已控制	已控制	已控制	已控制	已控制
Pseudo R²	0.0054	0.1579	0.1428	0.1475	0.1360				
AR						22.41***	21.03***	20.64***	19.48***
Wald test						16.18***	15.28***	17.06***	14.63***
N	1781	1781	1781	1781	1781	1781	1781	1781	1781

註：1. *、**、*** 分別表示在10%、5%和1%的顯著水平上拒絕原假設，以下相同，不再贅列；

2. Wald test 表示的是外生排除性檢驗；

3. Tobit 和 Probit 迴歸中的括號（ ）內表示基於行業聚合的穩健性標準差；

4. 在構建交叉項的過程中，首先對需要進行交叉相乘的兩個變量進行中心化，然後交叉相乘構成交叉項；

5. AR 表示弱工具變量的穩健性檢驗，stata13 版本命令為 weakiv。

进一步地，表 5-1 中列（3）显示银行授信规模的系数在 1% 的水平上显著为正，这意味著银行授信规模对企业研发投入具有显著的正向影响。同样地，政策不确定性与银行授信规模的交互项（Lines×policy）在 1% 的水平上显著为负，这意味著随著政策不确定性的增加，银行授信规模对企业研发投入强度的积极影响会逐渐弱化。表 1 中列（4）和列（5）的迴归结果也显示，政策不确定性对企业研发投入倾向具有显著的抑制作用，而银行授信和银行授信规模对企业研发投入倾向皆具有显著的促进作用。同样地，随著政策不确定性的增加，银行授信和银行授信规模对企业研发投入倾向的积极影响会逐渐弱化。

二、内生性问题

1. 工具变量方法

使用最小二乘法或 Probit（Tobit）模型对计量方程（1）进行估计会导致关键参数的有偏估计。换言之，致力於研发的企业很有可能较难获得银行授信（Hajivassiliou & Savignac, 2007），因此银行授信与企业研发投入之间可能存在由於反向因果关系导致的内生性问题。为了修正内生性偏误，我们打算使用工具变量，这些工具变量会对企业获得银行授信有直接影响，而并不会（直接）影响企业研发投入强度。对企业现金收入的外生冲击因素似乎是企业获得银行授信可行的工具变量。因为这样的外生性冲击不仅会影响企业内部资金的数量，而且还会影响企业对外部投资者的信誉和吸引力，但是这些外生性冲击对企业研发投入强度并无直接影响。

庆幸的是，2012 年世界银行关於中国企业营运的制度环境质量调查不仅收集了有关企业现金流外生冲击的信息，而且还收集了企业应对这些冲击的策略信息。

特别地，我们使用两个工具变量：

第一个工具变量是 Poc，表示企业购买原材料或服务项目货款中的赊销比例。这个变量之所以是可行的工具变量，其原因如下：首先企业不可能使用未支付的赊销货款（贸易信贷）作为研发活动的融资资金，因为这种外部融资方式的特点是企业逾期支付赊销货款会导致巨额罚息，因此它的融资成本是非常昂贵的（Elliehausen & Wolken, 1993）。由此可见，除非企业面临严峻的流动性短缺问题，否则企业并不乐意使用未支付的赊销货款。其次，在信息不对称的情况下，外部投资者并不能有效地区分资不抵债的企业和无流动资金而有偿债能力的企业，因此对於未支付赊销货款的企业而言，银行授信的额度会

下降。

第二個變量 Lost 用於反應企業外部不可控事件導致的損失經歷。在 2012 年的調查中，我們使用「由於斷電導致的損失額占企業年度銷售總額的比例」「在產品運送過程中由於盜竊導致的損失額占產品價值總額的比例」「在產品運送過程中由於破損或變質導致的損失額占產品價值總額的比例」等來反應企業經歷的外部不可控事件。上述事件的特點可以概括為：（1）意料之外的事件；（2）可能會導致流動性資金額度暫時性的減少；（3）企業的外生事件。這些外生事件的衝擊會對企業聲譽造成某種程度的影響，從而影響銀行對企業的授信傾向和授信額度。因此，lost 與企業銀行授信之間存在強烈的關聯性並滿足排除限制。注意到我們的基準工具變量具有企業層面的變異，因此相對於使用省域或產業層面的工具變量，它能夠捕捉到大部分的變異，並使得估計結果更加精確。

利用上述工具變量，我們使用了 IVTobit 和 IVProbit 迴歸，分別報告在表 5-1 中的第（6）列至第（9）列。迴歸結果顯示，Wald 外生性排除檢驗都拒絕了原假設，表明銀行授信是內生性，同時弱工具變量的穩健性檢驗拒絕了原假設，表明不存在「弱工具變量」問題。在表 5-1 中第（6）列至第（9）列的銀行授信（Line 和 Lines）係數在 1% 的水平上顯著為正，與普通的 Tobit 和 Probit 迴歸估計的結果基本吻合。值得注意的是，工具變量估計的結果與普通的 Tobit 和 Probit 迴歸估計的結果相比，表 5-1 中第（6）列至第（9）列的銀行授信係數提高較大。這表明，銀行授信的內生性使得普通的 Tobit 和 Probit 迴歸估計產生向下偏倚，從而傾向於低估銀行授信對企業研發投入的影響。

2. Heckman 樣本選擇模型估計

通常，銀行授信是由銀行部門根據企業某些財務指標以及企業聲譽等綜合考察決定的，同時致力於研發的企業也存在自主選擇銀行授信的強烈動機。這是因為在信息不對稱和抵押品奇缺的情況下，企業研發項目活動可能會陷入債務融資困境，而銀行授信卻在某種程度上放松了債務契約的剛性，為企業研發項目提供了靈活、便捷和穩定的融資來源，這也使得致力於研發的企業有申請銀行授信的強烈動機。因此，銀行授信這一變量的內生性問題也表現為自選擇（Self selection）問題，這可能會影響本章實證結果的可靠性。基於此，我們參考馬光榮等（2014）的做法，利用 Heckman 兩步法來修正這種選擇性偏差。首先構建一個銀行授信的選擇模型，然後計算出每個觀測值的逆米爾斯比率（Inverse Mills ratio），對銀行授信可能存在的內生性問題進行控制。銀行授信的選擇模型（Probit 模型）如下：

$$line_i = \alpha_0 + \beta Z_i + \varepsilon_i \tag{5.2}$$

其中解釋變量 Z_i 包括企業規模、企業年齡、國有控股比例、銷售年平均增長率、企業高層經理的工作經驗、正式員工平均教育年限、企業是否獲得國際質量認證、企業是否聘請外部審計師對財務狀況進行審查、城市的市場規模以及城市和行業的固定效應。

其次，我們將式（5.2）估計獲得的逆米爾斯比率代入到式（5.1），即

$$RD_i = \alpha_0 + \alpha_1 line_i\,(lines_i) + \alpha_2 policy_i + \alpha_3 line\,(line) \times policy_i + \alpha_4 IMR_i + \beta Z_i + \varepsilon_i \tag{5.3}$$

其中，IMR_i 表示第一步估計出的第 i 個企業的逆米爾斯比率。如果逆米爾斯比率的係數 α_4 在 10% 的水平上是顯著的，那麼樣本存在選擇偏差問題。迴歸結果報告在表 5-2 中，從迴歸結果可以看出 α_4 在 10% 的水平上沒有通過顯著性檢驗；同時銀行授信與企業研發投入之間的關係依然顯著為正，這意味著在考慮了可能存在的內生性和樣本選擇偏差問題之後，銀行授信對企業研發投入水平產生正面影響的結論是穩健的。

表 5-2　　　　　　　　Heckman 樣本選擇模型估計

	研發投入傾向	研發投入強度
	（1）	（2）
Lines	0.1017***	0.0087***
	（0.0359）	（0.0024）
Policy	−0.9009***	−0.0759***
	（0.1234）	（0.0093）
Lines×policy	−0.1270***	−0.0089***
	（0.0471）	（0.0035）
IMR	−0.0003	−0.0005
	（0.0016）	（0.0021）
Pseudo R^2	0.1361	0.1429
N	1781	1781

3. 廣義傾向得分匹配估計

為了更好地反應銀行授信對企業研發投入力度變化的影響效應，我們採用 Hirano 和 Imbens（2004）所發展的基於連續性處理變量的廣義傾向得分匹配方法（Generalized Propensity Score Matching，GPSM）進行實證分析，以進一步刻畫不同銀行授信水平對企業研發投入力度的影響差異。一般而言，運用廣義

傾向得分匹配法來實現因果關係估計的步驟如下：首先，我們計算出處理變量（Lines）的廣義傾向匹配得分；其次，以研發投入力度變化作為被解釋變量，以銀行授信作為關鍵解釋變量，並將處理變量的廣義傾向匹配得分作為控制變量，然后通過 OLS 法進行估計。具體結果匯報在表 5-3。由表 5-3 的結果可知，各個變量及其平方項和交互項均通過了顯著性檢驗，我們將這一步的估計系數作為第三步估計的基礎。在第三步估計之前，我們刻畫了不同銀行授信水平下，企業研發力度的趨勢走向，具體見圖 5-1。由圖 5-1 的處理效應函數估計圖的趨勢走向可知，隨著銀行授信水平從低分位點向高分位點的逐漸升高，銀行授信對企業研發投入的正向處理效應逐漸強化。從劑量回應函數估計圖的趨勢走向可知，銀行授信與企業研發投入之間始終呈現顯著的正向關係。

表 5-3　　　　　　　　　OLS 估計結果

變量	系數	標準差
Lines	0.0266***	0.0057
Linessq	−0.0208***	0.0043
Pscore	0.0208***	0.0065
Pscoresq	−0.0636***	0.0174
Lines×pscore	0.0553**	0.0272
Constant	0.0088	0.0062

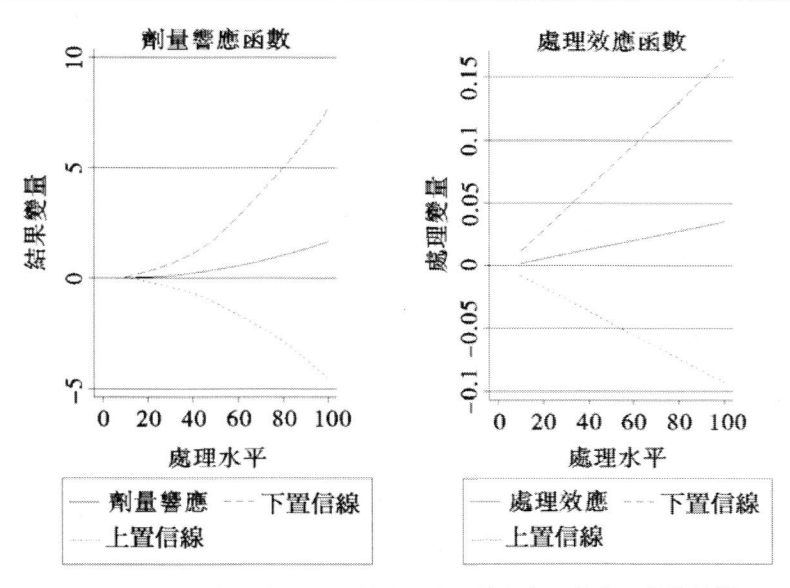

圖 5-1　不同處理水平下的劑量回應函數和處理效應函數估計圖

三、穩健性檢驗

為了檢驗研究結果的穩健性，我們從以下幾個方面進行了穩健性檢驗，穩健性檢驗結果經整理後匯報在表5-4中：

其一，基於產業類別的迴歸分析。表5-4中列（1）至列（4）的結果分別顯示，不管是製造業（Manu）還是零售和服務業（Reta），在5%的水平上，政策不確定性對企業研發投入強度仍具有顯著的負面影響，而銀行授信和銀行授信規模對企業研發投入強度仍具有顯著的正向影響，且隨著政策不確定程度的增加，銀行授信和銀行授信規模對企業研發投入強度的積極影響會逐漸弱化。

其二，剔除註冊地為直轄市的樣本。在本研究中，考慮到直轄市特殊的政治經濟環境可能會對估計結果有噪音影響，因此我們剔除註冊地所在城市為北京的樣本進行重新檢驗的結果表明，主要結論依然成立，具體見表5-4中的列（5）和列（6）。

其三，尋找銀行授信和銀行授信規模的替代性工具變量。參照相關文獻的經驗做法（Fisman & Svensson，2007；Reinnikka & Svensson，2006），即企業所在城市的特徵變量經常作為企業內生變量的工具變量。Fisman和Svensson（2007）使用企業所在地區相關經濟變量的平均值作為工具變量。基於此，我們將使用企業所在城市同行業（Location-industry average）的銀行授信和銀行授信規模的平均值作為銀行授信和銀行授信規模的工具變量，利用這一工具變量，我們對計量模型（1）進行重新估計的結果表明，主要結論依然是成立的，具體見表5-4中的列（7）和列（8）。

其四，納入制度環境的控制變量。良好的制度被視為決定經濟發展的重要因素之一（Djankov et al.，2002）。這是因為良好的制度能夠確保契約的執行並保護公民的財產免受徵用之風險，同時也為企業發展提供了一個相對穩定的商業環境。同樣地，為了制定和執行規則，制度必須發揮配置、表達和問責的功能。當這些功能能夠有效地發揮出來時，良好的制度會更加強調公眾對制定和執行規則之政府機構的問責，從而形成一個相對最優的商業規則。在良好的制度性框架內，信貸市場優化資源配置的功能才能有效實現，同時企業也能更有效地應對政策不確定性給企業研發投資帶來的風險。

表 5-4　穩健性檢驗結果

變量	(1) Manu	(2) Reta	(3) Manu	(4) Reta	(5) IVTobit	(6) IVTobit	(7) IVTobit	(8) IVTobit	(9) IVTobit	(10) IVTobit
Line	0.2316***	0.1938***			0.2147***		0.2206***		0.2153***	
	(0.0603)	(0.0618)			(0.0583)		(0.0521)		(0.0581)	
Line×policy	-0.1022**	-0.0817*			-0.0931**		-0.0937**		-0.0927**	
	(0.0457)	(0.0460)			(0.0461)		(0.0388)		(0.0460)	
Policy	-0.0711***	-0.0431***	-0.0713***	-0.0477***	-0.0641***	-0.0630***	-0.0581***	-0.0684***	-0.0633***	-0.0637***
	(0.0120)	(0.0142)	(0.0125)	(0.0120)	(0.0116)	(0.0117)	(0.0143)	(0.0120)	(0.0119)	(0.0114)
Lines			0.0215***	0.0156**		0.0185***		0.0193***		0.0188***
			(0.0057)	(0.0062)		(0.0057)		(0.0053)		(0.0058)
Lines×policy			-0.0143***	-0.0093**		-0.0133***		-0.0136***		-0.0126***
			(0.0049)	(0.0043)		(0.0047)		(0.0044)		(0.0045)
Law									0.0048***	0.0047***
									(0.0013)	(0.0014)
Line×law									0.0011*	0.0006*
									(0.0006)	(0.0003)
Policy×law									0.0012	
									(0.0013)	

第五章　政策不確定性、銀行授信與企業研發投入

表5-4(续)

变量	(1) Manu	(2) Reta	(3) Manu	(4) Reta	(5) IVTobit	(6) IVTobit	(7) IVTobit	(8) IVTobit	(9) IVTobit	(10) IVTobit
Line×policy×law									0.0005 (0.0008)	
Lines×law										0.0009** (0.0004)
Lines×policy×law										0.0004 (0.0008)
其他控制变量	已控制	已控制	已控制	已控制	已控制	已控制	已控制	已控制	已控制	已控制
城市固定效应	已控制	已控制	已控制	已控制	已控制	已控制	已控制	已控制	已控制	已控制
产业固定效应	已控制	已控制	已控制	已控制	已控制	已控制	已控制	已控制	已控制	已控制
AR	20.21***	19.20***	21.64***	19.73***	22.65***	20.94***	24.17***	20.81***	21.48***	18.76***
Wald test	16.53***	14.76***	17.02***	15.08***	18.46***	16.43	19.61***	14.97***	18.21***	15.71
N	1193	588	1193	588	1685	1685	1781	1781	1781	1781

由上述結論推導，良好的制度環境能夠弱化政策不確定性對企業研發投入的消極影響，同時強化銀行授信對企業研發的積極影響。進一步地，我們還可以斷定在司法質量較高的水平下，政策不確定性對銀行授信與企業研發投入之間正向關係的弱化作用會下降。基於此，我們納入了制度質量（Law）、制度質量與銀行授信的交互項（Line×law）、制度質量與政策不確定性的交互項（Policy×law）、制度質量、銀行授信與政策不確定性三者間的交互項（Line×policy×law），制度質量與銀行授信規模的交互項（Lines×law）、制度質量，銀行授信規模與政策不確定性三者間的交互項（Lines×policy×law）。在度量制度質量時，我們根據2012年世界銀行關於中國企業營運的制度環境質量調查問卷中設置的問題：「法院系統是公正、公平和廉潔的」，將其作為司法質量（Law）的度量。同時，企業管理層可以選擇的答案為「非常不同意」「傾向於不同意」「傾向於同意」「非常同意」。根據這些答案，我們依次賦值為1、2、3、4。迴歸結果經整理后匯報在表5-4的列（9）和（10）。結果顯示，制度質量（Law）的系數在1%的水平上顯著為正，這意味著正式制度質量對企業研發投入具有顯著的正向影響。制度質量分別與銀行授信（Line×law）和銀行授信規模（Lines×law）的交互項系數在10%的水平上顯著為正，這意味著處於制度質量較高地區的企業，銀行授信和銀行授信規模對企業研發投入具有更強烈的正向影響。制度質量與政策不確定性的交互項（Policy×law）以及制度質量交互項的系數、銀行授信（銀行授信規模）與政策不確定性三者交互項的系數在10%的水平上並不顯著，這意味著當前的制度質量並不能有效弱化政策不確定性通過銀行信貸對企業研發投入造成的負面影響。

第五節 結論與政策內涵

本章運用2012年世界銀行關於中國企業營運的制度環境質量調查數據實證分析政策不確定性和銀行授信對企業研發投入的影響。研究發現，隨著政策不確定性程度增加，企業的研發投入水平會明顯下降。此外，研究發現銀行授信對企業研發投入具有顯著的正向影響效應。進一步地，隨著不確定性程度的增加，銀行授信對企業研發投入的正向影響會逐漸弱化。相關結果在考慮內生性的問題時依然成立，並且上述結論在不同產業的樣本中得到了佐證。政策不確定性對企業研發投入產生影響的原因主要有兩個方面。一方面是政策不確定性弱化了銀行部門對企業研發項目價值的有效評估能力，導致銀行緊縮貸款條

件，使得企業研發項目陷入融資困境；另一方面是政策不確定性提高了具有投資不可逆性項目的等待期權價值，使得理性的投資者無限期地推遲研發投資。在此基礎上，我們進一步研究了不同制度質量水平下，政策不確定性、銀行授信與企業研發投資之間的關係。研究發現，在制度質量較高的地區，銀行授信對企業研發投入具有更強的積極影響，但制度質量並不能有效地弱化政策不確定性通過銀行授信對企業研發投入造成的消極影響。

　　總體而言，本章的實證結果表明，由官員更替帶來的政策不確定性以及企業缺乏外部融資渠道是企業投入不足的重要原因，成為中國經濟轉型升級的重要掣肘，而提高當前的制度質量便成為當前緩解政策不確定性影響的有效措施之一。本研究不單深化了對企業研發投入的理解，還深化了宏觀政策環境、銀行授信以及制度質量對企業風險投資影響的理解。基於上述分析，本研究結論的政策內涵如下：

　　（1）在地方官員異地更替的過程中，中央政府要確保轄區內政策的連續性和政治的穩定性。本研究結論顯示，由於官員異地更替導致的政策不確定會弱化企業研發投入動機，降低企業研發投入水平。官員的頻繁異地更替不僅會影響轄區內施政的穩定性，而且還可能會誘發執政理念的短期化、執政行為的浮躁化甚至政績泡沫等問題，最終抑制轄區內企業研發投入行為。為此，中央政府應該盡量避免官員頻繁異地更替，並將官員更替頻率控制在一個合理的範圍之內。同時在政幹部輪換交流之際，應該綜合考慮人事行政的規律性。高層領導幹部既要具備宏觀的視野，又要有豐富的基層工作經驗，從而制定出有利於當地經濟長期發展的選賢任能制度。

　　（2）健全和完善制度機制，提高法治水平。本章的研究結論顯示，在制度質量較高地區，銀行授信對轄區內企業研發投入行為具有更加強烈的積極影響，然而當前的制度質量卻不能有效弱化政策不確定性通過銀行授信對企業研發投入行為造成的消極影響。為此，健全和完善相關制度機制，提高法治水平或許將成為企業研發投入過程中應對政策不確定性的重要制度性保障。在法治過程中要大力弘揚以法治為主要內容的社會主義核心價值觀，增強全民法治的道德觀念，強化規則意識，倡導契約精神，尊崇公序良俗。特別地，在新常態下，中國必須堅持強化市場經濟法治建設，充分地發揮法律的配置、表達和問責功能，從而形成一套相對最優的商業規則。通過這些商業規則來確保研發投入的事後收益，並弱化政策不確定性對企業研發投入的消極影響。針對企業研發投入的法治化管理應具體體現在簡化各種繁雜有失合理更缺乏監督制衡下的行政審批，充分發揮市場的競爭優勢，降低研發企業的稅負負擔，讓企業有更

多的精力關注研發投入，最終達到以法治精神推動企業創新發展，讓創新成為驅動中國經濟結構轉型升級的主動力。

（3）通過銀行授信來緩解企業研發投入面臨的融資約束，激發企業的研發投入動機。本章的研究結論顯示，銀行授信對企業研發投入具有顯著的正向影響，而且這一結果具有較強的穩健性。基於此，政府部門應該通過金融體系的改革來提高銀行部門的授信水平，從而有效緩解企業研發投入面臨的融資約束，減少信貸配給和歧視，降低企業的融資成本，提高企業研發投入的積極性。當然，隨著制度質量水平的不斷提升，銀行部門也應該在機制建設、產品創新和風險控制等方面探索新理念、新技術和新模式，並完善銀行的授信工作機制，為企業研發投入提供快速的授信業務，降低企業的外部融資成本，激發企業加大研發投入的熱情，從而為中國經濟結構轉型升級以及經濟的新常態提供有力的金融支持。

參考文獻：

[1] Franko, L. G. (1989). Global corporate competition: Who's winning, who's losing, and the R&D factor as one reason why [J]. Strategic Management Journal, 10 (5): 449-474.

[2] Aghion, P., Howitt, P. (1992). A model of growth through creative destruction [J]. 60 (2): 323-351.

[3] 李后建. 市場化、腐敗與企業家精神 [J]. 經濟科學, 2013 (1): 99-111.

[4] Hsu, P. H., Tian, X., Xu, Y. (2014). Financial development and innovation: Cross-country evidence [J]. Journal of Financial Economics, 112 (1): 116-135.

[5] 李后建，張宗益. 金融發展、知識產權保護與技術創新效率——金融市場化的作用 [J]. 科研管理, 2014, 35 (12): 160-167.

[6] Banerjee, A. V., Duflo, E. (2005). Growth theory through the lens of development economics [J]. Handbook of economic growth, 1 (PartA): 473-552.

[7] Kochhar, R., David, P. (1996). Institutional investors and firm innovation: A test of competing hypotheses [J]. Strategic Management Journal, 17 (1): 73-84.

[8] 馬光榮,劉明,楊恩豔.銀行授信、信貸緊縮與企業研發[J].金融研究,2013(7):76-93.

[9] Lockhart, G. B. (2014). Credit lines and leverage adjustments [J]. Journal of Corporate Finance, 25 (4): 274-288.

[10] Demiroglu, C., James, C. (2011). The use of bank lines of credit in corporate liquidity management: A review of empirical evidence [J]. Journal of Banking & Finance, 35 (4): 775-782.

[11] Ivashina, V., Scharfstein, D. (2010). Bank lending during the financial crisis of 2008 [J]. Journal of Financial Economics, 97 (3): 319-338.

[12] O'Brien, J. (2003). The capital structure implication of pursuing a strategy of innovation [J]. Strategic Management Journal, 24 (5): 415-431.

[13] Krkoska, L., Teksoz, U. (2009). How reliable are forecasts of GDP growth and inflation for countries with limited coverage? [J]. Economic Systems, 33 (4): 376-388.

[14] Talavera, O., Tsapin, A., Zholud, O. (2012). Macroeconomic uncertainty and bank lending: The case of Ukraine [J]. Economic Systems, 36 (2): 279-293.

[15] Quagliariello, M. (2009). Macroeconomic uncertainty and banks' lending decisions: the case of Italy [J]. Applied Economics, 41 (6): 323-336.

[16] Baum, C. F., Caglayan, M., Ozkan, N. (2009a). The second moments matter: the impact of macroeconomic uncertainty on the allocation of loanable funds [J]. Economics Letters, 102 (2): 87-89.

[17] Hill, C. W. L., & Snell, S. A. (1988). External control, corporate strategy, and firm performance in research-intensive industries [J]. Strategic Management Journal, 9 (8): 577-590.

[18] Laverty, K. J. (1996). Economic「short-termism」: The debate, the unresolved issues, and the implications for management practice and research [J]. Academy of Management Review, 21 (3): 825-860.

[19] David, P., O'Brien, J. P., Yoshikawa, T. (2008). The implications of debt heterogeneity for R&D investment and firm performance [J]. Academy of Management Journal, 51 (1): 165-181.

[20] 王賢彬,張莉,徐現祥.轄區經濟增長績效與省長省委書記晉升[J].經濟社會體制比較,2011(1):110-122.

[21] 李后建, 張宗益. 地方官員任期、腐敗與企業研發投入 [J]. 科學學研究, 2014, 32 (5): 744-757.

[22] Bloom, N., Bond, S., Van Reenen, J. (2007). Uncertainty and investment dynamics [J]. Review of Economic Studies, 74 (2): 391-415.

[23] Chen, Y. F., Funke, M. (2003). Option value, policy uncertainty, and the foreign direct investment decision [R]. Hamburg Institution of International Economics discussion paper.

[24] Bernanke, B. S. (1983). Irreversibility, uncertainty, and cyclical investment [J]. Quarterly Journal of Economics, 97 (1): 85-106.

[25] Rodrik, D. (1991). Policy uncertainty and private investment in developing countries [J]. Journal of Development Economics, 36 (2): 229-242.

[26] Jeong, B. (2002). Policy uncertainty and long-run investment and output across countries [J]. International Economic Review, 43 (2): 363-392.

[27] Pastor, L., Veronesi, P. (2013). Political uncertainty and risk premia [J]. Journal of Financial Economics, 110 (3): 520-545.

[28] Kim, W., Weisbach, M. S. (2008). Motivations for public equity offers: An international perspective [J]. Journal of Financial Economics, 87 (2): 281-307.

[29] Myers, S. C., Majluf, N. S. (1984). Corporate financing and investment decisions when firms have information that investors do not have [J]. Journal of Financial Economics, 13 (2): 187-221.

[30] Rajan, R., Zingales, L. (2001). The influence of the financial revolution on the nature of firms [J]. American Economic Review, 91 (2): 206-212.

[31] Beck, T., Levine, R. (2002). Industry growth and capital allocation: Does having a market-or bank base system matter? [J]. Journal of Financial Economics, 64 (2): 147-180.

[32] Hall, B. H., Lerner, J. (2010). The financing of R&D and innovation [M]. Hall, B. H., Rosenberg, N. Handbook of the Economics of Innovation. Amsterdam: Elsevier-North Holland, 2010.

[33] Brown, J. R., Martinsson, G., Petersen, B. C. (2012). Do financing constraints matter for R&D? [J]. European Economic Review, 56 (8): 1512-1529.

[34] Brown, J. R., Fazzari, S. M., Petersen, B. C. (2009). Financing innovation and growth: cash flow, external equity and the 1990s R&D boom [J]. Journal

of Finance, 64 (1): 151-185.

[35] Holmstrom, B., Tirole, J. (1998). Private and public supply of liquidity [J]. Journal of Political Economics, 106 (1): 1-40.

[36] Gatev, E., Strahan, P. (2006). Banks' advantage in hedging liquidity risk: Theory and evidence from the commercial paper market [J]. Journal of Finance, 61 (2): 867-892.

[37] Petersen, M., Rajan, R. G. (1994). The benefits of lending relationships: Evidence form small business data [J]. Journal of Finance, 49 (1): 3-37.

[38] Sufi, A. (2009). Bank lines of credit in corporate finance: an empirical analysis [J]. Review of Financial Studies, 22 (3): 1057-1088.

[39] Baum, C. F., Caglayan, M., Talavera, A. (2009). Parliamentary election cycles and the Turkish banking sector [J]. Journal of Banking and Finance, 34 (11): 2709-2719.

[40] Villacorta, A. (2014). Optimal lending contract with uncertainty shocks [M]. Stanford University, Working Paper.

[41] Behr, P., Güttler, A. (2007). Credit risk assessment and relationship lending: An empirical analysis of German small and medium-sized enterprises [J]. Journal of Small Business Management, 45 (2): 194-213.

[42] Norton, J. J. (1991). Bank regulation and supervision in the 1990s [M]. London: Lloyd's of London Press Ltd.

[43] Dixit, A., Pindyck, R. S. (1994). Investment under uncertainty [M]. Princeton: Princeton University Press.

[44] 徐業坤, 錢先航, 李維安. 政治不確定性、政治關聯與民營企業投資——來自市委書記更替的證據 [J]. 管理世界, 2013 (5): 116-130.

[45] 宋凌雲, 王賢彬, 徐先祥. 地方官員引領產業結構變動 [J]. 經濟學季刊, 2012, 12 (1): 71-92.

[46] Jefferson G., Huamao, B., Xiaojing, G., Xiaoyun, Y. R. (2006). Performance in Chinese Industry [J]. Economics of Innovation and New Technology, 15 (4-5): 345-366.

[47] Huergo, E., Jaumandreu, J. (2004). How Does Probability of Innovation Change with Firm Age? [J]. Small Business Economic, 22 (3-4): 193-207.

[48] Boone, J. (2001). Intensity of Competition and the Incentive to Innovate [J]. International Journal of Industrial Organization, 19 (5): 705-726.

[49] Goel, R. K., Ram, R. (1999). Variations in the effect of uncertainty on different types of investment: An empirical investigation [J]. Australian Economic Papers, 38 (4): 481-492.

[50] 吳延兵. R&D 與創新：中國製造業的實證分析 [J]. 新政治經濟學評論, 2007, 3 (3): 30-51.

[51] Prashanth, M. Corruption and Innovation: A Grease or Sand Relationship? [W]. Jena economic research papers, No. 2008, 017, 2008

[52] Coles, J., Danniel, N., Naveen, L. (2006). Managerial Incentives and Risk-Taking [J]. Journal of Financial Economics, 79 (2): 431-468.

[53] Nicholas, T. (2011). Did R&D firm used to patent: Evidence from the first innovation survey [J]. Journal of Economic History, 71 (4): 1032-1059.

[54] Ganotakis, P. (2012). Founders' human capital and the performance of UK new technology based firms [J]. Small Business Economics, 39 (2): 495-515.

[55] Roper, S., Love, J. H. (2006). Innovation and Regional Absorptive Capacity [J]. Annals of Regional Science, 40 (2): 437-447.

[56] Hajivassiliou, V., Savignac, F. (2007). Financing constraints and arm's decision and ability to innovate: Establishing direct and reverse effects [W]. FMG Discussion Paper.

[57] Elliehausen, G. and Wolken, J. (1993). The demand for trade credit: An investigation of motives for trade credit use by small businesses [W]. Staff Study Board of Governors of Federal Reserve System Working Paper.

[58] Hirano, K., Imbens, G. W. (2004). The Propensity Score with Continuous Treatments. In Applied Bayesian Modeling and Causal Inference from Incomplete-Data Perspectives [M]. England: Wiley Inter Science.

[59] Fisman, R., Svensson, J. (2007). Are Corruption and Taxation Really Harmful to Growth? Firm Level Evidence [J]. Journal of Development Economics, 83 (1): 63-75.

[60] Reinnikka, R., Svensson, J. (2006). Using Micro-Surveys to Measure and Explain Corruption [J]. World Development, 34 (2): 359-370.

第六章 政治關聯、地理鄰近性與企業聯盟研發投入

本章基於2012年世界銀行關於中國企業經營管理的制度環境質量調查數據，從實證角度探究政治關聯、地理鄰近性和企業聯盟研發之間的內在關係。研究發現，政治關聯和地理鄰近性對企業聯盟研發投入傾向和強度皆具有顯著的正向影響，此外，政治關聯會強化地理鄰近性對企業聯盟研發行為的積極影響。內生性檢驗和穩健性分析的結果表明政治關聯、地理鄰近性與企業聯盟研發之間的內在影響關係非常穩健。進一步地，本章研究還發現信息通信技術的使用有助於弱化地理鄰近性對企業聯盟研發投入的積極影響，這為聯盟研發企業打破地域上的「空間粘性」提供了有效途徑。本章的研究結論在一定程度上解釋了在欠發達和轉型的經濟體中羸弱的正式制度與積極創新並存的悖論，為更深層次地理解企業聯盟研發行為提供了詳細的微觀經驗證據。

第一節 引言

企業間激烈競爭的焦點已經轉向它們能否通過及時、低成本和高效率的方式進行知識創造和知識商業化（Sampson, 2007）。隨著知識經濟時代的到來，技術發展的步伐不斷加快，產品生命週期不斷縮短，資本設備更新的成本不斷上漲。為了應對這些競爭壓力，企業通常需要尋求內部研發的替代方案。而企業聯盟研發便是一種有效的替代方案。憑藉它，企業可以獲得互補性資源、收穫研發的規模經濟效益、縮短研發週期並拓展產品線的寬度和深度，同時企業還可以分攤研發成本和風險（Powell & Grodal, 2005）、向合作夥伴學習（Wassmer, 2010）。既然企業聯盟研發的收益如此豐厚，那麼為何並非所有企業都

結盟呢（Ahuja，2000）？事實上，企業的聯盟研發策略取決於其所在國家或地區的司法效率、金融體系和產權保護等制度安排與實施機制。政治關聯作為正式市場制度的替代性機制（Zhou，2013），也會對企業聯盟研發決策產生深刻的影響。對於轉型經濟體而言，政治關聯猶如「援助之手」和「攫取之手」，對企業聯盟研發投入產生「擠入」和「擠出」兩種效應。一方面，憑藉政治關聯，企業可以降低創新活動過程中由糟糕的契約實施環境所產生的交易成本（Tan et al.，2009），並為企業創新提供產權保護（Aidis et al.，2008；Luo & Chung，2005）等，從而擠入了企業的聯盟研發投入；另一方面，憑藉政治關聯，企業通常可以獲得市場特權，而無意為創新冒風險，從而妨礙了企業創新，產生出政治資源的詛咒效應（袁建國等，2015），從而擠出了企業的聯盟研發投入。

同樣地，在轉型經濟體中，地理鄰近性也是企業聯盟研發投入決策過程中需要著重考慮的關鍵因素之一。現有的文獻，無論是基於交易成本的視角，還是網路理論的觀點，都強調了區位特徵在企業聯盟研發投入過程中的重要作用（Narula & Zanfei，2005；Iammarino & McCann，2006）。這些理論一致認為地理鄰近性能夠降低合作夥伴的機會主義行為並促進知識轉化（Narula & Santangelo，2009）。

特別地，對於處在經濟轉型關鍵時期的中國而言，市場環境不穩定、正式制度不完善和政府管制過嚴等問題並存，嚴重制約了企業致力於創新活動的動機（Luo，2003；Li & Zhang，2007），同時也妨礙了企業研發聯盟的形成（Mukherjee et al.，2013）。在當前的制度環境下，如何通過促進企業創新來實現現階段中國經濟從「要素驅動」向「創新驅動」轉變已經成為學術界和實踐界普遍關注的重大課題之一。基於此，本研究根據新制度經濟學的觀點，並基於現有政治關聯和地理鄰近性的文獻基礎，系統地評估了轉型經濟體中政治關聯和地理鄰近性對企業聯盟研發投入傾向和強度的影響。

與現有研究相比，本章有如下特色和貢獻：（1）現有研究僅強調了地理鄰近性對企業聯盟研發的影響，而並未指出交通基礎條件以及區域的通達度對企業聯盟研發的影響。而本章的研究結論表明，並不僅僅是地理鄰近性有助於企業聯盟研發，更重要的是地理空間上的交通基礎條件和通達度。舉例而言，縱使企業之間具有地理上的鄰近性，但附著在企業之間的交通基礎設施並不完備或者交通並不通達，那麼企業之間面對面交流的交通成本便會提高，妨礙了企業聯盟研發的形成。（2）本章的研究結論有助於更好地理解在正式制度缺失的經濟體中，政治關聯對企業聯盟研發行為的重要影響，同時也揭示出政治

关联是地理邻近性与企业联盟研发投入之间关系的有效调节变量之一，为进一步理解非正式制度条件下，地理邻近性与企业联盟研发投入之间的关系提供了详实的微观经验证据。(3) 本章进一步研究发现信息通信技术的使用有助于弱化地理邻近性对企业联盟研发投入的积极影响，这为联盟研发企业打破地域上的「空间粘性」提供了有效途径。

本章余下的结构安排如下：第二部分为理论分析与研究假设。第三部分介绍数据来源与研究方法。第四部分展示实证结果，并对结果加以分析和讨论。最后是本章的结论与政策内涵。

第二节　理论分析与研究假设

一、政治关联与企业联盟研发投入

对于处在经济转型期的中国而言，在正式制度缺失的情况下，一些非正式的替代机制便嵌入行为准则、伦理规范和风俗习惯之中（North，1990），并对企业的生存和发展起著至关重要的作用，其中最具代表性的替代性机制便属政治关联。大量文献探讨了政治关联对企业行为和企业绩效的影响（Zhou，2013；Guo et al.，2014；李维安等，2015；徐业坤等，2013；谢家智等，2014）。这些文献的研究结论显示，在正式制度缺失的发展中国家，特别是处于转型期的新兴国家，政治关联会给企业带来显著的正向收益。这是因为政治关联不仅有助于企业获得关键资源和机会，而且还可以帮助企业顺利开展其他业务，例如企业联盟研发。

在法治制度并不完善的经济体中，政治关联能够为知识产权提供有效保护。新制度经济学理论表明，产权保护是企业联盟研发形成的一个重要前提（Dixit，2004）。这是因为产权保护可以有效地抑制合作伙伴的机会主义行为（North，1990）。然而，在转型的经济体中，政府部门通常不能为知识产权提供足够的正式保护，这迫使某些企业试图寻求产权保护的替代性机制（Dixit，2004）。Faccio（2006）指出，政治关联可能是知识产权保护的一种有效机制，因为政府部门通常享有强制力，它们能够为企业的知识产权提供有效的强力保护。

除此之外，在市场机制并不完善的经济体中，政府部门通常在配置资源和经济机会的过程中发挥著至关重要的作用（Faccio，2006；Siegel，2007）。因此，建立政治关联的企业能够优先地享有政府部门提供的资源与经济机会。而

這種資源與經濟機會是企業聯盟研發的基礎，並且部分決定了企業的盈利能力和生存機會（Johnson et al., 2002; Shane & Cable, 2002）。因此，政治關聯通常有利於企業研發聯盟的形成。

最后，政治關聯是關於企業聲譽和未來業績的有效市場信號，它能夠降低企業之間的信息不對稱程度（於蔚等，2012），減少企業搜尋研發夥伴的時間，從而有助於企業聯盟研發的形成。在信息不對稱的情況下，企業無法有效辨識合作夥伴質量的優劣。儘管完善的評級和審計機構可以有效地對企業質量與未來業績加以分析評估，從而為企業確定聯盟研發夥伴提供信息支持，然而，中國的市場機制並不完善，市場上缺少具有高公信力和專業水平的獨立第三方認證機構，這使得企業關於合作夥伴信息的來源渠道非常有限。而政治關聯卻是一種重要的聲譽機制（葉會、李善民，2008），而良好的聲譽是一種信號顯示機制。通常地，在聯盟研發夥伴的選擇過程中，企業可以根據這種信號快速識別聯盟研發夥伴質量的優劣，節省了企業的搜尋時間，有助於企業形成研發聯盟。

當然，對於企業聯盟研發投入，政治關聯也具有「攫取之手」的作用。首先，政治關聯不僅有助於企業獲得重要的政策性資源，而且還有可能讓企業獲得市場特權，從而打壓潛在企業的競爭，最終弱化企業通過創新活動來獲取市場競爭優勢的動機（謝家智，2014；袁建國，2015）。其次，企業與政府官員建立政治關聯也要付出一定的代價，例如為迎合地方政府官員的政治偏好而花費大量的時間和精力（謝家智，2014），這在一定程度上擠出了企業聯盟研發活動所需投入的精力。最后，政府通常會直接任命高管而形成企業的政治關聯，以便強化政府對企業的控制，助其實現特定的政治目標（江雅雯等，2011）。在中國特色的政治晉升錦標賽模式中，地方政府官員競爭目標通常建立在本地經濟增長率和失業率基礎之上（Li & Zhou, 2005）。因此，地方政府官員有更加強烈的動機利用政治關聯的高管來達到他們的政治和社會目標，例如提高經濟增長率和降低失業率。由此可知具有政治關聯的高管除了要實現企業自身的目標外，還擔負著沉重的政策性負擔。為了實現地方政府官員的政治和社會目標，企業通常要壓縮聯盟研發支出規模，因為某些聯盟研發支出可能與地方政府的政治和社會目標相悖。此外，由地方政府指派的企業高管通常會對創新活動表現出「激勵不足」，因為相對於企業市場競爭目標而言，他們肩負的政治使命更重要。因此，他們的去留並非取決於企業的財務目標，這在一定程度上給足了具有政治關係的高管安於現狀的激勵，而無意為研發冒風險（Betrand & Mullainathan, 2003）。袁建國等（2015）的研究表明企業存在政治

資源詛咒效應，即政治關聯會妨礙企業創新活動。由此可見，政治關聯也會對企業聯盟研發投入產生「擠出」效應。綜上，本章建立如下兩個競爭性的備選研究假設：

H1a：政治關聯有助於企業聯盟研發投入。

H1b：政治關聯有礙於企業聯盟研發投入。

二、地理鄰近性與企業聯盟研發投入

地理鄰近性通常是指區域內主體在地理上的聚集（韓寶龍、李琳，2011）。地理上的鄰近可以縮短人力和物資等運輸時間，減少交易成本，有助於企業從業界同行獲取知識的溢出效應，共享互補性資源，促使企業研發聯盟的形成（Feinberg & Gupta, 2004）。具體而言，地理鄰近性可以從以下三個方面促進企業研發聯盟的形成。

首先，地理鄰近性有助於企業之間的員工頻繁地進行面對面的交流，這可以有效地加速隱性知識轉移，有助於員工及時地接觸到新的知識和理念，激發企業結成研發聯盟的強烈動機（Florida, 2002）。通常地，距離越遠，知識的正向外部性就會越弱，這使得隱性知識在企業之間的轉移變得異常困難，而企業聯盟研發通常伴隨著大量隱性知識在聯盟夥伴之間的轉移，倘若這些隱性知識在傳遞過程中的渠道過長，那麼隱性知識傳遞的效率就會降低（Blanc & Sierra, 1999），研發聯盟企業之間便無法快速獲取所需知識，這顯然會妨礙企業研發聯盟的形成（Laursen et al., 2012）。Whittington et al.（2009）指出本地企業通常難以從遠距離合作夥伴那裡獲取知識，正所謂鞭長莫及，彼此地理空間越鄰近，知識溢出才會越激烈。同樣地，Narula 和 Zanfei（2005）、Iammarino 和 McCann（2006）指出企業之間的聯盟研發活動強烈地依賴於區位特徵，表現出空間集聚的特點。此外，科學群體的嵌入（Gittelman, 2007）和熟練員工的招募（Almeida & Kogut, 1999）都必須在地理鄰近的條件下才能有效發揮資源效應，促進企業聯盟研發。

其次，地理鄰近性有助於企業監督研發聯盟夥伴，同時提高信息的對稱性，防止機會主義行為的發生（Gulati, 1998）。具體而言，在研發聯盟過程中會存在一些隱性知識，合作企業為了防止競爭優勢的喪失，會向合作方刻意隱瞞一些重要信息（彭本紅、周葉，2008），而這些重要信息對研發聯盟順利推進有著至關重要的作用。當然，在研發聯盟過程中也會存在一些搭便車行為，即個體的機會主義行為會帶來「集體行動的難題」，具體表現為在聯盟研發交易中合作方特定形式的「偷懶」卻獲得相同甚至更高的報酬。在聯盟研發中，

由於知識和技術等資源具有公共品的性質，而個體的有限理性造成了聯盟的負外部性，為機會主義行為的產生創造了條件，這顯然會導致企業聯盟研發的失敗。地理上的鄰近性使得企業在聯盟研發過程中發揮有效的監督作用，弱化合作方「偷懶」等機會主義行為。此外，在聯盟研發過程中，合作方通常會簽訂非披露性條款以防止雙方所擁有的信息被洩露給第三方。但是，倘若合作方違反了非披露性條款，法庭對此類訴訟的處理通常消極怠慢。另外，研發聯盟雙方也很難通過商業秘密法來防止知識的私占。由此，研發聯盟雙方必須有效地監督對方，才有可能防止由於弱知識產權保護導致的信息洩露問題。而地理鄰近性使得研發聯盟企業之間比較熟悉或者存在「熟悉」的隱性契約關係，可以有效降低監督成本，提高彼此之間監督的有效性。總之，聯盟研發中還會出現其他各種機會主義行為，如「敲竹槓」行為。這些機會主義行為的產生都源於研發聯盟的契約不完全和信息不對稱，而地理鄰近性有利於將研發聯盟夥伴共同的價值觀、習俗、態度和規範鑲嵌於區域文化之中，構成維持聯盟研發的非正式契約和脈絡性條件（王孝斌、李福剛，2007）。

最後，地理鄰近性有助於企業之間的相互協作。Malmberg 和 Maskell（2006）指出隨著時間的推移，地理鄰近性使得聯盟企業之間的員工有共同的慣例、解釋模式和其他制度等，由此來達到聯盟企業員工之間協同攻關之目的。事實上，聯盟研發活動的順利開展仰仗於通過制定相關流程來解決合作衝突，並協調它們的創新活動，而地理鄰近性有助於信息流動和研發投資計劃的協調，從而促進企業研發聯盟投入。綜上，本章建立如下研究假設：

H2：地理鄰近性有助於企業聯盟研發投入。

三、政治關聯的調節效應

轉型時期的新興國家，各項制度並不完善，這使得研發聯盟中機會主義行為表現得更為突出（Sampson，2004）。機會主義行為顯然會弱化地理鄰近性對企業聯盟研發的動機。儘管企業通過各種制度安排去抑制研發聯盟中的機會主義（Oxley & Sampson，2004），但這些制度安排的有效性最終取決於研發聯盟的外部契約環境。然而，長期以來，中國大部分企業的產權和契約一直難以獲得法律的有效保護（Che & Qian，1998），這嚴重抑制了相鄰企業之間聯盟研發的動機。在這種相對糟糕的外部契約環境下，大部分企業只能憑藉一些非正式制度來尋求司法和法律的保護，其中建立政治關聯便是重要的手段之一。王永進和盛丹（2012）的研究表明主動的政治關聯通常能夠改善企業的契約實施環境。由此看來，在相關制度缺失的經濟體中，地理鄰近性對企業聯盟研發的

影響依賴於政治關聯這種非正式制度安排。

毋庸置疑,地理鄰近的企業在研發聯盟之前,企業一方面可以通過政治關聯獲得制度優勢和支持(Li & Zhou, 2010),例如提供聯盟研發所需的資源,包括土地、資本、經營許可和技術培訓等;另一方面,政治關聯還可以幫助企業識別出諸多市場機會(Bruton et al., 2010),特別地,在政策環境動盪期,政治關聯還可以弱化企業面臨的政策不確定性,為企業聯盟研發提供穩定的政策環境(Baum & Oliver, 1991)。地理鄰近的企業在聯盟研發之後,可以通過政治關聯適度保護聯盟研發過程中有意或無意共同分享的技術資產,妥善解決聯盟研發的利益分配問題等。

當然,政治關聯也可能會弱化地理鄰近性對聯盟研發投入的積極影響[1]。其原因如下:第一,政治關聯可以為聯盟研發企業的知識產權提供私人保護,聯盟研發企業可以通過政治關聯來防範聯盟研發過程中的機會主義行為。因此,對於有政治關聯的企業而言,為了防範聯盟研發過程中的機會主義行為,它們可能會降低對地理鄰近性的依賴。第二,擁有政治關聯的企業通常具有更明顯的優勢(Faccio, 2006; Siegel, 2007),這可能會造成合作雙方地位的不平等,具有政治關聯的企業會有更強的動機侵占聯盟研發過程中的合作收益,這種信號通常更易由地理上更鄰近的企業獲知,由此可知政治關聯會弱化地理鄰近性對企業研發聯盟投入之間的積極影響。綜上,本章建立如下兩個競爭性的備選研究假設:

H3a:政治關聯會強化地理鄰近性對聯盟研發投入的積極影響。

H3b:政治關聯會弱化地理鄰近性對聯盟研發投入的積極影響。

第三節 研究設計

一、數據來源與研究樣本

本章使用的數據來源於 2012 年世界銀行關於中國企業營運的制度環境質量調查。這次共調查了 2848 家中國企業,其中國有企業 148 家,非國有企業 2700 家。參與調查的城市有 25 個,分別為北京、上海、廣州、深圳、佛山、東莞、唐山、石家莊、鄭州、洛陽、武漢、南京、無錫、蘇州、南通、合肥、瀋陽、大連、濟南、青島、菏澤、成都、杭州、寧波、溫州。涉及的行業包括

---

[1] 此處感謝匿名審稿人的寶貴意見。

食品、紡織、服裝、皮革、木材、造紙、大眾媒體等 26 個行業。調查的內容包括控制信息、基本信息、基礎設施與服務、銷售與供應、競爭程度、生產力、土地與許可權、創新與科技、犯罪、融資、政企關係、勞動力、商業環境、企業績效等。這項調查數據的受試者為總經理、會計師、人力資源經理和其他企業職員。調查樣本根據企業的註冊域名採用分層隨機抽樣的方法獲取，因此調查樣本具有較強的代表性。在本研究中，我們根據以下原則進行了缺失值處理：對於過去三年內企業是否與其他企業進行聯盟研發的回應樣本有 1728 個，其中 15 個樣本給出的信息為「不知道」，為此，我們刪除了未回應的樣本 1120 個，同時將回答為「不知道」的樣本也進行了刪除。同樣地，關鍵解釋變量和控制變量的「缺失值」處理原則也做了類似的處理。最終，我們得到的有效樣本為 1683 個。不過，我們注意到，「缺失值」的存在使得大量樣本丟失，這有可能會破壞原始調查過程中抽樣的科學性，從而影響有效樣本的代表性。為此，我們將總體樣本和有效樣本進行獨立樣本 t 檢驗，發現其他主要信息在這兩組之間並不存在明顯差異，這意味著樣本的丟失並不會對抽樣的科學性造成實質性的損害。最后，需要說的是，在迴歸過程中，我們對連續變量按上下 1% 的比例進行 winsorize 處理①。

二、計量模型與變量定義

為了有效地評估政治關聯和地理鄰近性對企業聯盟研發投入的影響，本研究參照相關文獻的經驗做法（謝家智等，2014；Funk，2014），將計量迴歸模型設置如下：

$$(Ally_i \text{ or } Allyint_i) = \alpha_0 + \alpha_1 Poc_i + \alpha_2 Geo_i + \alpha_3 Poc \times Geo_i + \gamma X_i + \varepsilon_i \quad (6.1)$$

其中 $Ally_i$ 表示的是第 i 個企業聯盟研發投入傾向，具體定義為在過去三年內，企業是否進行了聯盟研發，若是則賦值為 1，否則賦值為 0；同樣地，$Allyint_i$ 表示第 i 個企業聯盟研發投入強度，具體定義為在過去三年內，企業平均每年的研發投入強度，即平均每年的聯盟研發投入額度占年度銷售額的比值。Poc_i 表示的是企業的政治關聯，具體定義為，若企業獲得政府訂單則賦值為 1，

---

① 關於有效樣本在各個城市的分佈狀態，本章限於篇幅，並未列出；同樣地，我們將樣本分為政治關聯組和非政治關聯組，然後將主要變量進行獨立樣本 t 檢驗，發現主要變量存在明顯的組別差異；同樣地，我們將地理鄰近性按照均值分為高地理鄰近性和低地理鄰近性兩組，通過獨立樣本 t 檢驗，也發現主要變量存在明顯的組別差異。為了簡略地瞭解政治關聯、地理鄰近性與企業聯盟研發投入之間的關係，我們通過線性擬合了它們之間的關係，限於篇幅，上述結果也均未列出。

否則賦值為0。這與現有研究關於政治關聯的定義有一定的差異。現有研究通常將政治關聯界定為公司董事、高管或顧問的政治背景。事實上，公司的董事、高管或顧問的政治背景所能發揮的作用還取決於其他一些因素，例如這些董事、高管或顧問的個人特質等。更重要的是，董事、高管或顧問的政治背景通常反應的是政治關聯的形式。而能否獲得政府訂單體現的是企業政治關聯的實質性內容。Agrawal和Knoeber（2001）發現在美國獲得政府訂單越多的企業，具有政治背景的外部董事人數也越多；同樣地，Goldman等（2009）發現，美國政治競選中與當選政黨有關的企業通常能夠獲得更多的政府訂單。當然，無須探究企業通過何種方式獲得政府訂單，只要企業獲得政府訂單，那麼企業便與政府部門建立起了一種契約關係，形成了利益風險共同體。企業與政府部門的這種契約關係實質上是企業主動式的政治關聯。通過這種主動式的政治關聯，企業可以督促政府有關部門通過各種措施來確保企業聯盟研發過程中無形資產的專有性。同樣地，這種主動式的政治關聯也是一種信號顯示機制①。當然政治關聯的度量方式不同，其傳導機制也會發生明顯差異。例如政府任命高管這種被動式的政治關聯，則是政府部門強化對企業控制的方式，可能扭曲了企業的某些市場行為。而本章度量的政治關聯與主動政治關聯的傳導機制具有一致性②。Geo_i表示地理鄰近性，考慮到區域交通內外聯繫屬性以及相關數據的可得性，本研究參照李琳和熊雪梅（2012）的研究將地理鄰近性定義為城市內企業密度數乘以交通通達度，其中城市內企業密度數為2010年全部工業企業數除以該城市總面積，而交通通達度則為城市內公路里程和鐵路延展里程與該城市總面積的比值③，相關數據來源於25個城市的統計年鑒。$Poc \times Geo_i$表示企業政治關聯與地理鄰近性的交叉項，用於評估企業政治關聯對地理鄰近性與企業聯盟研發投入之間關係的調節效應④。ε_i表示的是誤差項。

X_i表示控制變量向量，包括企業層面和企業所在城市層面兩個維度的控制變量。企業層面的控制變量包括：（1）企業規模（Size），具體定義為企業總員工數的自然對數。規模較大的企業通常擁有更多的資源和更大的能力去改變網路結構，並快速尋找到理想的合作夥伴，因此規模越大的企業越有可能結成

---

① 例如有些銀行規定，只有擁有政府訂單的企業才能獲得貸款，同時享受優惠利率。詳見 http://roll.sohu.com/20121207/n359774831.shtml。
② 此處感謝匿名審稿人的寶貴意見。
③ 地理鄰近性指標構建之後進行了歸一化處理。
④ 在構建交叉項的過程中，首先分別將Poc和Geo進行中心化，然後將中心化后的Poc和Geo分別相乘構成Poc和Geo的交叉項Poc×Geo。

研發聯盟。（2）企業年齡（lnage），具體定義為2012年減去企業創始年份並取其自然對數。（3）國有控股比例（Soe），具體定義為所有制結構中國有股份所占的比例。（4）企業高層經理的工作經驗（Exper），具體定義為企業高層經理在特定行業領域裡的從業年數。由於聯盟研發等創新活動是一項高風險的複雜活動，它對環境具有較高的敏感性，因此需要有工作經驗豐富的高層管理人員對聯盟研發項目進行評估，才能有效地控制聯盟研發活動的風險，促進企業聯盟研發的形成。（5）人力資本投資（Capital），具體定義為企業對員工是否具有正式的培訓計劃，若有則賦值為1，否則為0。利用員工正式培訓計劃的虛擬變量，我們可以捕捉到人力資本投資對聯盟研發的影響。（6）銀行授信（Credit），具體定義為企業是否從金融機構獲得授信額度與銷售收入的比值，銀行授信能夠在某種程度上克服信貸契約的剛性，並在某種程度上滿足企業在聯盟研發過程中的融資需求，因此，利用銀行授信可以捕捉到融資約束對聯盟研發的影響。（7）微機化程度（Computer），定義為使用電腦的員工比例。企業的微機化程度越高，研發聯盟企業之間的信息互動通道將更加便捷和暢通，有利於隱性知識的轉移，從而促進企業聯盟研發的順利開展。（8）多元化程度（Diver），具體定義為企業主要產品銷售額占總銷售額比例的倒數，多元化程度越高，意味著企業具有開闢新市場的強烈動機。為了開闢新市場，分散風險，企業可能有強烈的動機以聯盟研發的方式投資不同於現有的業務，如新產品、新服務和新技術等。（9）企業出口（Export），具體定義為若企業所有產品都在國內銷售，則賦值為0，否則賦值為1。企業出口之所以作為控制變量是因為出口可以使得企業擴大合作夥伴的搜索範圍，有助於企業尋找更加合適的聯盟研發合作夥伴，從而促進企業聯盟研發。（10）女性總經理（Female），具體定義為若企業的總經理為女性則賦值為1，否則賦值為0。之所以將女性總經理納為控制變量是因為在面臨不確定性時，女性管理層的行為更加謹慎，具有強烈的風險規避性。而聯盟研發通常是一項複雜和高風險的項目，因此女性總經理通常會弱化企業聯盟研發的動機。

　　城市層面的控制變量包括：（1）城市規模（Csize），具體定義為該城市年末總人口數並取自然對數；（2）商業城市（Business），具體定義為若該城市為重要的商業城市則賦值為1，否則為0；（3）人均地區生產總值，該指標主要用於捕捉城市經濟發展水平對企業聯盟研發的影響；（4）高等教育機構數（Edu），該指標主要用於捕捉城市教育發展對企業聯盟研發的影響。需要注意的是人均地區生產總值和高等教育機構數這兩個指標的數據來源於2011年各地級市統計年鑑。此外，根據現有研究經驗，不同地區和不同行業的企業聯盟

研發具有較大的差異，故本研究納入了城市和行業的固定效應。

主要變量的描述性統計和相關係數矩陣如表6-1所示。其中，聯盟研發傾向（Ally）的均值為0.1207，標準差為0.3258，這意味著樣本範圍內，有12.07%的企業從事聯盟研發；聯盟研發強度（Allyint）的均值為0.0025，標準差為0.0103，這意味著在有效樣本範圍內，企業聯盟研發投入額度與銷售額的平均占比為0.0025；政治關聯（Poc）的平均值為0.1239，標準差為0.3295，這意味著樣本範圍內，有12.39%的企業有政治關聯；最後，地理鄰近性（Geo）的平均值為0.6646，標準差為0.1713。

第四節 實證結果與分析

一、政治關聯、地理鄰近性與企業聯盟研發投入傾向

在評估政治關聯和地理鄰近性對企業聯盟研發投資決策影響的過程中，考慮到採取的截面數據要求考察橫向截面的動態變化，因此需要將內生性和異方差等問題充分考慮。為此，我們控制了行業和城市的滿秩固定效應，並且估計了聚合在行業性質層面的穩健性標準誤。由於企業聯盟研發投入傾向為二元離散選擇變量，故本研究採用Probit方法對計量模型進行估計。計量模型的估計結果匯報在表6-2中。在表6-2的列（1）中，我們僅考慮了政治關聯（Poc）和地理鄰近性（Geo）對企業聯盟研發投入傾向的影響，其結果顯示政治關聯和地理鄰近性的係數在1%的水平上皆顯著為正。在表6-2的列（2）中，我們在列（1）的基礎上納入了政治關聯和地理鄰近性的交互項，結果顯示政治關聯和地理鄰近性的交互項係數在1%的水平上顯著為正，這意味著政治關聯會正向調節地理鄰近性對企業聯盟研發投入傾向的正向影響。為了控制企業層面和城市層面等因素的影響，我們在表6-2中的列（3）和列（4）中逐步納入了企業層面和城市層面的控制變量，結果顯示政治關聯（Poc）、地理鄰近性（Geo）及其交互項係數的絕對值並無明顯變化，且符號仍顯著為正。為了進一步明確政治關聯和地理鄰近性對企業聯盟研發投入傾向的影響，我們在表6-2中列（4）匯報了政治關聯、地理鄰近性及其交互項對企業聯盟研發投入傾向影響的邊際效應。其中，與沒有政治關聯的企業相比，有政治關聯的企業致力於聯盟研發投入的概率會增加6.04%。現有的研究提供瞭解釋政治關聯推動企業致力於聯盟研發動機的線索，即在轉型經濟體中，政治關聯是市場和法

表 6-1 主要變量的描述性統計和相關矩陣

變量	均值	1	2	3	4	5	6	7	8	9	10	11	12	13	14
1 Ally	0.1207 [0.3258]	1.000 —													
2 Allyint	0.0025 [0.0103]	0.7019*** (0.0000)	1.0000 —												
3 Poc	0.1239 [0.3295]	0.1513*** (0.0000)	0.0539*** (0.0000)	1.0000 —											
4 Geo	0.6646 [0.1713]	0.2191*** (0.0000)	0.0987*** (0.0000)	0.0020 (0.9170)	1.0000 —										
5 Size	4.4394 [1.2748]	0.1617*** (0.0000)	0.0605*** (0.0014)	0.1420*** (0.0000)	0.0875*** (0.0000)	1.0000 —									
6 Image	2.4508 [0.5101]	0.0231 (0.3446)	-0.0017 (0.9290)	0.0488** (0.0109)	0.0213 (0.2650)	0.2523*** (0.0000)	1.0000 —								
7 Soe	0.0506 [0.2062]	-0.0315 (0.1933)	-0.0370* (0.0506)	0.0607*** (0.0013)	-0.0333* (0.0769)	0.0953*** (0.0000)	0.1269*** (0.0000)	1.0000 —							
8 Exper	2.7436 [0.4599]	0.0986*** (0.0000)	0.0359* (0.0600)	0.1106*** (0.0000)	0.0218 (0.2521)	0.2255*** (0.0000)	0.3966*** (0.0000)	0.0229 (0.2274)	1.0000 —						
9 Capital	0.8588 [0.3483]	0.0682*** (0.0048)	0.0294 (0.1206)	0.0441** (0.0196)	-0.0238 (0.2064)	0.1848*** (0.0000)	0.0084 (0.6580)	0.0645*** (0.0006)	-0.0274 (0.1490)	1.0000 —					
10 Credit	0.3434 [0.4750]	0.1062*** (0.0000)	0.0617*** (0.0014)	0.1256*** (0.0000)	0.0265 (0.1669)	0.2596*** (0.0000)	0.0548*** (0.0047)	-0.0440** (0.0215)	0.1048*** (0.0000)	0.0292 (0.1270)	1.0000 —				
11 Computer	0.2715 [0.2035]	0.0386 (0.1111)	-0.0476** (0.0120)	0.0489*** (0.0098)	-0.0872*** (0.0000)	-0.2192*** (0.0000)	-0.0753*** (0.0001)	0.1006*** (0.0000)	-0.1210*** (0.0000)	0.0067 (0.7210)	-0.0041 (0.8316)	1.0000 —			
12 Diver	1.0592 [0.1097]	0.0617** (0.0108)	0.0132 (0.4863)	0.0239 (0.2060)	0.0127 (0.5002)	0.0586** (0.0000)	0.0394** (0.0388)	-0.0067 (0.7215)	0.0279 (0.1418)	0.0305 (0.1042)	0.0604*** (0.0016)	0.0978*** (0.0000)	1.0000 —		
13 Export	0.3286 [0.4699]	0.1677*** (0.0000)	0.1180*** (0.0000)	0.0103 (0.5872)	0.1216*** (0.0000)	0.0328** (0.0601)	0.0358* (0.0601)	-0.0796*** (0.0000)	0.0899*** (0.0000)	0.0516*** (0.0059)	0.1926*** (0.0000)	-0.0614*** (0.0011)	0.0352* (0.0610)	1.0000 —	
14 Female	0.0841 [0.2776]	-0.0243** (0.0136)	-0.0271** (0.0152)	-0.0448** (0.0178)	-0.0083 (0.6599)	-0.0709*** (0.0000)	-0.0250 (0.1898)	-0.0422*** (0.0248)	-0.0763*** (0.0001)	-0.0017 (0.9298)	0.0241 (0.2072)	0.0924*** (0.0000)	0.0256 (0.1739)	-0.0076 (0.6875)	1.0000 —

註：方括號 [ ] 內表示標準差，括號 ( ) 內表示 P 值，*、**、*** 分別代表在 10%、5% 和 1% 的水平上顯著。

表 6-2　政治關聯和地理鄰近性對企業聯盟研發投入傾向影響的實證檢驗結果

	(1) Probit		(2) Probit		(3) Probit		(4) Probit		邊際效應	
Poc	0.5481***	[0.1270]	0.4909***	[0.1507]	0.3164**	[0.1521]	0.3304**	[0.1566]	0.0604**	[0.0283]
Geo	0.3845***	[0.0637]	0.3428***	[0.0751]	0.3452**	[0.0843]	0.3456***	[0.0985]	0.0535***	[0.0143]
Poc×Geo			0.1939***	[0.0770]	0.2402*	[0.1395]	0.1921**	[0.0910]	0.0298*	[0.0153]
Size					0.0943***	[0.0428]	0.1148***	[0.0442]	0.0178***	[0.0064]
Inage					-0.1453*	[0.0831]	-0.1496*	[0.0842]	-0.0232*	[0.0125]
Soe					-0.4242	[0.2784]	-0.3080	[0.3018]	-0.0477	[0.0459]
Exper					0.3043*	[0.1575]	0.3054*	[0.1785]	0.0473*	[0.0282]
Capital					0.2697*	[0.1555]	0.3461**	[0.1609]	0.0451**	[0.0180]
Credit					0.1976**	[0.0873]	0.2069*	[0.1076]	0.0335*	[0.0172]
Computer					0.5093*	[0.2714]	0.4846**	[0.2366]	0.0750**	[0.0370]
Diver					0.4976**	[0.2413]	0.2472	[0.2619]	0.0383	[0.0404]
Export					0.3375***	[0.1130]	0.1957*	[0.1036]	0.0318*	[0.0191]
Female					-0.3322**	[0.1576]	-0.2814*	[0.1533]	-0.0370*	[0.0209]
Csize							0.2943	[0.2603]	0.0456	[0.0416]
Business							0.3600**	[0.1679]	0.0465**	[0.0173]
地區生產總值							0.0734	[0.0189]	0.0114	[0.0030]
Edu							-0.2277*	[0.0593]	-0.0353*	[0.0114]
城市固定效應	YES		YES		YES		YES		YES	
產業固定效應	YES		YES		YES		YES		YES	
Constant	-1.5426***	[0.0874]	-1.5130***	[0.0977]	-3.4796***	[0.5964]	-5.5131***	[1.5619]	—	
Wald（p）	0.0000		0.0000		0.0000		0.0000			
Log likelihood	-557.3531		-556.0441		-489.8750		-465.2391			
偽 R²	0.0765		0.0787		0.1426		0.1857			
N	1683		1683		1555		1555			

註：方括號 [ ] 內表示聚合在行業性質層面的穩健性標準誤，*、**、*** 分別代表在 10%、5% 和 1% 的水平上顯著，以下相同，不再贅列。

律制度缺失的一種有效替代。通過建立政治關聯，企業可以優先獲得各種資源（Faccio, 2006; Siegel, 2007），而足夠的資源是企業結成聯盟研發的基礎。特別地，通過政治關聯，企業還可以獲得知識產權保護，而知識產權保護是企業聯盟研發的先決條件，因為只有聯盟企業的研發成果不被競爭對手毫無成本地模仿而侵蝕殆盡時，企業才有足夠的動機結成聯盟並進行研發投入（Dixit, 2004）。同樣地，地理上越鄰近，企業致力於聯盟研發投入的概率就越大，即地理鄰近性從平均值的邊際增加會使得企業致力於聯盟研發投入的概率增加5.35%。現有研究也提供瞭解釋地理鄰近性強化企業聯盟研發投入的線索，即地理空間上的鄰近性增加了聯盟企業彼此之間相互接觸的機會，例如，參與前沿技術的探討和其他一些合作研發活動，這些都增加了聯盟企業員工之間相互接觸的機會（Marquis, 2003）。聯盟企業員工之間頻繁接觸與交流，強化了員工知識的多元化，有助於他們接觸到最新的信息和知識，由此地理空間上的鄰近性強化了知識溢出效應，從而有效地激勵聯盟企業致力於研發投入。

其次，地理空間上的鄰近性能夠幫助聯盟企業建立和維持非正式社會網路和專業網路（Saxenian, 1996）。這些網路有助於聯盟企業拓展獲取新知識元素的各類渠道，從而激發聯盟企業研發投入動機（Owen-Smith & Powell, 2004）；此外，隨著時間的推移，地理空間上相鄰的聯盟企業之間員工的頻繁互動會形成共同規範（Common conventions）、詮釋框架（Interpretive schemata）和其他一些相關制度來提高聯盟企業對彼此之間知識流吸收的效率，從而強化企業聯盟研發投入傾向。

最后，政治關聯會強化地理鄰近性對企業聯盟研發投入傾向的正向影響。即與沒有政治關聯的企業相比，地理鄰近性會使得具有政治關聯的企業致力於聯盟研發投入的概率增加2.98%。需要說明的是，交互效應的檢驗並非完全取決於交互項的統計顯著性，而是可以通過交互效應圖來反應調節變量的邊際效應，否則我們會低估調節效應的真實效力。為此，我們繪製了政治關聯與地理鄰近性對企業聯盟研發投入傾向影響的交互效應圖（具體如圖6-1所示）。在圖6-1中，橫坐標表示的是地理鄰近性，縱坐標表示的是企業聯盟研發投入傾向。它們反應了地理鄰近性每變化一單位的標準誤，將會導致企業聯盟研發投入傾向的變化幅度。其結果顯示，對於有政治關聯的企業，地理鄰近性對企業聯盟研發投入傾向的正向影響程度更強。這意味著政治關聯具有信號傳遞的功能：具有政治關聯的企業更有可能是那些誠信和業績好的優質企業（於蔚等，

2012)。政治關聯這種信號傳遞的功能有助於其他企業合理地選擇合作夥伴。這是因為儘管地理鄰近性有助於合作夥伴之間隱性知識的轉移，然而在各項制度並不完善的經濟體中，合作夥伴之間存在著高度的信息不對稱，企業無力區分企業的優劣，從而難以對企業未來的聯盟研發收益做出準確的預期和判斷，無法確保合作夥伴的機會主義行為，導致企業放棄聯盟研發的意圖。而政治關聯可以視為一種重要的聲譽機制（孫錚等，2005）。根據社會網路理論的理解，建立政治關聯的企業為了維持自身的聲譽，保持政企之間的關係，通常不會實施機會主義行為。更重要的是，在知識洩露成本較低時，企業在選擇研發合作夥伴時，通常偏好先前的合作夥伴，然而，「路徑依賴」學習效應可能會妨礙與先前合作夥伴實現真正激進式研發的共同目標。多元化和新鮮的知識是企業實現激進式和顛覆式創新的基礎（Hart & Christensen, 2002；Sheremata, 2004）。而政治關聯為企業選擇新的合作夥伴提供了重要的決策依據，有助於企業獲得更多的新信息和新知識，從而加快實現聯盟研發的共同目標。由此研究假設 H1a、H2 和 H3a 獲得實證支持。

除了關鍵的解釋變量之外，控制變量的符號也基本上符合理論預期。首先，企業規模（Size）對企業聯盟研發投入傾向具有顯著的正向影響（$\beta = 0.1148$, $P<0.01$），其邊際效應為 0.0178，這意味著企業規模從平均值開始每增加一個標準差，企業聯盟研發投入傾向的概率則會增加 1.78%；企業年齡（lnage）對企業聯盟研發投入傾向具有顯著的負向影響（$\beta = -0.1496$, $P<0.1$），其邊際效應為 -0.0232，這意味著企業年齡從平均值開始每增加一個標準差，企業聯盟研發投入傾向的概率會降低 2.32%，可能的原因是隨著年齡的增加，企業可能越發擅長執行原有的管理，並對先前的技術表現出過度的自信，以致陶醉於原有的技術優勢而減少嘗試聯盟研發的機會；國有控股比例（Soe）對企業聯盟研發投入傾向的影響在 10%的水平上並不顯著，可能的原因是，國有控股比例越大表明企業擁有的政治優勢越多，在當前的制度環境下，這顯然有助於促進企業聯盟研發，然而，國有控股比例越多，也會促使企業擁有更多市場特權而不願冒風險進行聯盟研發投入；企業高層經理工作經驗（Exper）對企業聯盟研發投入傾向的影響在 10%的水平上顯著為正，也即企業高層經理工作經驗從平均值開始每增加一個標準差，企業聯盟研發投入傾向的概率便會提高 4.73%，可能的原因是高層管理人員豐富的工作經驗有助於企業正確分析和評估研發過程中的市場風險，從而激勵企業進行研發投入；人力資本投資（Capital）對企業聯盟研發投入傾向的影響在 10%的水平上顯著為正，也即相對於無正式培訓計劃的企業而言，有培訓計劃的企業致力於聯盟研發投入概率會提高 4.51%；銀行授信（Credit）對企業聯盟研發投入傾向的影響在

10%的水平上顯著為正，也即銀行授信額度與銷售收入的比例在平均值的基礎上每增加一個標準差，那麼企業致力於聯盟研發投入的傾向將會提高3.35%，這意味著銀行授信可以使得企業擺脫信貸契約的剛性，並緩解企業融資約束，促進企業的聯盟研發投入；微機化程度（Computer）對企業聯盟研發投入傾向的影響在5%的水平上顯著為正，也即使用電腦的員工比例從平均值開始每增加一個單位標準差，其致力於聯盟研發投入的傾向便提高7.50%，可能的原因是微機化程度體現了企業的信息化程度，而信息化程度的提高有助於隱性知識在企業之間的傳遞，從而提高企業聯盟研發的投入傾向；多元化程度（Diver）對企業聯盟研發投入傾向的影響在10%的水平上並不顯著，可能的原因是企業實施多元化戰略在某種程度上分散了企業的資源，同時在某種程度上也體現了企業分散和厭惡風險的傾向，這在一定程度上弱化了企業聯盟研發投入傾向；企業出口（Export）的系數在10%的水平上顯著為正，這意味著企業出口會提升企業聯盟研發投入傾向，從邊際效應可知，相對於未出口的企業而言，出口的企業致力於聯盟研發投入的概率會提高3.18%；女性總經理（Female）的系數在10%的水平上顯著為負，這意味著女性總經理會弱化企業聯盟研發投入傾向，邊際效應的估計結果顯示，相對於男性總經理而言，女性總經理會使得企業致力於聯盟研發投入的概率降低3.7%。這與以往的研究結論是一致的，即相對於男性而言，女性更加厭惡風險，並且風險承受能力低（Niessen & Ruenzi，2007），企業聯盟研發投入是一項高風險的投資活動，相對於男性總經理而言，女性總經理可能會弱化聯盟研發投入傾向。

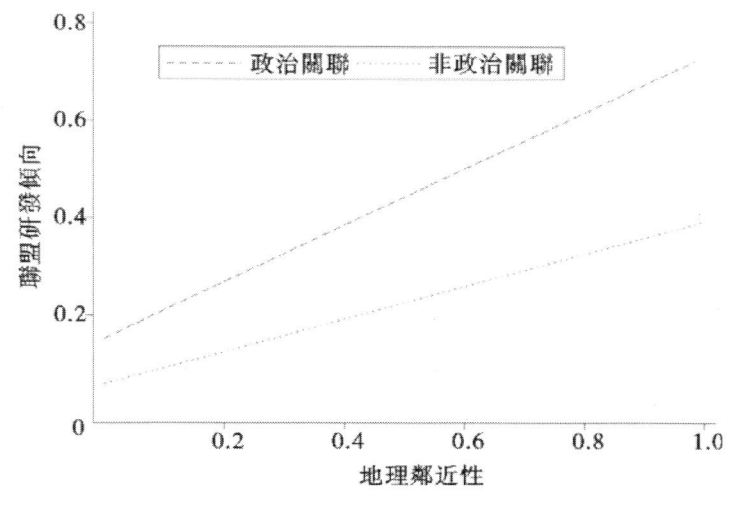

圖 6-1　政治關聯和地理鄰近性對聯盟研發投入傾向的交互影響圖

城市層面的控制變量具體表現為城市規模（Csize）的系數在10%的水平上並不顯著，這意味著城市規模對企業聯盟研發投入傾向的影響並不明顯。商業城市（Business）的系數在5%的水平上顯著為正，這意味著是否是重要商業城市對企業聯盟研發投入傾向具有顯著的積極影響。邊際效應的估計結果顯示，相對於非重要商業城市而言，商業城市的企業致力於聯盟研發投入的概率要高4.65%，可能的原因是重要的商業城市通常市場化程度較高，市場競爭的壓力較大，這迫使企業必須通過聯盟研發來維持競爭優勢。城市的經濟發展水平（地區生產總值）對企業聯盟研發投入傾向具有顯著的積極影響（$\beta = 0.0734$, $P<0.01$）。具體而言，城市的經濟發展水平從平均值開始每增加一個單位的標準差，那麼企業致力於聯盟研發投入的概率將提高1.14%。城市高等教育機構數（Edu）的系數在1%的水平上顯著為負，這意味著高等教育機構數越多，企業致力於企業之間的聯盟研發傾向就越低。具體而言，城市高等教育機構數從平均值開始每增加一個單位標準差，那麼企業致力於聯盟研發投入的概率就會降低3.35%。可能的原因是所在地區的教育機構越多的企業，企業越可能將研發外包給高等教育機構，這顯然對企業之間的聯盟研發具有顯著的替代效應。

二、政治關聯、地理鄰近性與企業聯盟研發投入強度

接下來，我們探究政治關聯和地理鄰近性對企業聯盟研發投入強度的影響。考慮到聯盟研發投入強度為非負的連續變量，因此我們首先採用Tobit方法對計量模型進行估計，它比OLS迴歸模型要更加穩健。具體結果匯報在表6-3中，表6-3中的列（1）只考慮了政治關聯（Poc）和地理鄰近性（Geo）對企業聯盟研發投入的影響，其結果顯示政治關聯和地理鄰近性的系數在1%的水平上顯著為正，這意味著政治關聯和地理鄰近性會促進企業提高聯盟研發投入的強度；表6-3中的列（2）是在列（1）的基礎上納入了政治關聯和地理鄰近性的交叉項，其結果顯示該交叉項的系數在10%的水平上並不顯著。

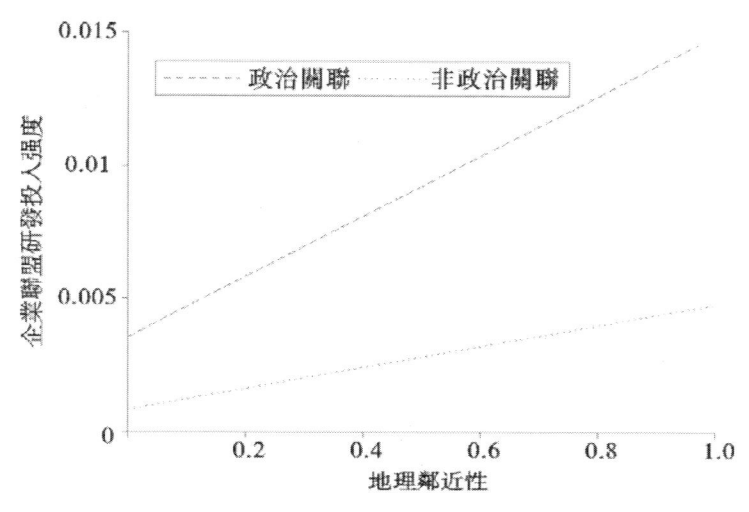

圖 6-2　政治關聯和地理鄰近性對聯盟研發投入強度的交互影響圖

表 6-3　政治關聯和地理鄰近性對企業聯盟研發投入強度影響的實證檢驗結果

	（1）	（2）	（3）	（4）
	Tobit	Tobit	Tobit	Tobit
Poc	0.0549*** [0.0162]	0.0530*** [0.0158]	0.0384** [0.0159]	0.0387** [0.0164]
Geo	0.0328*** [0.0064]	0.0315*** [0.0070]	0.0295*** [0.0075]	0.0289*** [0.0088]
Poc×Geo		0.0056 [0.0056]	0.0095 [0.0098]	0.0062 [0.0107]
Size			0.0048 [0.0037]	0.0059* [0.0031]
lnage			−0.0128 [0.0093]	−0.0128 [0.0097]
Soe			−0.0372* [0.0190]	−0.0258* [0.0121]
Exper			0.0224 [0.0154]	0.0207 [0.0173]
Capital			0.0141 [0.0135]	0.0187 [0.0136]
Credit			0.0216*** [0.0082]	0.0213** [0.0096]
Computer			0.0509* [0.0293]	0.0469* [0.0260]
Diver			0.0122 [0.0265]	−0.0130 [0.0291]
Export			0.0352** [0.0162]	0.0213 [0.0137]
Female			−0.0287** [0.0136]	−0.0222* [0.0127]
Csize				0.0309 [0.0296]
Business				0.0264 [0.0166]
地區生產總值				0.0062*** [0.0021]
Edu				−0.0177** [0.0074]
城市固定效應	YES	YES	YES	YES

第六章　政治關聯、地理鄰近性與企業聯盟研發投入

表6-3(續)

	(1)	(2)	(3)	(4)
	Tobit	Tobit	Tobit	Tobit
產業固定效應	YES	YES	YES	YES
Constant	-0.1645*** [0.0230]	-0.1636*** [0.0225]	-0.2657*** [0.0463]	-0.4604** [0.2036]
F (p)	0.0000	0.0000	0.0000	0.0000
Log likelihood	-151.1223	-151.0089	-115.1167	-97.3272
偽 R^2	0.1924	0.1930	0.3444	0.4457
N	1649	1649	1528	1528

表6-3中列（3）和列（4）在分別納入了企業層面和城市層面的控制變量之後發現，政治關聯和地理鄰近性係數值並未發生明顯變化，且符號仍然分別顯著為正，其交叉項係數仍不顯著。同樣需要強調的是，交互效應的檢驗並非完全取決於交互項統計顯著性，而是可以通過交互效應圖來反應調節效應的邊際效應，否則我們可能會低估調節效應的真實效力。基於此，我們繪製了政治關聯和地理鄰近性對企業聯盟研發投入強度交互影響的效應圖（具體如圖6-2所示）。在圖6-2中，橫坐標表示的是地理鄰近性，縱坐標表示的是企業聯盟研發投入強度，即企業聯盟研發投入額與年度銷售額的比例，它們反應了地理鄰近性每變化一單位的標準誤，將會導致企業聯盟研發投入強度的變化幅度。其結果顯示，對於有政治關聯的企業，地理鄰近性對企業聯盟研發投入強度的正向影響程度更強。

三、內生性問題

1. 選擇性偏差

誠然，政治關聯可以有效地推動企業聯盟研發的開展，同時，企業也存在自主選擇政治關聯的強烈動機。這是因為在市場機制並不完善的經濟體中，企業為了避免市場機制不完善給聯盟研發帶來的傷害，通常會主動建立政治關聯，通過政治關聯獲得政府庇護，或者要求政府有關部門採取相關措施來確保聯盟研發的收益不受侵害。因此，政治關聯這一變量的內生性問題表現為自選擇（Self selection）問題，這可能會影響本章實證結果的可靠性。基於此，本研究利用Heckman兩步法來修正這種選擇性偏差。首先構建一個政治關聯的選擇模型，然後計算出每個觀測值的逆米爾斯比率，從而對政治關聯可能存在的內生性問題進行控制。對政治關聯的選擇模型（Probit模型）如下：

$$Poc_i = \alpha_0 + \beta Z_i + \varepsilon_i \tag{6.2}$$

其中解釋變量 Z_i 包括企業規模、企業年齡、國有控股比例、企業高層經理的工作經驗、正式員工平均教育年限、企業是否獲得國際質量認證、企業是否聘請外部審計師對財務狀況進行審查、城市的市場規模以及城市和行業的固定效應。接下來，將等式（6.2）估計獲得的逆米爾斯比例導入到（6.1），得到等式（6.3）：

$$(Ally_i \text{ or } Allyint_i) = \alpha_0 + \alpha_1 Poc_i + \alpha_2 Geo_i + \alpha_3 Poc \times Geo_i + \alpha_4 IMR_i + \gamma X_i + \varepsilon_i \quad (6.3)$$

在等式（6.3）中，IMR_i 表示第一步估計出的第 i 個企業的逆米爾斯比率。如果逆米爾斯比率的系數在10%的水平上是顯著的，那麼樣本存在選擇偏差問題。迴歸結果報告在表6-4中的列（1）和列（2），從迴歸結果可知 IMR 的系數在10%的水平上沒有通過顯著性檢驗，同時政治關聯對企業聯盟研發投入傾向和強度皆具有顯著積極影響的結論是穩健的。

2. 反向因果

使用最小二乘法或 Probit（Tobit）模型對計量方程（6.1）進行估計會導致關鍵參數的有偏估計。換言之，致力於聯盟研發的企業很有可能更願意建立政治關聯，因此政治關聯和企業聯盟研發投入之間可能存在反向因果關係導致的內生性問題。為了修正內生性偏誤，本研究打算使用工具變量，這些工具變量會對企業獲得政治關聯有直接影響，而並不會直接影響企業聯盟研發投入。對政治關聯的外生性衝擊因素似乎是企業政治關聯的工具變量。因為這樣的外生性衝擊會影響企業建立政治關聯的動機，但是這些外生性衝擊對企業聯盟研發投入並無直接影響。

基於上述思路，本研究借鑑方穎和趙揚（2011）的研究思路將1919年每千人教會初級小學註冊數作為政治關聯的工具變量。在方穎和趙揚（2011）的研究中，他們將每千人教會初級小學註冊數作為產權保護的工具變量。事實上，它也可以作為政治關聯的工具變量，其原因有兩點：第一，在產權保護制度並不健全的經濟體中，政治關聯可以視為替代產權保護制度的一種非正式機制；第二，政治關聯折射出了由於歷史沉澱、風俗習慣和傳統規範的不同所引起的在產權保護方面的差異。由此可見，政治關聯實際上也是產權保護制度的一種重要體現，將每千人教會初級小學註冊數作為政治關聯的工具變量是合

理的①。

参照 Fisman 和 Svensson（2007）、Reinnikka 和 Svensson（2006）的經驗做法，即企業所在城市的特徵變量作為企業內生變量的工具變量。Fisman 和 Svensson（2007）使用企業所在地區相關經濟變量的平均值作為工具變量。基於此，我們使用企業所在城市同行業（Location-industry average）的政治關聯平均值作為企業政治關聯的工具變量。利用上述兩個工具變量，我們使用了 IVProbit、IVTobit 和 2SLS 迴歸，具體迴歸結果見表 6-4，由表 6-4 的列（3）至列（5）可知，Wald 外生性排除檢驗以及德賓-吳-豪斯曼檢驗都拒絕了原假設，表明政治關聯是內生的，此外，弱工具變量的穩健性檢驗拒絕了原假設，表明不存在「弱工具變量」問題。政治關聯的係數在 5% 的水平上皆顯著為正，與普通的 Probit 和 Tobit 基本吻合，值得注意的是，工具變量估計的結果與普通的 Probit 和 Tobit 迴歸估計的結果相比，表 6-3 中的列（3）和列（4）的政治關聯係數提高較大，這表明，政治關聯的內生性使得普通 Probit 和 Tobit 迴歸估計產生向下偏倚，從而傾向於低估政治關聯對企業聯盟研發投入的影響。

3. 其他內生性問題

首先，為了緩解因變量和內生解釋變量皆為二元變量而導致的內生性問題，我們採用 Maddala（1983）提出的完全信息極大似然法來估計遞歸二元單位概率模型，具體結果經整理后匯報在表 6-5 中的列（1）至列（5）。參照遞歸二元單位概率模型的估計結果，我們發現政治關聯、地理鄰近性及其交叉項的係數並未發生顯著變化。

其次，現有研究將影響企業聯盟研發投入的內部微觀因素和外部宏觀因素納入同一層面進行迴歸，可能會導致層次謬誤（張雷、雷靂和郭伯良，2003）。基於此，本研究利用跨層次模型探討政治關聯和地理鄰近性對企業聯盟研發投入的影響。具體結果經整理后匯報在表 6-5 中的列（6），Melogit 迴歸結果顯示，組內相關係數（ICC）為 0.1445，且在 5% 的水平上是顯著的，這意味著企業聯盟研發投入的方差有 14.45% 來自組間方差，而 85.55% 來自組內方差，也即企業聯盟研發投入的組內方差要大於組間方差，即企業內部微觀因素解釋企業聯盟研發投入總變異的力度要大於外部宏觀因素解釋企業聯盟研

---

① 由於唐山、南通和洛陽的教會初級小學註冊人數缺失，我們使用與它們鄰近城市的數據，即分別利用天津、蘇州和鄭州的數據替代。

發投入總變異的力度。由於外部宏觀因素對企業聯盟研發投入總變異的解釋力度是顯著的，因此需要通過跨層次分析來驗證本章的研究假設。穩健性固定效應的迴歸結果顯示〔表6-5中的列（6）〕，政治關聯、地理鄰近性及其交叉項系數在5%的水平上都顯著為正，其中，相對於非政治關聯企業，政治關聯企業致力於聯盟研發投入的概率要高6.07%；地理鄰近性從平均值開始每增加一個單位標準差，那麼企業致力於聯盟研發投入的概率要提高4.6%；與沒有政治關聯的企業相比，地理鄰近性會使得具有政治關聯的企業致力於聯盟研發投入的概率增加1.78%。上述結果與普通的Probit和Tobit迴歸結果相差不大。

最后，遺漏重要變量問題，即可能遺漏了信息通信技術（ICT）的使用對企業聯盟研發投入的影響。在網路經濟時代，信息通信技術的使用有助於溝通、方便信息的處理與存儲，因而它有助於顯性知識的傳遞，並幫助企業間實現隱性知識顯性化，有助於企業聯盟研發的順利開展。更重要的是，信息通信技術的使用可以減少企業之間面對面的交流，節約交易成本。由此可知，信息通信技術的頻發使用會降低企業聯盟研發過程中對地理鄰近性的敏感性。因此，我們在計量模型中再納入信息通信技術的使用這一解釋變量。對於信息通信技術使用的度量，我們根據2012年世界銀行關於中國企業營運的制度環境調查問卷設置的問題：「為了支持與合作方之間業務的開展，貴公司在多大程度上使用信息通信技術」，將其作為信息通信技術使用的度量。同時，企業管理層可以選擇的答案為「從不使用」「很少使用」「有時使用」「經常使用」「一直使用」。根據這些答案，我們依次賦值為1、2、3、4、5。ICT×Geo表示信息通信技術使用與地理鄰近性的交叉項，它用於檢查不同程度信息通信技術使用的條件下，地理鄰近性對企業聯盟研發投入影響的差異性。具體結果經整理后匯報在表6-6中的列（1）和列（2）。我們發現政治關聯、地理鄰近性及其交叉項的系數並未發生顯著變化。有趣的是，在列（1）中，Probit迴歸結果顯示ICT的系數在1%的水平上顯著為正，也即ICT使用的程度從平均值開始每增加一個標準差，企業致力於聯盟研發投入的概率將提高3.14%，而ICT×Geo的系數在10%的水平上顯著為負，即隨著信息通信技術使用程度的增加，地理鄰近性對企業聯盟研發投入傾向的正向影響就會弱化。在列（2）中，Tobit迴歸結果顯示ICT的系數在1%的水平上顯著為正，而ICT×Geo的系數在10%的水平上顯著為負，這意味著隨著ICT使用程度的增加，地理鄰近性對企業聯盟研發投入強度的影響就會弱化。

表 6-4　政治關聯和地理鄰近性對企業聯盟研發投入強度影響的內生性檢驗結果

	(1) Probit+IMR		(2) Tobit+IMR		(3) IVProbit		(4) IVTobit		(5) 2SLS	
Poc	2.0103***	[0.7660]	0.0371***	[0.0148]	0.5562**	[0.2665]	0.0692***	[0.0279]	0.0144***	[0.0035]
Geo	0.3443***	[0.0976]	0.0289***	[0.0088]	0.3470***	[0.0990]	0.0290***	[0.0088]	0.0020**	[0.0009]
Poc×Geo	0.1972**	[0.0969]	0.0064	[0.0111]	0.1538**	[0.0724]	0.0017	[0.0101]	0.0004	[0.0021]
IMR	−0.9505	[0.7400]	0.0122	[0.0831]						
Size	0.0567*	[0.0341]	0.0066**	[0.0032]	0.1086**	[0.0466]	0.0050*	[0.0029]	0.0086***	[0.0032]
Inage	−0.1134	[0.0939]	−0.0132*	[0.0074]	−0.1345*	[0.0851]	−0.0125	[0.0098]	−0.0014	[0.0013]
Soe	−0.4040*	[0.2018]	−0.0245*	[0.0131]	−0.3074	[0.3093]	−0.0254	[0.0228]	−0.0026	[0.0030]
Exper	0.2003	[0.2034]	0.0221	[0.0185]	0.2623*	[0.1422]	0.0206*	[0.0143]	0.0022*	[0.0011]
Capital	0.3407**	[0.1621]	0.0188*	[0.0098]	0.3325**	[0.1573]	0.0167	[0.0110]	0.0011	[0.0018]
Credit	0.1846***	[0.0681]	0.0230**	[0.0101]	0.1960*	[0.1106]	0.2000***	[0.0096]	0.0021**	[0.0009]
Computer	0.2762	[0.2209]	0.0496**	[0.0214]	0.4774**	[0.2403]	0.0457*	[0.0264]	0.0098***	[0.0031]
Diver	0.2414	[0.2613]	−0.0129	[0.0289]	0.2273	[0.2556]	−0.0161	[0.0271]	−0.0013	[0.0056]
Export	0.2438**	[0.1133]	0.0207*	[0.0121]	0.1873*	[0.1073]	0.0198**	[0.0115]	0.0035**	[0.0014]
Female	−0.1897	[0.1839]	−0.0234*	[0.0122]	−0.2733*	[0.1411]	−0.0206*	[0.0127]	−0.0025**	[0.0012]
Csize	0.4888	[0.3411]	0.0284	[0.0332]	0.3283	[0.2484]	0.0367	[0.0286]	0.0042	[0.0029]
Business	0.3324*	[0.1734]	0.0268*	[0.0158]	0.3404**	[0.1650]	0.0248	[0.0165]	0.0031**	[0.0015]

表6-4(續)

	(1)	(2)	(3)	(4)	(5)
	Probit+IMR	Tobit+IMR	IVProbit	IVTobit	2SLS
地區生產總值	0.0849*** [0.0213]	0.0060*** [0.0020]	0.0751*** [0.0183]	0.0065*** [0.0020]	0.0008*** [0.0002]
Edu	−0.2074*** [0.0619]	−0.0180** [0.0082]	−0.2308*** [0.0601]	−0.0181** [0.0076]	−0.0009* [0.0005]
城市固定效應	YES	YES	YES	YES	YES
產業固定效應	YES	YES	YES	YES	YES
Constant	−6.6372*** [2.0851]	−0.4463** [0.2249]	−5.5955*** [1.5057]	−0.4919** [0.1977]	−0.0315 [0.0201]
Wald(p)/F(p)	0.0000	0.0000	0.0000	0.0000	0.0000
內生性檢驗(Wald)			0.3733	0.1004	
Wu-Hausman F(p)					0.2105
AR			21.63***	23.16***	19.44***
Log likelihood	−464.5857	−97.3142	−630.5130	−259.4227	
偽 R²	0.1869	0.4458			
N	1555	1528	1555	1528	1528

第六章　政治關聯、地理鄰近性與企業聯盟研發投入 | 123

表 6-5　政治關聯和地理鄰近性對企業聯盟研發投入影響的穩健性檢驗結果

	Bivariate Probit				Bivariate Tobit				Melogit	
	(1) Ally		(2) Contract		(3) Ally		(4) Allyint		(5) Contract		(6)	
	Coeff.		Coeff.		Coeff.	Marg.	Coeff.		Coeff.		Coeff.		Marg.	
Poc	1.7958***	[0.3040]			0.0132***	[0.0018]	0.0305***	[0.0053]			0.7056***	[0.2564]	0.0607***	[0.0226]
Geo	0.3346***	[0.0632]			0.0025***	[0.0006]	0.0290***	[0.0063]			0.5334***	[0.1286]	0.0460***	[0.0117]
Poc×Geo	0.0827**	[0.0332]			0.0006**	[0.0003]	0.0054	[0.0120]			0.2064**	[0.1003]	0.0178**	[0.0083]
Size	0.0569*	[0.0293]	0.1688***	[0.0344]	0.0026***	[0.0006]	0.0070**	[0.0032]	0.0587**	[0.0292]	0.2693***	[0.0819]	0.0232***	[0.0073]
Inage	-0.1256*	[0.0718]	-0.1101*	[0.0624]	-0.0024**	[0.0011]	-0.0135*	[0.0075]	-0.1537**	[0.0662]	-0.2326*	[0.1313]	-0.0200*	[0.0111]
Soe	-0.2846	[0.2365]			-0.0021	[0.0017]	-0.0256	[0.0279]			-0.6471	[0.5967]	-0.0558	[0.0516]
Exper	0.2850***	[0.1048]			0.0021**	[0.0008]	0.0210*	[0.0112]			0.2890*	[0.1457]	0.0250*	[0.0151]
Capital	0.3489**	[0.1539]			0.0026**	[0.0012]	0.0188	[0.0149]			0.8472**	[0.3408]	0.0730**	[0.0302]
Credit	0.1193**	[0.0518]	0.1897**	[0.8889]	0.0034**	[0.0014]	0.0243**	[0.0103]	0.3825***	[0.1427]	0.3112**	[0.1466]	0.0268**	[0.0101]
Computer	0.4701**	[0.2246]			0.0035***	[0.0017]	0.0474**	[0.0223]			1.1342***	[0.4426]	0.0977***	[0.0390]
Diver	0.2445	[0.3334]			0.0018	[0.0025]	-0.0110	[0.0403]			0.5884	[0.7596]	0.0507	[0.0655]
Export	0.1452*	[0.0821]	0.1585*	[0.0859]	0.0031**	[0.0012]	0.0230**	[0.0101]	0.1835*	[0.0981]	0.4324**	[0.1958]	0.0373**	[0.0171]
Female	-0.2122*	[0.1131]			-0.0016*	[0.0009]	-0.0227*	[0.0119]			-0.5008**	[0.2425]	-0.0432**	[0.0201]
Csize	0.2389	[0.2427]			0.0018	[0.0018]	0.0312	[0.0234]			1.0183	[0.7272]	0.0877	[0.0631]
Business	0.3113*	[0.1629]			0.0023*	[0.0012]	0.0264	[0.0168]			0.1594	[0.4887]	0.0137	[0.0421]

表6-5(續)

	Bivariate Probit		Bivariate Probit		Bivariate Tobit		Melogit	
	(1) Ally	(2) Contract	(3) Ally		(4) Allyint	(5) Contract	(6)	
	Coeff.	Coeff.	Marg.		Coeff.	Coeff.	Coeff.	Marg.
地區生產總值	0.0667*** [0.0160]		0.0005*** [0.0001]	0.0063*** [0.0016]			0.1490** [0.0613]	0.0128** [0.0055]
Edu	-0.2103*** [0.0593]		-0.0015*** [0.0005]	-0.0179*** [0.0060]			-0.3589** [0.1412]	-0.0309** [0.0141]
城市固定效應	YES	YES	YES		YES	YES	YES	YES
產業固定效應	YES	YES	YES		YES	YES	YES	YES
var (_cons)							0.5557** [0.2573]	—
Constant	-4.8622*** [1.6581]	-1.7976*** [0.2274]	—		-0.4705*** [0.1646]	-3.0609*** [0.4230]	-13.1148*** [4.7380]	—
ICC							0.1445** [0.0572]	—
LR (chibar²)							25.19***	
Log likelihood	-1020.0539				-807.2808		-450.6156	
Wald (P)	0.0000				0.0000		0.0000	
N	1555				1528		1555	

第六章 政治關聯、地理鄰近性與企業聯盟研發投入 | 125

表 6-6 政治關聯和地理鄰近性對企業聯盟研發投入影響的實證檢驗結果
（納入 ICT）

	(1)		(2)	
	Probit	邊際效應	Tobit	邊際效應
Poc	0.3215** [0.1366]	0.0159** [0.0085]	0.0354* [0.0170]	0.0064** [0.0027]
Geo	0.3216*** [0.0816]	0.0025*** [0.0007]	0.0274*** [0.0087]	0.0069*** [0.0021]
Poc×Geo	0.1855** [0.0907]	0.0205* [0.0107]	0.0054 [0.0119]	0.0006 [0.0017]
ICT	0.3659*** [0.1119]	0.0314*** [0.0091]	0.0053*** [0.0019]	0.0014*** [0.0003]
ICT×Geo	-0.7690* [0.3741]	0.0141* [0.0073]	-0.0013* [0.0007]	0.0003* [0.0002]
其他變量	YES	YES	YES	YES
城市固定效應	YES	YES	YES	YES
產業固定效應	YES	YES	YES	YES
Constant	-6.4483*** [1.7143]	—	-0.2927*** [0.0914]	—
Wald (p)	0.0000		—	
F (p)	—		0.0000	
Log likelihood	-457.8537		-44.2153	
偽 R^2	0.1786		0.6291	
N	1525		1143	

四、進一步檢驗

為了進一步驗證本章結果的穩健性，接下來，我們將探討政治關聯成本（Poc1）和交通可達性（Geo1）對企業聯盟研發投入的影響。對於政治關聯成本，我們使用非正式支付的總額占年度銷售總額的比例進行度量。非正式支付是指在正式渠道以外向個人支付的金錢以及提供的禮品和服務等（Lewis, 2001）。之所以將這種非正式支付視為政治關聯成本是因為非正式支付通常是直接向公職人員付款以維持彼此之間的關係，從而獲取某種權利。它是企業為了達到某些眼前的目標而採用的一種非正式競爭手段。表面上看它採用了禮物的形式，實際上它的內容是企業維持政治關聯運轉的一種典型成本。對於交通可達性的衡量，本研究借鑑郝前進和陳杰（2007）的研究，將城市內軌道交通線路長度與城市面積的比值作為該城市交通可達性的衡量，迴歸結果經整理后匯報在表 6-7 中。表 6-7 中列（1）的 Probit 迴歸結果顯示，政治關聯成本（Poc1）對企業聯盟研發投入傾向具有顯著的正向影響（$\beta = 0.1419$，$P < 0.05$），即政治關聯成本從平均值開始每增加一個標準差，企業致力於聯盟研發投入的概率將提高 1.85%；同樣地，交通可達性（Geo1）的系數在 1% 的水平上顯著為正，這意味著交通可達性對企業致力於聯盟研發投入的傾向具有顯

著的積極影響，也即交通可達性從平均值開始每增加一個標準差，企業致力於聯盟研發投入的概率會增加0.28%；同樣地，政治關聯成本和交通可達性的交叉項系數在10%的水平上顯著為正，這意味著政治關聯成本對交通可達性與企業聯盟研發投入傾向之間的關係具有顯著的正向調節效應。

表6-7 政治關聯成本和交通可達性對企業聯盟研發投入影響的實證檢驗結果

	(1) Probit	邊際效應	(2) Tobit	邊際效應
Poc1	0.1419** [0.0690]	0.0185** [0.0092]	0.0072** [0.0034]	0.0004** [0.0002]
Geo1	0.0211*** [0.0071]	0.0028*** [0.0008]	0.0011*** [0.0003]	0.0001*** [0.0000]
Poc×Geo1	0.1674* [0.0915]	0.0218* [0.0118]	0.0085** [0.0040]	0.0004** [0.0002]
Size	0.0909* [0.0535]	0.0119* [0.0065]	0.0058** [0.0026]	0.0003** [0.0001]
lnage	-0.0081 [0.0956]	-0.0011 [0.0125]	0.0019 [0.0052]	0.0001 [0.0014]
Soe	-1.3373*** [0.5276]	-0.1797** [0.0711]	-0.0706*** [0.0257]	-0.0037*** [0.0014]
Exper	0.2284* [0.1210]	0.0298* [0.0162]	0.0054 [0.0075]	0.0003 [0.0004]
Capital	0.1628 [0.1629]	0.0195 [0.0182]	0.0037 [0.0083]	0.0002 [0.0004]
Credit	0.2812* [0.1529]	0.0393* [0.0220]	0.0114* [0.0062]	0.0006* [0.0004]
Computer	0.5926** [0.2710]	0.0773** [0.0344]	-0.0038 [0.0110]	-0.0002 [0.0006]
Diver	0.0487 [0.3974]	0.0064 [0.0518]	-0.0117 [0.0185]	-0.0006 [0.0010]
Export	0.2786** [0.1323]	0.0395** [0.0221]	0.0261*** [0.0085]	0.0014*** [0.0005]
Female	-0.2073* [0.1091]	-0.0238* [0.0121]	-0.0083** [0.0037]	-0.0005** [0.0002]
Csize	0.2098 [0.3116]	0.0274 [0.0418]	0.0124 [0.0149]	0.0007 [0.0008]
Business	0.3476* [0.2000]	0.0378** [0.0180]	0.0118 [0.0096]	0.0006 [0.0005]
地區生產總值	0.0232 [0.0327]	0.0030 [0.0044]	0.0000 [0.0012]	-0.0000 [0.0001]
Edu	-0.3945*** [0.0921]	-0.0515*** [0.0147]	-0.0193*** [0.0049]	-0.0010*** [0.0003]
城市固定效應	YES	YES	YES	YES
產業固定效應	YES	YES	YES	YES
Constant	-5.0361*** [1.6758]	—	-0.2409*** [0.0911]	—
Wald (p)	0.0000			
F (p)			0.0000	
Log likelihood	-317.2500		-49.6065	
偽 R^2	0.1650		0.5684	
N	1146		1143	

表6-7中列（2）的Tobit迴歸結果顯示，政治關聯成本的系數在5%的水平上顯著為正，這意味著政治關聯成本對企業聯盟研發投入強度具有顯著的積極影響，即政治關聯成本從平均值開始每增加一個標準差，企業聯盟研發投入的強度將提高0.04%；交通可達性的系數在1%的水平上顯著為正，這意味著

第六章 政治關聯、地理鄰近性與企業聯盟研發投入 | 127

交通可達性對企業聯盟研發投入強度也具有顯著的積極影響，即交通可達性從平均值開始每增加一個標準差，企業聯盟研發投入強度將提高 0.01%；最後，政治關聯成本和交通可達性的交叉項系數在 5% 的水平上顯著為正，這意味著隨著政治關聯成本的提高，交通可達性對企業聯盟研發投入強度的積極影響會越來越強烈。

當然，本研究還做了一些其他方面的穩健性檢驗，包括剔除直轄市後重新迴歸，按照企業規模和年齡進行分組迴歸等，迴歸結果皆表現出較強的穩健性。限於篇幅，本研究未將迴歸結果列出。

第五節　結論與政策內涵

在中國經濟轉軌的關鍵時期，如何構建一個有效激勵中國企業研發創新的制度體系，已經成為擺在政府決策者面前必須重點解決的戰略性改革任務。全面理解未完善的正式制度下，非正式制度對企業聯盟研發投入的影響以及存在的問題，可為相關部門制定相關制度的改革策略提供重要的經驗依據。基於此，本章系統地評估了政治關聯和地理鄰近性對企業聯盟研發投入的影響。研究結果表明，政治關聯會強化企業聯盟研發投入行為，這意味著在市場機制並不健全的經濟體中，企業聯盟研發動機會由於信息不對稱所引發的道德風險和逆向選擇問題而顯得不足。為此，在轉型經濟體中，企業便會尋找政治關聯這種替代性保護機制來弱化市場機制不完善給企業聯盟研發投入帶來的負面衝擊；通過地理上的鄰近性，企業會進一步強化聯盟研發投入行為。這一發現有助於加深我們對當前企業聯盟研發投入行為的認識，即在企業聯盟研發過程中，隱性的知識通常難以編碼和遠距離傳輸，而地理鄰近性有助於增加研發聯盟企業之間面對面的交流，推動隱性知識在企業之間的傳輸、消化與吸收（Malmberg & Maskell, 2006）；有政治關聯的企業，地理鄰近性對聯盟研發投入行為的影響會更強化，也即政治關聯這種替代性保護機制對地理鄰近性和企業聯盟研發投入之間起著正向的調節作用。這意味著在正式制度並不健全的經濟體中，政治關聯不僅能夠幫助企業獲得關鍵資源和機會，而且還提供了知識產權保護的有效措施，緩解了企業對聯盟研發過程中機會主義行為的擔憂，強化了地理鄰近性對企業聯盟研發投入的積極影響。這也在一定程度上解釋了在欠發達和轉型的經濟體中孱弱的正式制度與積極創新並存的悖論。進一步研究表明，隨著信息通信技術使用程度的增加，地理鄰近性對企業聯盟研發投入強度

的影響就會弱化。這一結論表明，信息通信技術有助於企業打破聯盟研發的「空間粘性」。

本章的研究結論所蘊含的政策內涵表明如果要助推企業之間的聯盟研發投入行為，那麼相關部門還應該為企業提供正式的制度支持。特別地，對於聯盟研發的企業而言，知識產權的保護至關重要。事實上，企業能否享受獨特的地位和價值，在很大程度上取決於它們擁有的獨特知識和技能，甚至是從以往的經歷中提取出來的經驗。如果在聯盟研發過程中，企業將這些知識傳輸給其他個體，那麼它們可能會為丟失當前的地位和價值而擔心。因此，建立企業核心知識洩露的防禦機制是企業維持競爭優勢必不可少的重要策略。如果核心知識的專用權比較薄弱，並且競爭者有快速吸收外部知識的內部能力，那麼擁有核心知識的企業將可能遭受由於知識洩露而丟失關鍵知識的高風險。由此可見，在知識產權保護制度缺失的情況下，企業之間形成聯盟研發的可能性會明顯下降。為此，相關部門應該重視知識產權保護，為企業之間的聯盟研發提供正式制度保障機制。加強提供正式的制度支持並非企業進行聯盟研發的必要條件，相關部門還應加大交通基礎設施建設投入，保證地理上的暢通性將有助於強化區域內部的知識流動，從而推動企業聯盟研發投入行為。

對於企業管理層而言，政治關聯在企業聯盟研發投入過程中的確起著至關重要的作用。這也意味著如果管理層要強化聯盟研發投入，那麼持續的政治投資是必需的。持續的政治投資所帶來的政治關聯可以為企業聯盟研發提供雄厚的資源和必要的保護。此外，企業管理層在研發聯盟夥伴選擇的過程中應該重視地理上的鄰近性，這是因為地理上的鄰近可以有效地降低聯盟研發過程中的機會主義行為並提高聯盟企業之間的知識傳輸與轉化。當然，本章的研究結論進一步表明信息通信技術可以弱化地理鄰近性對企業聯盟研發投入的積極影響，這也意味著信息通信技術可以弱化企業聯盟研發活動所表現出來的「空間粘性」（spatial stickiness）。因此，弱地理鄰近性的企業之間可以通過使用信息通信技術來強化彼此之間的聯盟研發投入。

參考文獻：

[1] Agrawal, A., Knoeber, C. R., (2001). Do some outside directors play a political role [J]. Journal of Law and Economics, 44 (1): 179-198.

[2] Aidis, R., Estrin, S., & Mickiewicz, T. (2008). Institutions and entre-

preneurship development in Russia: A comparative perspective [J]. Journal of Business Venturing, 23 (6): 656-672.

[3] Ahuja, G. (2000). The duality of collaboration: Inducements and opportunities in the formation of interfirm linkages [J]. Strategy Management Journal, 21 (3): 317-343.

[4] Almeida, P., Kogut, B. (1999). Localization of knowledge and the mobility of engineers in regional networks [J]. Management Science, 45 (7): 905-917.

[5] Baum, J. A. C., and Oliver, C. Institutional linkages and organizational mortality [J]. Administrative Science Quarrterly, 36 (2): 187-218.

[6] Bertrand, M., Mullainathan, S. (2003). Enjoying the quiet life? Corporate governance and managerial preferences [J]. Journal of Political Economy, 111 (5): 1043-1075.

[7] Blanc, H. and Sierra, C. (1999). The internationalization of R&D by multinationals: a trade-off between external and internal proximity [J]. Cambridge Journal of Economics, 23: 187-206.

[8] Bruton, G. D., Ahlstrom, D., and Li, H. L. (2010). Institutional theory and entrepreneurship: Where are we now and where do we need to move in the future? [J]. Entrepreneurship Theory and Practice, 34 (3): 421-440.

[9] Che, J. H., Qian, Y. Y. (1998). Insecure property rights and government ownership of firms [J]. Quarterly Journal of Economics, 113 (2): 467-496.

[10] Dixit, A. K. (2004). Lawlessness and Economics: Alternate Modes of Governance [M]. Princeton, NJ: Princeton University Press.

[11] Faccio, M. (2006). Politically connected firms [J]. American Economic Review, 96 (1): 369-386.

[12] Feinberg, S. E. and Gupta, A. K. (2004). Knowledge spillovers and the assignment of R&D responsibilities to foreign subsidiaries [J]. Strategic Management Journal, 25 (8/9): 823-845.

[13] Fisman, R., Svensson, J. (2007). Are Corruption and Taxation Really Harmful to Growth? Firm Level Evidence [J]. Journal of Development Economics, 83 (1): 63-75.

[14] Florida, R. L. (2002). The rise of the creative class [M]. New York: Basic Books.

[15] Gittelman, M. (2007). Does geography matter for science-based firms? Epistemic communities and the geography of research and patenting in biotechnology [J]. Organization Science, 18 (4): 724-741.

[16] Goldman, E., Rocholl, J., & So, J. (2009). Do politically connected boards affect firm value? [J]. Review of Financial Studies, 22 (6): 2331-2360.

[17] Guo, D., Jiang, K., Kim, B. Y., Xu, C. G. (2014). Political economy of private firms in China [J]. Journal of Comparative Economics, 42 (2): 286-303.

[18] Hart, S., & Christensen, C. M. (2002). Driving innovation from the base of the global pyramid [J]. MIT Sloan Management Review, 44 (1): 51-56.

[19] Iammarino, S., McCann, P. (2006). The structure and evolution of industrial clusters: transactions, technology and knowledge spillovers [J]. Research Policy, 35 (7): 1018-1036.

[20] Johnson, S., McMillan, J., Woodruff, C. (2002). Property rights and finance [J]. American Economic Review, 92 (5): 1335-1356.

[21] Laursen, K., Masciarelli, F., Prencipe, A. (2012). Regions matter: How localized social capital affects innovation and external knowledge acquisition [J]. Organization Science, 23 (1): 177-193

[22] Lewis, M. (2001). Who is Paying For Health Care in Eastern Europe and Central Asia? [M]. Washington, D. C.: World Bank.

[23] Li, H., Zhang, Y. (2007). The role of managers' political networking and functional experience in new venture performance: evidence from China's transition economy [J]. Strategic Management Journal, 28 (8): 791-804.

[24] Li, J. J. Zhou, K. K. (2010). How foreign firms achieve competitive advantage in the Chinese emerging economy: Managerial ties and market orientation [J]. Journal of Business Research, 63 (8): 856-862.

[25] Li, H., & Zhou, L. A. (2005). Political turnover and economic performance: the incentive role of personnel control in China [J]. Journal of public economics, 89 (9): 1743-1762.

[26] Luo, Y. (2003). Industrial dynamics and managerial networking in an emerging market: The case of China [J]. Strategic Management Journal, 24 (13): 1315-1327.

[27] Luo, X., Chung, C. N. (2005). Keeping it all in the family: The role of

particularistic relationships in business group performance during institutional transition [J]. Administrative Science Quarterly, 50 (3): 404-439.

[28] Maddala, G. S. (1983). Limited-dependent and qualitative variables in econometrics [M]. London: Cambridge University Press.

[29] Malmberg, A., Maskell, P. (2006). Localized learning revisited [J]. Growth and Change, 37 (1): 1-18.

[30] Marquis, C. (2003). The pressure of the past: network imprinting in inter-corporate communities [J]. Administrative Science Quarrterly, 48 (4): 655-689.

[31] Mukherjee, D., Gaur, A. S., Gaur, S. S., Schmid, F. (2013). External and internal influences on R&D alliance formation: Evidence from German SMEs [J]. Journal of Business Research, 66 (11): 2178-2185.

[32] Narula, R., Zanfei, A., (2005). Globalisation of innovation: the role of multinational enterprises [M]. In: Fagerberg, J., Mowery, D., Nelson, R. (Eds.), Oxford Handbook of Innovation. Oxford: Oxford University Press.

[33] Narula, R., Santangelo, G. D. (2009). Location, collocation and R&D alliances in the European ICT industry [J]. Research Policy, 38 (2): 393-403.

[34] Niessen, A., Ruenzi, S. (2007). Sex matters: Gender differences in a professional setting. Working paper, Available at SSRN.

[35] North, D. C. (1990). Institutions, Institutional Change, and Economic Performance [M]. New York: Cambridge University Press.

[36] Owen-Smith, J & Powell, W. W. (2004). Knowledge Networks as Channels and Conduits: The Effects of Spillovers in the Boston Biotechnology Community [J]. Organization Science, 15 (1): 5-21.

[37] Oxley, J. E., Sampson, R. C. (2004). The scope and governance of international R&D alliance [J]. Strategic Management Journal, 25 (8/9): 723-749.

[38] Powell, W., Grodal, S. (2005). Networks of innovators [M]. In: Fagerberg, J., Mowery, D., Nelson, R. (Eds.), Handbook of Innovation. Oxford: Oxford University Press.

[39] Reinnikka, R., Svensson, J. (2006). Using Micro-Surveys to Measure and Explain Corruption [J]. World Development, 34 (2): 359-370.

[40] Sampson, R. C. (2004). The Cost of Misaligned Governance in R&D Alliance [J]. Journal of Law, Economics, and Organization, 20 (2): 484-526.

[41] Sampson, R. C. (2007). R&D Alliances and firm performance: The im-

pact of technological diversity and alliance organization on innovation [J]. Academy of Management Journal, 50 (2): 364-386.

[42] Saxenian, A. (1996). Inside-out: Regional networks and industrial adaptation in Silicon Valley and Route 128 [J]. Cityscape, 2 (2): 41-60.

[43] Shane, S., Cable, D. (2002). Network ties, reputation, and the financing of new ventures [J]. Management Science 48 (3): 364-381.

[44] Sheremata, W. A. (2004). Competing through innovation in network markets: Strategies for challengers [J]. Academy of Management Review, 29 (3): 359-377.

[45] Siegel, J. (2007). Contingent political capital and international alliances: evidence from South Korea [J]. Administrative Science Quarterly, 52 (4): 621-666.

[46] Tan, J., Yang, J., & Veliyath, R. (2009). Particularistic and system trust among small and medium enterprises: A comparative study in China's transition economy [J]. Journal of Business Venturing, 24 (6): 544-557.

[47] Wassmer, U. (2010). Alliance portfolio: A review and research agenda [J]. Journal of Management, 36 (1): 141-171.

[48] Whittington, K. B., Owen-Smith, J., & Powell, W. W. (2009). Networks, propinquity, and innovation in knowledge-intensive industries [J]. Administrative Science Quarterly, 54 (1): 90-122.

[49] Zhou, W. B. (2013). Political connections and entrepreneurial investment: Evidence from China's transition economy [J]. Journal of Business Venturing, 28 (2): 299-315.

[50] 方穎, 趙揚. 尋找制度的工具變量: 估計產權保護對中國經濟增長的貢獻 [J]. 經濟研究, 2011 (5): 138-148.

[51] 韓寶龍, 李琳. 區域產業創新驅動力的實證研究——基於隱性知識和地理鄰近視角 [J]. 科學學研究, 2011, 29 (2): 314-320.

[52] 郝前進, 陳杰. 到CBD距離、交通可達性與上海住宅價格的地理空間差異 [J]. 世界經濟文匯, 2007 (1): 22-35.

[53] 江雅雯, 黃燕, 徐雯. 政治聯繫, 制度因素與企業的創新活動 [J]. 南方經濟, 2011 (11): 3-15.

[54] 李維安, 王鵬程, 徐業坤. 慈善捐贈、政治關聯與債務融資——民營企業與政府的資源交換行為 [J]. 南開管理評論, 2015, 18 (1): 4-14.

[55] 彭本紅，周葉. 企業協同創新中機會主義行為的動態博弈與防範對策 [J]. 管理評論，2008，120（9）：3-8.

[56] 孫錚，李增泉. 市場化程度、政府干預與企業債務期限結構-來自中國上市公司的經驗證據 [J]. 經濟研究，2005（5）：52-63.

[57] 王孝斌，李福剛. 地理鄰近在區域創新中的作用機理及其啟示 [J]. 經濟地理，2007（4）：543-546，552.

[58] 王永進，盛丹. 政治關聯與企業的契約實施環境 [J]. 經濟學季刊，2012，11（4）：1193-1218.

[59] 謝家智，劉思亞，李后建. 政治關聯、融資約束與企業研發投入 [J]. 財經研究，2014，40（8）：81-93.

[60] 徐業坤，錢先航，李維安. 政治不確定性、政治關聯與民營企業投資——來自市委書記更替的證據 [J]. 管理世界，2013（5）：116-130.

[61] 袁建國，后青松，程晨. 企業政治資源的詛咒效應——基於政治關聯與企業技術創新的考察 [J]. 管理世界，2015（1）：139-155.

[62] 葉會，李善民. 治理環境、政府控制和控制權定價-基於中國證券市場的實證研究 [J]. 南開管理評論，2008，11（5）：79-84.

[63] 於蔚，汪淼軍，金祥榮. 政治關聯和融資約束：信息效應與資源效應 [J]. 經濟研究，2012（9）：125-139.

[64] 張雷，雷靂，郭伯良. 多層線性模型應用 [M]. 北京：教育科學出版社，2003.

第七章 管理層風險激勵模式、異質性與企業創新行為

本章基於 2005 年世界銀行關於中國 2002—2004 年 31 個省 121 個城市 12,136 家企業的投資環境調查數據，檢驗了管理層風險激勵模式和異質性對企業創新行為的影響。研究表明：（1）管理層風險激勵是企業創新行為的重要驅動力，但對於市場化程度較高的東部地區企業而言，短期風險激勵的效果要遜於長期風險激勵；（2）管理層任期與企業創新行為之間呈現倒 U 形曲線關係，即管理層任期過長容易使企業陷入「記憶僵化」的困局；（3）政治關係抑制了企業創新行為，但市場化程度有利於弱化政治關係對企業創新行為的抑製作用；（4）管理層教育水平有利於推動企業創新，但在不同地區存在一定的差異性。通過工具變量迴歸發現，上述主要結果具有較強的穩健性。本章的結論為中國企業成功轉型過程中如何有效治理管理層提供了經驗參考。

第一節 引言

在激烈的競爭環境中，只有那些能夠將自己的技能同內部選擇環境和外部選擇環境匹配起來的企業才能存活下去。由於市場環境是不斷變化的，因此，企業需要整合、建立和重構企業內、外能力以應對環境變化所帶來的各項挑戰。否則，企業將可能陷入「核心僵化」的困局，最終過時、老化。因此，要防止企業過時、老化，實現企業轉型，企業需要不斷地發掘其創新動力。源源不斷的創新動力能夠克服企業的惰性壓力，驅動企業尋求同行業層次上競爭優勢的源泉。然而，激勵企業不斷創新並非易事。這是因為企業技術創新是一項高風險的投資行為，其孕育週期長，且創新成果具有前沿性和超前性，市場

不易理解，因此投資者往往較難把握，且必須承受較大的風險（Hall & Lerner, 2010）。鑒於企業創新項目回報週期長、風險高等特點，大部分企業管理層通常不願意投資企業創新項目（Dong & Gou, 2010）。為了找尋企業創新動力的源泉，研究者通過實證研究發現管理層激勵會影響企業的創新行為（Makri, Lane, & Gomez-Mejia, 2006；姜濤、王懷明，2012；Lin et al., 2011；Shen & Zhang, 2013），因為不同的激勵方式會促使經理人規避抑或偏好風險，從而影響其對企業創新的興趣。Makri、Lane 和 Gomez-Mejia（2006）認為管理層激勵能夠有效地促進企業創新；姜濤、王懷明（2012）認為高管薪酬與企業創新之間呈現倒 U 形關係，而高管股權激勵能夠顯著促進企業創新；Lin 等（2011）認為企業激勵制度能夠加大企業創新力度；Shen 和 Zhang（2013）認為管理層風險激勵會誘導經理人過度投資低效率的創新項目，最終損害企業績效。

在本章中，我們主要關注的是中國企業創新行為的決定性因素。值得注意的是，我們檢驗了不同風險激勵模式和管理層異質性對企業創新活動的影響。毋庸置疑，企業創新項目的投資決策通常由企業的高層管理者做出（Barker & Mueller, 2002），因此高層管理者的風險激勵模式和異質性將會對企業創新的活躍程度產生強烈的影響。企業若能提供正確的激勵政策框架使得管理層的利益與企業的長期目標保持一致，那麼管理層將會更致力於企業創新，從而推動企業永續發展。此外，本章還檢驗了管理層的特徵，包括管理層的教育水平、任期、政治關聯等對企業創新行為的影響。

與以往研究不同的是，本章的主要貢獻在於：首先，我們驗證了管理層與普通員工薪酬差異、管理層薪酬與績效掛勾、管理層薪酬績效敏感性和管理層更替風險等四種類型的風險激勵模式對企業創新行為的影響及其差異性，有助於豐富這一領域的研究；其次，驗證了管理層政治關係、任期和教育水平對企業創新行為的影響，為 Stein（1988）的「管理層短視假說」（Managerial myopia hypothesis），以及 Bertrand 和 Mullainathan（2003）的「安定生活假說」（Quiet life hypothesis）提供了經驗證據，從而加深了對企業創新行動驅動機制的理解。最後，我們探討了管理層風險激勵模式與企業創新行為之間可能存在的內生性，解決了以往文獻中普遍忽視的內生性問題。

第二節　理論分析與研究假設

企業行為理論（Cyert & March, 1992）表明企業管理層的決策過程取決於

企業標準化決策操作流程中所面臨的風險。投資決策，例如企業創新項目投資則取決於企業先前的模式和流程（Gavetti, et al., 2012）。然而，在特定的企業環境中，管理層的風險激勵模式以及異質性將會使得企業投資決策偏離上述慣例。

一、管理層風險激勵模式與企業創新行為

委託代理理論（Jensen & Meckling, 1976）表明根據股東的利益設計出適當的激勵契約能夠誘導管理層去落實代理人的責任，以達成在確保其他利害關係人的合法權益下，追求股東價值的最大化。在特定的企業環境中，不同類型的管理層風險激勵模式對風險承擔行為有不同的影響（Wright et al., 2007）。一般而言，相對於企業所有者而言，管理層可能會更加厭惡風險，對此，有兩個可能的解釋：其一是企業所有者可以通過投資多元化來分散風險，而管理層的財富和職位則直接與企業特定項目投資的成敗相聯繫，並且這種風險無法分散，因此管理層傾向於選擇低風險行為（Balkin et al., 2000）；其二是，相對於所有者而言，管理層會更加短視，因為他們通常沒有企業資產所有權，其短期激勵報酬取決於工資和獎金（Tosi et al., 2000）。

從理論上而言，管理層激勵報酬能夠緩解代理問題並降低經理人的風險厭惡程度，從而促使管理層傾向於承擔風險項目（Coles et al., 2006）。由於企業創新是一項高風險的長期投資，且存在著嚴重的信息不對稱問題。因此，相對於普通員工而言，做出企業創新決策的管理層通常承擔著更大的風險，他們通常會要求更高的薪酬彌補這種高風險行為（Core et al., 2003）。在這種情況下，管理層與普通員工的薪酬差異越大越能反應出管理層與普通員工之間所承擔的風險差異以及未被觀測到的稟賦差異（Demerjian et al., 2012）。基於此，我們建立研究假設 H1a。

H1a：管理層與普通員工薪酬差異將會激勵管理層致力於企業創新。

以往相關文獻表明，管理層通常不願意投資企業創新項目，其原因在於管理層的薪酬取決於企業的績效，如果高風險的企業創新項目投資失敗，那麼它將導致管理層信任危機和雇傭風險（Larraza-Kintana et al., 2007）。Baysinger 和 Hoskisson（1989）指出股東和董事通常會根據財務目標來評判管理層的績效，例如投資回報率。由於企業對創新項目的長期投資將會減少收益的淨現值，因此管理層出於自利的目的會傾向於投資回報快的短期項目，而抑制企業創新項目投資。Coles 等（2006）通過研究發現，管理層薪酬與投資政策之間存在著因果關係，特別地，他們發現管理層薪酬—股票波動率的敏感性會誘導

管理層做出高風險投資決策，包括投資企業創新項目。對於中國現階段而言，中國企業之所以遭受代理問題的困擾，其主要原因在於管理層激勵力度的弱化以及決策權力的限制（Chang & Wong, 2004）。王燕妮（2011）認為強化中國企業管理層短期激勵報酬能夠有效激勵管理層致力於企業創新。同樣，Lin 等（2011）也認為管理層薪酬績效敏感性以及薪酬與績效掛勾能夠激勵管理層做出企業創新決策。基於中國的制度背景，我們做出以下假設：

H1b：管理層薪酬與績效掛勾會激勵管理層致力於企業創新。

H1c：管理層薪酬績效敏感性會激勵管理層致力於企業創新。

委託代理理論表明管理層更替風險對管理層「假公濟私」的行為有著重要的威懾作用。例如，Jensen（1988）指出若沒有「懲戒式」更替的威懾作用，管理層將失去最大化企業價值的動力。Bertrand 和 Mullainathan（2003）在其「安定生活假說」中指出，如果更替保護能夠降低外部市場機制的有效性，那麼管理層將可能利用該機會規避風險投資，例如企業創新項目投資。因為這些創新項目投資的成敗將可能直接揭示出管理層的質量，並決定管理層的去留。因此，傾向於更替保護的管理層做出創新投資決策的可能性不大。基於上述探討，我們做出假設 H1d。

H1d：管理層更替風險會激勵管理層致力於企業創新。

二、管理層異質性與企業創新行為

近些年來，管理層任期和決策眼界（Decision horizon）之間的關聯性已經受到了理論界和實踐界的廣泛關注。諸多研究發現在上任早期，管理層通常有長遠打算並傾向於做出對企業未來發展有關鍵性影響的長期投資決策。例如，Antia 等（2010）發現，在上任早期，管理層將精力集中於企業的長期利潤，然而，在上任晚期，管理層可能會變得目光短淺，而僅僅將精力集中於即時的股票增值和財富最大化。他們指出，在上任早期，管理層希望能夠「穩坐江山」，這激勵管理層作出的決策著眼於企業和股東的長期利益。Coles 等（2006）發現上任晚期的管理層不太可能作出長期的投資決策。Barker 和 Mueller（2002）指出，任期長的管理層對企業長期利潤有著重要影響的創新策略具有弱偏好，反而更注重穩定和效率。此外，Dechow 和 Sloan（1991）指出即將離任的管理層傾向於自由裁量的管理，並且偏好於短期投資。Mannix 和 Loewenstein（1994）也同樣發現，即將離任的管理層通常將精力集中於短期回報項目。Miller（1991）認為任期長的管理層可能陷入「記憶僵化」而無法做出與動態環境相匹配的創新投資決策。

由於企業創新項目屬於長期的高風險投資，因此，較短的任期不太可能激勵管理層做出企業創新投資決策。如果管理層預期到自己的任期較長，那麼他們往往會在當期做出對企業長遠發展有利的創新投資決策，以便他們在較長的任期內能夠享受創新投資所帶來的高額回報。但是隨著任期的延長，管理層將預計到自己離任的期限越來越短，此時他們可能更偏好於即時回報率較高的短期項目，而抑制企業創新項目投資。基於上述探討，我們做出假設 H2a。

H2a：管理層任期與企業創新強度之間呈現倒 U 形的關係。

金融和經濟學的文獻揭示出政治關聯有助於企業獲得有利的監管條件（Agrawal & Knoeber, 2001）和更好的融資渠道，例如銀行貸款（Khuaja & Mian, 2005; Claessens et al., 2008）以及潛在補貼（Faccio et al., 2006），最終增加企業的價值（Fisman, 2001; Calomiris et al., 2010）或者提升企業的績效（Li et al., 2008）。基於此，一方面，管理層的政治關聯有助於企業獲得融資便利和其他資源，並在企業創新活動中獲得政府的扶持；另一方面，政治關聯有助於企業獲得市場特權，從而打壓潛在企業的競爭，最終弱化了企業通過創新活動來獲取市場競爭優勢的動機。基於此，我們提出以下競爭假設：

H2b：政治關聯會激勵管理層致力於企業創新。

H2c：政治關聯會抑制管理層致力於企業創新。

管理層的另一個特徵就是教育水平。顯然，企業創新活動通常與新技術和新產品是相互聯繫的，因此教育水平越高的管理層越傾向於吸收新的知識和技術，從而提高企業接受創新活動的概率（Barker & Mueller, 2002）。基於此，我們提出假設 H2d。

H2d：管理層的教育水平有助於推動企業創新活動。

三、其他控制變量與企業創新行為

我們同樣也控制了一些可能影響企業創新行為的其他輔助因素。首先，我們控制了基於企業層面的影響因素，包括所有制對企業創新行為的影響。Choi 等（2011）認為在中國經濟轉型時期，所有制結構會對企業創新行為有著顯著的影響。除此以外，我們還控制了企業規模和年齡對企業創新的影響。熊彼特假說表明企業規模越大，技術創新越有效率，換言之企業規模可以促進技術創新。對於企業年齡而言，企業年齡越大，企業將更擅長創新，因為企業年齡越大，就越能夠滿足創新活動所需累積的背景知識。此外，年齡較大的企業將擁有完善的慣例、結構、獎勵計劃以及其他產生新技術並將之推向市場的基礎設施（Cohen & Levinthal, 1990）。其次，根據 Lin 等（2011）的建議，我們控制

了反應宏觀商業環境的系列變量,包括地方保護主義、本地市場規模、經濟增長以及高等教育機構數量等對企業創新行為的影響,因為這些變量可能是特定城市企業做出創新決策的決定性影響因素。最後,我們還控制了地區效應,以捕捉省份差異的影響。

第三節 數據與方法

一、數據

本章所使用的數據主要來自於世界銀行2005年所做的投資環境調查(Investment Climate Survey)。這一調查的目的在於確定中國企業績效和成長背後的驅動和阻礙因素。這個調查要求公司經理回答有關市場結構、制度環境、公司治理、企業所有制結構以及企業融資等相關問題。就中國而言,有關調研主要由國家統計局執行,2005年的調研樣本分佈在31個省、自治區和直轄市中121個城市的12,400家企業。由於該調研數據分佈廣泛且比較均勻,就調研企業所有制性質而言,既有國有企業,也有非國有企業;就調研地區而言,既有東部地區樣本,也有中西部地區樣本;就行業性質而言,既涉及製造業,也有服務業等,因此樣本具有較強的代表性。

就本章研究問題而言,2005年的投資環境調查要求經理回答有關公司R&D消費支出,並且R&D消費支出報告的年度區間為2002—2004年。雖然定量變量(例如R&D支出、企業規模和企業年齡)分別報告了2002—2004年的觀測值,但是一些定性問題(管理層風險激勵模式、異質性)等只涉及2004年。因此,在迴歸過程中,某些定性變量具有時間不變性,而某些定量變量則隨時間而變化。除了企業層面的數據以外,我們還從中國省級統計年鑒中摘取了宏觀層面的控制變量數據。剔除缺失值(Missing value)樣本後,本章共獲得32,744個有效樣本,其中2004年、2003年和2002年的有效樣本數量分別為12,136、11,176和9432。表7-1匯報了主要變量的描述性統計。

表7-1　　　　　　　　主要變量的描述性統計

變量	平均值	標準差	最小值	最大值
RD_decide	0.5697	0.4951	0	1
RD_intensi	0.0106	0.0297	0	0.6050
Salary_gap	3.3303	4.3211	0	100

表7-1(續)

變量	平均值	標準差	最小值	最大值
Incentive	0.6680	0.4710	0	1
Delta	1.3292	1.8424	−7	7
Official	0.1179	0.3226	0	1
Tenure	6.3784	4.7159	1	56
Turnover	0.2201	0.4143	0	1
Education	0.8628	0.3440	0	1
ROS	0.1573	1.7444	−3.1566	0.9947
Firm_size	5.6180	1.4799	1.7918	13.5020
Firm_age	12.7181	13.5878	2	139
Local_pro	1.6603	0.9053	1	5
Population	6.2057	0.5845	4.4567	8.0533
地區生產總值	6.6415	0.8145	4.6597	8.9160
University	1.9203	1.1188	0	4.3438

二、變量與定義

表7-2給出了本章分析中所用到的所有變量的定義。這一部分我們將詳細探討這些變量。

表 7-2　　　　　　　　　　變量定義

變量	定義
RD_decide	虛擬變量，若企業有R&D支出則賦值為1，否則為0
RD_intensi	表示研發強度，定義為企業R&D支出/主營業務收入
Salary_gap	表示薪酬差距，定義為企業內部最高工資與最低工資之間的差距
Incentive	虛擬變量，若管理層薪酬與企業績效掛勾則賦值為1，否則為0
Delta	表示管理層薪酬績效的敏感性，企業績效超過或低於目標值、管理層薪酬的增長或降低率
Official	虛擬變量，若企業管理層屬於政府任命則賦值為1，否則為0
Tenure	表示管理層的任期
Turnover	虛擬變量，若管理層在過去4年內遭受公司解雇或降職，則賦值為1，否則為0
Education	虛擬變量，若管理層的教育水平在本科及以上則賦值為1，否則為0
ROS	表示主營業務利潤率，即用主營業務利潤/主營業務收入

表7-2(續)

變量	定義
Firm_size	表示企業員工數量的自然對數
Firm_age	表示公司成立以來的年數，用2004年減去公司成立的年份
Local_pro	表示地方保護主義對企業營運和成長影響的評價程度
Population	城市總人口的自然對數
地區生產總值	城市地區生產總值總額的自然對數
University	城市高等教育機構數量的自然對數

註：在本章中，管理層特指總經理。

1. 因變量

在本章研究中，企業創新行為是我們關注的因變量。然而，由於企業創新活動是一項領域非常廣泛、內容非常豐富的實踐活動，因此要完整地測量企業創新行為並非易事。早在20世紀30年代，熊彼特就列舉了五類創新活動：(1) 生產新產品；(2) 引進新方法；(3) 開闢新市場；(4) 獲取新材料；(5) 革新組織形式等。Lin等(2011)認為評價企業創新行為之前必須首先區分創新投入和創新產出。關於創新投入，廣泛使用的指標是R&D投資決策和R&D強度（Coles et al., 2006；Chen & Miller, 2007；Lin et al., 2011）。主要是因為這些指標較容易從企業財務報表中摘取，且易於理解。但這些指標的潛在缺陷是它們無法捕捉到企業的創新產出。基於此，使用企業創新產出指標可以彌補這一缺陷。關於創新產出指標，應用得比較廣泛的有專利授權量（Argyres & Silverman, 2004；Lerner & Wulf, 2007）、專利前向引用（Lerner & Wulf, 2007；Hall et al., 2001）和新產品銷售比例（Czarnitzki, 2005；Cassiman & Veugelers, 2006；Lin et al., 2011）。在本章中，由於調查問卷只涉及企業創新投入指標而沒有涉及企業創新產出指標。因此，我們遵循Chen和Miller(2007)的做法，使用R&D投資決策虛擬變量和R&D強度作為企業創新行為的測度指標。R&D投資決策的具體賦值方法是，若企業有R&D支出，則賦值為1，否則為0；R&D強度利用企業R&D支出/企業主營業務收入來表示。

2. 自變量

根據以往文獻的經驗（Sanders, 2001；Wright et al., 2002；Coles et al., 2006），我們使用系列指標來反應管理層風險激勵模式。其中第一個指標是薪酬差距，它表示的是企業內部最高工資與最低工資之間的差額。第二個指標是一個虛擬變量，若管理層薪酬與企業績效掛勾則賦值為1，否則賦值為0。第三個指標用來反應管理層薪酬績效的敏感性，即企業績效超過或低於預期目

標、管理層年薪增加或降低的百分比。此外，管理層更替風險也能起到激勵作用，基於此，我們使用一個虛擬變量來反應管理層更替風險，即若管理層在過去4年內遭受公司解雇或降職，則賦值為1，否則為0。

關於管理層異質性，我們主要關注的是管理層的教育水平、政治關聯和任期。管理層的教育水平主要通過一個虛擬變量反應出來，若管理層的教育水平在本科及以上則賦值為1，否則為0；關於政治關係，它主要反應了政府和企業之間的關聯性。基於調查問卷相關問題的設置，我們用一個虛擬變量來反應政府與企業之間的政治關係，即若企業管理層屬於政府任命則賦值為1，否則為0；管理層任期是指擔任總經理職務的年數。

3. 控制變量

關於控制變量，我們主要從企業和企業所在城市兩個層面來控制住其他變量對企業創新行為的影響。在企業微觀層面，我們主要控制住了企業收益率、規模、年齡和所有制性質對企業創新行為的影響。關於企業收益率，我們主要用主營業務利潤/主營業務收入來控制收益率對企業創新行為的影響；關於企業規模，我們利用企業員工數量的自然對數來控制企業規模對企業創新行為的影響（Lin et al., 2011）；關於企業年齡，我們利用企業自成立以來的年數來反應企業的年齡並控制其對企業創新行為的影響；關於所有制，我們利用系列虛擬變量來控制所有制對企業創新行為的影響（Choi et al., 2011）。需要說明的是，在本研究中所有制類型主要包括國有制、集體所有制、股份合作制、有限責任制、股份制、私有制、港澳臺投資企業、外商投資企業以及其他九大類。對於企業所在城市的宏觀層面，我們主要控制了地方保護主義、本地市場規模、本地區生產總值以及高等教育機構數量等對企業創新行為的影響。地方保護主義反應了地區市場競爭的程度，同時也會加劇地區內競爭的程度，而競爭往往能夠驅動企業創新。我們利用企業關於地方保護主義對其營運和成長影響的評價程度來測度地方保護主義。根據地方保護主義影響的嚴重程度，分為五個等級，按從低到高分別賦值0、1、2、3和4；關於本地市場規模、經濟增長和高等教育機構數量，我們則分別利用企業所在城市總人口數的自然對數、城市生產總值對數和高等教育機構個數來反應。此外，我們還控制了地區效應，以捕捉省份差異的影響。

三、計量方法

為了驗證管理層風險激勵模式、異質性和企業創新行為之間的關聯性，遵循以往相關文獻的經驗（Coles et al., 2006；Chen & Miller, 2007；Lin et al.,

2011），我們使用 Probit 模型和 Tobit 模型作為本研究的估計模型。首先，我們使用 Probit 模型來探究企業 R&D 投資決策的潛在決定性因素。企業 R&D 投資決策的概率函數可以表示為：

$$\Pr（RD\_decide=1）= F（X, \beta）$$

其中 F(·) 表示標準分佈的累積分佈函數（CDF），它可以表示為 $F(z) = \Phi(z) = \int_{-\infty}^{z} \varphi(v) dv$，其中 $\varphi(v)$ 表示標準正態分佈的概率密度函數。X 表示系列的變量，其中包括解釋變量和控制變量。解釋變量包括反應管理層風險激勵模式和異質性的系列變量，控制變量包括企業層面和城市層面的系列控制變量。參數集 β 反應了 X 變化對概率的影響。

其次，由於 R&D 強度在零值處出現左截尾，因此我們利用 Tobit 模型來探究企業 R&D 強度的潛在決定性因素。企業 R&D 強度的 Tobit 模型可以表示為：

$$RD\_intensi^* = F(X, \beta)$$

$$當\ RD\_intensi^* = \begin{cases} 0, & 當\ RD\_intensi^* \leq 0\ 時 \\ RD\_intensi^* & 當\ RD\_intensi^* > 0\ 時 \end{cases}$$

RD_intensi 表示企業沒有 R&D 強度或者企業 R&D 投入強度為正。其他參數含義與上述相同。

第四節　實證分析

一、企業創新行為影響因素迴歸分析

表 7-3 匯報了企業 R&D 投資決策和強度影響因素的 Probit 和 Tobit 迴歸結果。其中第（1）列至第（3）列顯示的管理層風險激勵模式和異質性對企業 R&D 投資決策影響的 Probit 迴歸，第（4）列至第（6）列顯示的是管理層風險激勵模式和異質性對企業 R&D 強度影響的 Tobit 迴歸。表 7-3 中的各列顯示，薪酬差距（Salary_gap）、管理層薪酬與企業績效掛勾（Incentive）、管理層薪酬績效敏感性（Delta）以及管理層更替風險（Turnover）的系數在 1% 的水平上顯著為正，這意味著管理層風險激勵越強，企業越傾向於投資 R&D 和提高 R&D 強度。

顯然，從數據迴歸結果來看，在中國，管理層風險激勵與企業創新行為之間呈現正向關係。在其他條件相同的情況下，管理層風險激勵的力度越大，企業創新的傾向和力度就會越大，說明風險激勵會誘導管理層偏好於高風險項

目。這與 Shen 和 Zhang（2013）的觀點是一致的。他們認為風險激勵會誘導管理者承擔高風險的 R&D 項目，但他們進一步指出風險激勵會導致管理層對 R&D 項目過度投資。事實上，風險激勵會使得管理層將所有的精力集中於如何提高企業的績效。面對當前激烈的市場競爭，若無其他非正式手段，那麼企業唯有通過創新這種正式的市場競爭手段才能獲得持續的競爭優勢和維持穩定的市場份額。因此，R&D 投資將會直接決定企業的未來績效。Eberhart 等（2004）指出，增加 R&D 支出將會為企業帶來超額的后續經營績效。但是 R&D 投資是長期的，而且還會妨礙企業當前收益。除此以外，創新還存在高風險，包括創新成果商業化風險和非排他性風險等。因此，厭惡風險的管理者通常會減少 R&D 項目投資，而關注企業短期績效，從而誘發管理層短視行為。基於此，有效的激勵機制設計是緩解這種行為的重要手段之一。本章研究表明，管理層更替風險可以促進企業的創新行為，從而結束短視行為。因為，從長遠來看，管理層短視行為將不利於企業績效，還能揭示出管理層能力不足，從而給管理層聲譽帶來負面影響，而管理層更替風險則意味著若管理層能力不足，則其面臨著解雇的風險，這種風險激勵模式在某種程度上約束了管理層的短視行為。此外，管理層薪酬與績效掛鉤及其薪酬績效敏感性會激勵管理者從事風險行為以消除管理層財富的下行風險（Downside risk）。Sanders 和 Hambrick（2007）的研究表明，薪酬與績效掛鉤和薪酬績效敏感性會激勵管理層做出風險更大的項目投資決策。而本章實證結論則表明，薪酬與績效掛鉤和薪酬績效敏感性會促使管理層做出 R&D 投資決策，並增加 R&D 投資強度。當然，與過「安定生活」的管理層和普通員工相比，做出企業創新決策的管理層通常要承擔更多的責任和風險，因此，他們理應享受更高的回報。本章的實證結果顯示薪酬差距對企業創新行為有著顯著的激勵作用，這一結論亦符合競標賽理論，否則大鍋飯制度只能弱化管理層創新的動力。

關於管理層的異質性，首先，政治關聯（Official）的系數在 1% 的水平上顯著為負，這意味著政府指派的管理層更傾向於規避 R&D 投資和降低 R&D 投資強度。這表明本章研究假設 H2c 是成立的。可能的原因是，政府任命的管理層通常具有企業家和政治家的雙重身分（存在「旋轉門」的現象），他們通常缺少創新的足夠激勵，因為他們可以通過非正式手段獲得市場特權並打壓其他競爭者（李后建，2013），因此政治關聯會在一定程度上抑制企業創新行為。其次，陳守明等（2011）認為管理層任期與 R&D 強度呈現倒 U 形的曲線關係。本章的迴歸結果顯示，管理層任期（Tenure）和管理層任期二次項（Tenuresq）的系數在 10% 的水平上都是顯著的，進一步驗證了管理層任期與

R&D 投資決策和投資強度之間呈現倒 U 形的曲線關係，同時表明本章研究假設 H2a 是成立的。較長的任期有助於管理層建構通暢的交流渠道和信息分享機制，提高對外界環境的識別能力，從而激勵管理層關注長期的 R&D 投資。但是隨著任期的延長，這種激勵效應會降低，一旦超過某個臨界值時，反而會失去了其應有的激勵作用。其原因主要有兩個方面，其一是，任期過長可能會使得管理層過分強調企業的穩定和效率而陷入「管理僵化」和「記憶僵化」的狀態，並過於自信而降低了其繼續增加 R&D 投資的熱情（Hambrick & Fukutomi, 1991）；其二是，隨著任期的延長，管理層可能預期到自己卸任的期限越來越短，此時管理層可能更注重短期經營，而極可能忽視長期的 R&D 投資。最后，管理層教育水平（Education）的系數在 1% 的水平顯著為正，這意味著教育水平越高的管理層越傾向於 R&D 投資和提高 R&D 強度。這是因為教育可以提高管理者的認知複雜度和信息處理能力，從而增強他們吸收新理念的能力，以便於接受變革和創新。這一研究結論與文芳（2008）的研究結論是一致的，即教育水平越高的管理層通常有更開闊的決策眼界，從而有利於增強企業的創新活力。

表 7-3　企業 R&D 投資決策和 R&D 強度影響因素的 Probit 和 Tobit 迴歸

	(1)	(2)	(3)	(4)	(5)	(6)
	PROBIT MODEL			TOBIT MODEL		
Salary_gap	0.0130***	0.0131***	0.0103***	0.0004***	0.0004***	0.0003***
	(0.0020)	(0.0021)	(0.0020)	(0.0001)	(0.0001)	(0.0001)
Incentive	0.3375***	0.3200***		0.0105***	0.0099***	
	(0.0150)	(0.0157)		(0.0006)	(0.0006)	
Delta			0.0658***			0.0018***
			(0.0040)			(0.0001)
Turnover	0.1494***	0.1603***	0.1680***	0.0047***	0.0046***	0.0046***
	(0.0174)	(0.0189)	(0.0188)	(0.0006)	(0.0007)	(0.0007)
Official		−0.1541***	−0.1602***		−0.0043***	−0.0046***
		(0.0263)	(0.0262)		(0.0010)	(0.0010)
Tenure		0.0254***	0.0250***		0.0005***	0.0005***
		(0.0040)	(0.0040)		(0.0001)	(0.0001)
Tenuresq		−0.0683***	−0.0661***		−0.0012*	−0.0011*
		(0.0185)	(0.0182)		(0.0006)	(0.0006)
Education		0.2568***	0.2800***		0.0113***	0.0122***
		(0.0221)	(0.0219)		(0.0009)	(0.0009)

表7-3(續)

	(1)	(2)	(3)	(4)	(5)	(6)
	\multicolumn{3}{c}{PROBIT MODEL}	\multicolumn{3}{c}{TOBIT MODEL}	
ROS	1.1621***	1.1920***	1.1938***	0.0461***	0.0470***	0.0473***
	(0.0469)	(0.0504)	(0.0501)	(0.0017)	(0.0018)	(0.0018)
Firm_size	0.2546***	0.2417***	0.2452***	0.0051***	0.0046***	0.0047***
	(0.0056)	(0.0059)	(0.0059)	(0.0002)	(0.0002)	(0.0002)
Firm_age	0.0001	0.0002	0.0004	−0.00004*	−0.00004*	−0.00004*
	(0.0006)	(0.0006)	(0.0007)	(0.00002)	(0.00002)	(0.00002)
Local_pro	0.0552***	0.0502***	0.0563***	0.0014***	0.0012***	0.0014***
	(0.0071)	(0.0075)	(0.0074)	(0.0003)	(0.0003)	(0.0003)
Population	0.2009***	0.2133***	0.2236***	0.0029***	0.0032***	0.0036***
	(0.0145)	(0.0152)	(0.0150)	(0.0005)	(0.0006)	(0.0006)
地區生產總值	0.0564***	0.0446***	0.0399***	0.0024***	0.0021***	0.0020***
	(0.0127)	(0.0133)	(0.0132)	(0.0005)	(0.0005)	(0.0005)
University	−0.0101	−0.0110	−0.0077	0.0015***	0.0014***	0.0014***
	(0.0083)	(0.0087)	(0.0087)	(0.0003)	(0.0003)	(0.0003)
所有制效應	Yes	Yes	Yes	Yes	Yes	Yes
地區效應	Yes	Yes	Yes	Yes	Yes	Yes
Constant	−3.3477***	−3.5788***	−3.5305***	−0.0894***	−0.0974***	−0.0965***
	(0.0919)	(0.0989)	(0.0980)	(0.0035)	(0.0037)	(0.0037)
Pseudo R^2	0.1156	0.1189	0.1165	0.0698	0.0743	0.0722
觀測值	32,744	32,744	32,744	32,744	32,744	32,744

註：Probit 和 Tobit 迴歸是基於標準的極大似然估計，括號內（ ）表示異方差穩健的標準誤差，聚類隸屬變量為企業。*、** 和 *** 分別表示在10%、5%和1%的水平上顯著。

關於控制變量，我們也獲得了一些有趣的發現。首先，企業績效（ROS）和企業規模（Firm_size）的系數在1%的水平上顯著為正，意味著較好的企業績效和更大的企業規模有助於推動企業創新。其次，在10%的水平上，企業年齡（Firm_age）對 R&D 投資決策的影響並不明顯，但對 R&D 投資強度具有顯著的負面影響。這是因為隨著企業年齡的增長，企業可能開始擅長執行原有的慣例，並對企業先前的技術能力表現出過度自信的狀態，以致企業陶醉於原有的技術優勢，而陷入「能力陷阱」。因此，年齡較大的企業由於惰性的原因可能會減少嘗試創新的機會。最後，就宏觀層面而言，地方保護主義對企業創新

行為有顯著的促進作用，這意味著地方競爭的激烈程度會有效激勵企業創新行為；城市人口規模對企業創新行為也有顯著的促進作用，這表明本地市場規模對企業創新有顯著的正向本土市場效應。城市經濟增長的系數顯著為正，這表明本地經濟增長對企業創新行為有顯著的促進作用；在10%的水平上，高等教育機構數量對企業R&D投資決策的影響並不明顯，而對R&D投資強度具有顯著的正向影響，這是因為高校集聚可以給本地帶來更多的人才，從而為當地企業創新提供「新鮮血液」。

二、工具變量分析

在本研究中，潛在的內生性問題可能本非一個嚴重的問題。這是因為企業R&D投資決策和強度似乎不太可能影響管理層風險激勵模式和異質性。然而，由於企業某些不可觀測的特徵，企業創新行為與管理層風險激勵制度可能是同時決定的經濟變量（Lin et al., 2011）。管理層風險激勵的內生性會對我們的結果產生兩種影響。首先，模型中的迴歸系數可能是有偏的，其次管理層風險激勵和企業創新行為之間的因果關係難以確定。解決潛在內生性問題的有效辦法就是尋找管理者風險激勵的有效工具變量。但是由於我們利用控制了企業的諸多特徵，例如企業績效、規模、年齡、企業所在城市的地方保護主義程度、本地市場規模、經濟發展水平以及教育發展程度等，因此要找到管理層風險激勵的有效工具變量並非易事。參照相關文獻（Reinnikka & Svensson, 2006; Fisman & Svensson, 2007; Lin et al., 2011），企業所在城市的特徵變量經常作為企業內生特徵變量的工具變量。Fisman和Svensson（2007）使用企業所在地區相關經濟變量的平均值作為工具變量。Lin等（2011）指出在相同地區的企業可能會為爭奪本地市場有能力的管理者而進行激烈競爭。因此，企業在制定風險激勵方案時會參照本地市場競爭者的風險激勵制度。此外，本地市場競爭者的風險激勵制度不太可能對企業創新行為產生直接影響。基於上述判斷，我們將使用企業所在城市的薪酬差距、管理層薪酬與績效掛勾、管理層薪酬績效敏感性、管理層更替風險等平均值作為管理層風險激勵模式的工具變量。企業績效（ROS）也有可能會受到內生性問題的影響，因此，我們利用企業所在地區的行業平均績效作為企業績效的工具變量。利用這些工具變量，我們使用IVProbit和IVTobit迴歸，迴歸結果匯報在表7-4中。

表7-4的迴歸結果顯示，無論是在IVProbit模型還是在IVTobit模型中，Wald外生性檢驗皆拒絕了原假設，這說明管理層風險激勵模式是內生的；此外，第一階段迴歸中所有工具變量的迴歸系數都是顯著的，說明並不存在

「弱工具變量」的問題。因此，這些外生的工具變量有效地識別出了模型中管理層風險激勵存在的內生性問題，即我們擔心的遺漏變量問題在模型中是存在的。不過，在引入工具變量之後，管理層風險激勵對企業創新行為仍有顯著的正向影響，只是影響程度加強了。另外引入工具變量之後，地方保護主義和高校集聚的係數方向雖並無改變，但大部分係數的顯著性發生了明顯變化。這說明，在考慮內生性之後，地方保護主義和高校集聚對企業創新行為的影響發生了一些變化。最後，引入工具變量之後，其他變量的迴歸係數並無顯著變化，同時，我們發現，相對於短期激勵（薪酬差距），長期激勵（包括薪酬與績效掛勾、薪酬績效敏感性和更替風險）的作用（邊際效果）要更加明顯，尤其是企業 R&D 投資強度。

表 7-4　企業 R&D 投資決策和 R&D 強度影響因素的 IVProbit 和 IVTobit 迴歸

	IVProbit			IVTobit		
	(1)	(2)	(3)	(4)	(5)	(6)
Salary_gap	0.0705***	0.0861***	0.0741***	0.0012**	0.0018**	0.0015**
	(0.0221)	(0.0215)	(0.0209)	(0.0006)	(0.0007)	(0.0007)
Incentive	1.1058***	1.1912***		0.0243***	0.0257***	
	(0.1481)	(0.1492)		(0.0053)	(0.0053)	
Delta			0.3021***			0.0056***
			(0.0373)			(0.0012)
Turnover	0.7900***	0.7512***	0.8452***	0.0249***	0.0205**	0.0244**
	(0.2624)	(0.2753)	(0.2798)	(0.0094)	(0.0096)	(0.0098)
Official		−0.0894***	−0.1030***		−0.0028***	−0.0033***
		(0.0304)	(0.0301)		(0.0011)	(0.0010)
Tenure		0.0416***	0.0421***		0.0009***	0.0010***
		(0.0077)	(0.0078)		(0.0003)	(0.0003)
Tenuresq		−0.1195***	−0.1243***		−0.0024**	−0.0026***
		(0.0284)	(0.0285)		(0.0010)	(0.0010)
Education		0.1039***	0.1665***		0.0077***	0.0093***
		(0.0362)	(0.0340)		(0.0013)	(0.0012)
ROS	1.9113***	1.3229***	1.4253***	0.0762***	0.0636***	0.0645***
	(0.4586)	(0.4633)	(0.4663)	(0.0158)	(0.0157)	(0.0158)
Firm_size	0.1740***	0.1630***	0.1681***	0.0033***	0.0029***	0.0031***
	(0.0152)	(0.0151)	(0.0147)	(0.0005)	(0.0005)	(0.0005)

表7-4(續)

	IVProbit			IVTobit		
	(1)	(2)	(3)	(4)	(5)	(6)
Firm_age	-0.0007	0.0007	0.0011	-0.00003	-0.00004	-0.00003
	(0.0008)	(0.0008)	(0.0008)	(0.00003)	(0.00003)	(0.00003)
Local_pro	0.0102	0.0088	0.0294**	0.0002	0.0001	0.0006
	(0.0122)	(0.0125)	(0.0121)	(0.0004)	(0.0004)	(0.0004)
Population	0.1582***	0.1713***	0.2072***	0.0018**	0.0023***	0.0031***
	(0.0208)	(0.0213)	(0.0199)	(0.0007)	(0.0007)	(0.0007)
地區生產總值	0.1100***	0.0652***	0.0423*	0.0040***	0.0028***	0.0024***
	(0.0294)	(0.0218)	(0.0221)	(0.0009)	(0.0008)	(0.0008)
University	-0.0567***	-0.0426***	-0.0335***	0.0003	0.0006	0.0008**
	(0.0131)	(0.0123)	(0.0120)	(0.0005)	(0.0004)	(0.0004)
所有制效應	Yes	Yes	Yes	Yes	Yes	Yes
地區效應	Yes	Yes	Yes	Yes	Yes	Yes
Constant	-3.7842***	-3.8466***	-3.6448***	-0.1010***	-0.1044***	-0.1010***
	(0.1322)	(0.1261)	(0.1232)	(0.0047)	(0.0044)	(0.0043)
Wald外生性檢驗	50.16***	54.75***	63.60***	18.41***	17.37***	19.92***
觀測值	32,744	32,744	32,744	32,744	32,744	32,744

三、分地區和分年度迴歸

為了深入分析管理層風險激勵模式和異質性對企業創新行為的影響，我們還將總體樣本按照所在地區分為東部地區樣本、中部地區樣本和西部地區樣本，按照年份順序分為2002年樣本、2003年樣本和2004年樣本，然後分別進行迴歸（模型同前）。

表7-5　企業R&D投資決策影響因素的分地區迴歸（IVProbit）

	東部		中部		西部	
	(1)	(2)	(3)	(4)	(5)	(6)
Salary_gap	0.0406	0.0393	0.1220**	0.1140**	0.3279***	0.3297***
	(0.0337)	(0.0338)	(0.0568)	(0.0549)	(0.0892)	(0.0874)
Incentive	0.9119***		1.7118***		0.3270**	
	(0.2333)		(0.3350)		(0.1521)	

表7-5(續)

	東部		中部		西部	
	(1)	(2)	(3)	(4)	(5)	(6)
Delta		0.3074***		0.3564***		0.3153***
		(0.0763)		(0.0657)		(0.0649)
Turnover	1.8522***	1.7102***	0.2237	0.0636	1.1125**	1.1346**
	(0.5759)	(0.6383)	(0.4962)	(0.4576)	(0.5232)	(0.5433)
Official	−0.0556**	−0.0536**	−0.1635**	−0.1504**	−0.2010***	−0.2514***
	(0.0216)	(0.0214)	(0.0723)	(0.0727)	(0.0653)	(0.0832)
Tenure	0.0639***	0.0628***	0.0063	0.0002	0.0811***	0.0796***
	(0.0124)	(0.0131)	(0.0170)	(0.0163)	(0.0268)	(0.0296)
Tenuresq	−0.1800***	−0.1806***	−0.0180	−0.0359	−0.2804***	−0.2791**
	(0.0407)	(0.0416)	(0.0703)	(0.0679)	(0.1084)	(0.1214)
Education	0.0906**	0.0908**	0.1043***	0.1964***	0.1927***	0.2506***
	(0.0442)	(0.0453)	(0.0331)	(0.0444)	(0.0413)	(0.0918)
ROS	1.3092*	1.7753**	1.8448**	1.7182**	0.8711***	0.8500***
	(0.7718)	(0.8879)	(0.8663)	(0.8114)	(0.1292)	(0.1301)
Firm_size	0.1717***	0.1706***	0.1109***	0.1546***	0.1028**	0.1252**
	(0.0213)	(0.0217)	(0.0388)	(0.0323)	(0.0510)	(0.0573)
Firm_age	−0.0009	0.0002	0.0056***	0.0037**	0.0022	0.0018
	(0.0014)	(0.0014)	(0.0019)	(0.0018)	(0.0021)	(0.0022)
Local_pro	−0.0008	0.0113	0.0221	0.0630***	0.0260	0.0388
	(0.0201)	(0.0191)	(0.0263)	(0.0233)	(0.0288)	(0.0297)
Population	0.1217***	0.1386***	0.2291***	0.3001***	0.3154***	0.3329***
	(0.0288)	(0.0285)	(0.0497)	(0.0413)	(0.0986)	(0.0943)
地區生產總值	0.1261**	0.0913*	0.0478	0.0362	0.0365	0.0419
	(0.0544)	(0.0504)	(0.0440)	(0.0421)	(0.0957)	(0.0952)
University	−0.0467*	−0.0387	−0.0422	−0.0602**	−0.0037	−0.0042
	(0.0243)	(0.0249)	(0.0269)	(0.0256)	(0.0338)	(0.0346)
所有制效應	Yes	Yes	Yes	Yes	Yes	Yes
地區效應	Yes	Yes	Yes	Yes	Yes	Yes
Constant	−3.9070***	−3.6710***	−3.5034***	−3.5079***	−4.1681***	−4.1130***
	(0.2898)	(0.3391)	(0.3260)	(0.3111)	(0.3226)	(0.3221)

表7-5(續)

	東部		中部		西部	
	（1）	（2）	（3）	（4）	（5）	（6）
Wald 外生性檢驗	33.69***	44.80***	29.73***	29.18***	20.51***	21.49***
觀測值	17,211	17,211	10,241	10,241	5292	5292

　　毋庸置疑，地區差異會導致不同的市場化程度，而市場化程度對企業相關制度的影響已有共識（辛清泉、譚偉強，2009），管理層激勵契約內生於其特有的制度環境，同時也受制於外部環境，尤其是外部市場化程度。對於市場化程度較高的地區，企業之間的競爭程度更大，市場競爭力量會驅動企業設計出風險性激勵契約以滿足激勵相容條件，並誘導管理層做出維持企業競爭優勢且與股東利益一致的相關投資決策，並實現投資預算硬約束。同時，企業也會從市場上找尋合理的管理人才以應對市場競爭。因此，對於市場化程度較高的地區，管理層風險激勵模式和異質性對企業創新行為具有影響。

表 7-6　　企業 R&D 強度影響因素的分地區迴歸（IVTobit）

	東部		中部		西部	
	（1）	（2）	（3）	（4）	（5）	（6）
Salary_gap	0.0009	0.0010	0.0038**	0.0040**	0.0141***	0.3297***
	（0.0011）	（0.0010）	（0.0019）	（0.0019）	（0.0039）	（0.0874）
Incentive	0.0291***		0.0374***		0.0170***	
	（0.0031）		（0.0111）		（0.0063）	
Delta		0.0031***		0.0064***		0.0059***
		（0.0012）		（0.0023）		（0.0017）
Turnover	0.0660***	0.0629***	0.0019	0.0022	0.0424***	0.0463**
	（0.0188）	（0.0207）	（0.0016）	（0.0017）	（0.0137）	（0.0144）
Official	-0.0015*	-0.0014*	-0.0037**	-0.0051**	-0.0062***	-0.0066***
	（0.0008）	（0.0007）	（0.0018）	（0.0020）	（0.0013）	（0.0015）
Tenure	0.0017***	0.0016***	0.0004	0.0004	0.0022***	0.0021***
	（0.0004）	（0.0004）	（0.0006）	（0.0006）	（0.0007）	（0.0007）
Tenuresq	-0.0040***	-0.0039***	-0.0014	-0.0013	-0.0068***	-0.0065***
	（0.0013）	（0.0013）	（0.0024）	（0.0024）	（0.0014）	（0.0014）
Education	0.0067***	0.0076***	0.0082***	0.0112***	0.0124**	0.0126***
	（0.0017）	（0.0015）	（0.0028）	（0.0023）	（0.0054）	（0.0054）

表7-6(續)

	東部		中部		西部	
	(1)	(2)	(3)	(4)	(5)	(6)
ROS	0.0419**	0.0435**	0.0494**	0.0497**	0.0510**	0.0688***
	(0.0211)	(0.0217)	(0.0231)	(0.0243)	(0.0249)	(0.0237)
Firm_size	0.0026***	0.0028***	0.0016**	0.0024**	0.0020**	0.0022**
	(0.0007)	(0.0007)	(0.0007)	(0.0011)	(0.0011)	(0.0012)
Firm_age	-0.00006	-0.00005	0.00011*	0.00007	0.00007	0.00004
	(0.00004)	(0.00004)	(0.00006)	(0.00006)	(0.00009)	(0.00009)
Local_pro	0.0001	0.0001	0.0011	0.0019**	0.0002	0.0003
	(0.0007)	(0.0008)	(0.0009)	(0.0008)	(0.0013)	(0.0013)
Population	0.0004	0.0002	0.0046***	0.0067***	0.0159***	0.0157***
	(0.0010)	(0.0009)	(0.0017)	(0.0015)	(0.0043)	(0.0041)
地區生產總值	0.0089***	0.0086***	0.0008	0.0004	0.0072*	0.0076*
	(0.0018)	(0.0021)	(0.0015)	(0.0015)	(0.0042)	(0.0045)
University	0.0001	0.0001	0.0002	0.0005	0.0015	0.0016
	(0.0008)	(0.0008)	(0.0004)	(0.0009)	(0.0015)	(0.0015)
所有制效應	Yes	Yes	Yes	Yes	Yes	Yes
地區效應	Yes	Yes	Yes	Yes	Yes	Yes
Constant	-0.1147***	-0.1138***	-0.0947***	-0.0995***	-0.1382***	-0.1387***
	(0.0097)	(0.0110)	(0.0109)	(0.0109)	(0.0141)	(0.0140)
Wald外生性檢驗	16.70***	18.80***	16.55***	17.13***	16.12***	16.64***
觀測值	17,211	17,211	10,241	10,241	5292	5292

從表7-6和表7-7匯報的迴歸結果可以看出，在市場化程度較高的東部地區，薪酬差距對企業創新行為的影響並不明顯，而在中部和西部，薪酬差距對企業創新行為有顯著的促進作用，通過邊際效應比較，西部地區的作用程度要大於東部。出現這種現象的原因在於薪酬差距實際上體現的是一種短期激勵，市場化程度較低地區的管理層可能更關注短期報酬。唐清泉、甄麗明(2009)提出：中國企業管理層自身財富和財力還處於累積階段，短期激勵更有利於誘導管理層投資R&D。基於這個結論，我們認為短期激勵與企業創新行為之間的關係會受到市場化程度的干擾。與薪酬差距影響不同的是，薪酬與

績效掛勾對企業創新行為的影響表現為市場化程度較高的東中部地區大於市場化程度較低的西部地區，更替風險對企業創新行為的影響表現為市場化程度較高的東部地區大於市場化程度較低的中部和西部地區。而薪酬績效敏感性對企業創新行為的影響在不同地區並無明顯差別。從上述論斷，我們可以初步斷定，對於市場化程度較高的地區，短期激勵對企業創新行為的影響要弱於長期激勵，而市場化程度較低的地區則剛好相反。

表 7-7　企業 R&D 投資決策影響因素的分年份迴歸（IVProbit）

	2002 年		2003 年		2004 年	
	(1)	(2)	(3)	(4)	(5)	(6)
Salary_gap	0.0648***	0.0447**	0.0486***	0.0363**	0.0704***	0.0688***
	(0.0220)	(0.0208)	(0.0189)	(0.0171)	(0.0190)	(0.0186)
Incentive	1.0787***		1.0732***		1.1077***	
	(0.1578)		(0.1436)		(0.1470)	
Delta		0.2937***		0.3129***		0.2824***
		(0.0403)		(0.0380)		(0.0367)
Turnover	0.9559***	1.0927***	0.7119***	0.8078***	0.8163***	0.9391***
	(0.3543)	(0.3693)	(0.2833)	(0.2994)	(0.2663)	(0.2718)
Official	−0.0806**	−0.0841**	−0.0976**	−0.1027**	−0.0930**	−0.1108**
	(0.0397)	(0.0400)	(0.0493)	(0.0510)	(0.0412)	(0.0473)
Tenure	0.0375***	0.0405***	0.0410***	0.0401***	0.0468***	0.0436***
	(0.0096)	(0.0098)	(0.0099)	(0.0103)	(0.0112)	(0.0112)
Tenuresq	−0.1166***	−0.1291***	−0.1122***	−0.1109***	−0.1313***	−0.1210***
	(0.0422)	(0.0428)	(0.0405)	(0.0417)	(0.0421)	(0.0419)
Education	0.0998**	0.1422***	0.1016**	0.1249**	0.0987**	0.1382***
	(0.0473)	(0.0527)	(0.0478)	(0.0489)	(0.0410)	(0.0469)
ROS	2.2886***	2.9933***	2.7194***	3.8690***	2.1529***	2.7503***
	(0.7186)	(0.7229)	(0.5701)	(0.5911)	(0.4558)	(0.4502)
Firm_size	0.1473***	0.1517***	0.1799***	0.1808***	0.1814***	0.2030***
	(0.0190)	(0.0188)	(0.0171)	(0.0172)	(0.0165)	(0.0144)
Firm_age	0.0007	0.0006	0.0002	0.0001	−0.0009	−0.0014
	(0.0015)	(0.0015)	(0.0013)	(0.0014)	(0.0013)	(0.0013)
Local_pro	0.0288	0.0475**	0.0261	0.0413**	−0.0023	0.0253
	(0.0198)	(0.0199)	(0.0177)	(0.0181)	(0.0177)	(0.0171)

表7-7(續)

	2002年		2003年		2004年	
	(1)	(2)	(3)	(4)	(5)	(6)
Population	0.1562***	0.1781***	0.1663***	0.1883***	0.1629***	0.1669***
	(0.0341)	(0.0343)	(0.0302)	(0.0304)	(0.0298)	(0.0285)
地區生產總值	0.0778**	0.0655**	0.0874***	0.0864***	0.0958***	0.1137***
	(0.0326)	(0.0338)	(0.0299)	(0.0311)	(0.0287)	(0.0276)
University	-0.0470*	-0.0449**	-0.0546***	-0.0631***	-0.0592***	-0.0505***
	(0.0198)	(0.0201)	(0.0184)	(0.0191)	(0.0172)	(0.0171)
所有制效應	Yes	Yes	Yes	Yes	Yes	Yes
地區效應	Yes	Yes	Yes	Yes	Yes	Yes
Constant	-3.7778***	-3.6655***	-4.0059***	-3.9771***	-4.0976***	-3.9816***
	(0.2031)	(0.2067)	(0.1994)	(0.2058)	(0.1960)	(0.1960)
Wald外生性檢驗	52.44***	71.15***	54.42***	83.53***	66.58***	76.81***
觀測值	9432	9432	11,176	11,176	12,136	12,136

　　關於管理層異質性，首先，政治關係對企業創新行為的影響隨著市場化程度的提高而逐漸弱化（邊際效應在遞減），這意味著市場化程度弱化了政治關係對企業創新行為的負面影響。在市場化程度較低的中西部地區，有政治關係的企業可能承擔了更多的責任，因此分散了它們進行企業創新的精力。此外，相對於市場化程度較高的東部地區，中西部地區企業之間的競爭激烈程度較低，具有政治關係的企業缺少足夠的創新激勵。其次，管理層任期在東部和西部呈現明顯的倒U形曲線關係，而在中部地區則並不明顯。此外，管理層在東部地區的任期拐點要大於西部地區的拐點。這意味著相對於西部地區的企業而言，東部地區企業更加關注投資週期更長的R&D項目。最后，管理層教育水平對企業創新行為的影響隨著市場化程度的提高而逐漸弱化，這意味著市場化程度弱化了教育水平對企業創新行為的正向影響。產生這一現象的原因在於中國不同地區的教育水平存在顯著的差異性。在市場化程度較高的東部地區，高教育水平人才分佈比較密集，而市場化程度較低的中部和西部地區，高教育水平的人才則相對匱乏，因此教育水平對中西部地區創新行為的邊際貢獻要更大。

表 7-8　　企業 R&D 強度影響因素的分年份迴歸（IVTobit）

	2002 年		2003 年		2004 年	
	（1）	（2）	（3）	（4）	（5）	（6）
Salary_gap	0.0016**	0.0010	0.0011*	0.0006	0.0014**	0.0013**
	(0.0009)	(0.0008)	(0.0006)	(0.0006)	(0.0006)	(0.0006)
Incentive	0.0315***		0.0262***		0.0200***	
	(0.0068)		(0.0052)		(0.0048)	
Delta		0.0074***		0.0066***		0.0046***
		(0.0016)		(0.0013)		(0.0011)
Turnover	0.0327**	0.0330**	0.0219**	0.0215**	0.0194**	0.0206**
	(0.0150)	(0.0154)	(0.0101)	(0.0104)	(0.0086)	(0.0088)
Official	-0.0024**	-0.0028**	-0.0025**	-0.0028**	-0.0022**	-0.0027**
	(0.0011)	(0.0011)	(0.0012)	(0.0010)	(0.0011)	(0.0012)
Tenure	0.0009**	0.0009**	0.0010***	0.0009***	0.0010***	0.0009**
	(0.0004)	(0.0004)	(0.0004)	(0.0004)	(0.0004)	(0.0004)
Tenuresq	-0.0025*	-0.0026*	-0.0027*	-0.0024*	-0.0023*	-0.0021*
	(0.0013)	(0.0014)	(0.0014)	(0.0015)	(0.0013)	(0.0012)
Education	0.0065***	0.0082***	0.0059***	0.0068***	0.0055***	0.0068***
	(0.0023)	(0.0023)	(0.0018)	(0.0018)	(0.0016)	(0.0016)
ROS	0.1291***	0.1482***	0.1469***	0.1746***	0.1208***	0.1311***
	(0.0302)	(0.0301)	(0.0202)	(0.0205)	(0.0147)	(0.0147)
Firm_size	0.0021***	0.0025***	0.0029***	0.0032***	0.0029***	0.0035***
	(0.0008)	(0.0008)	(0.0006)	(0.0006)	(0.0005)	(0.0005)
Firm_age	-0.000,07	-0.000,07	-0.000,08*	-0.000,08*	-0.000,09**	-0.000,10***
	(0.000,06)	(0.000,06)	(0.000,04)	(0.000,04)	(0.000,04)	(0.000,04)
Local_pro	0.0007	0.0013	0.0003	0.0008	-0.0001	0.0005
	(0.0008)	(0.0008)	(0.0006)	(0.0006)	(0.0006)	(0.0005)
Population	0.0018	0.0027*	0.0018*	0.0024**	0.0017*	0.0018**
	(0.0015)	(0.0014)	(0.0010)	(0.0011)	(0.0010)	(0.0009)
地區生產總值	0.0044***	0.0040***	0.0036***	0.0034***	0.0035***	0.0039***
	(0.0014)	(0.0014)	(0.0011)	(0.0011)	(0.0009)	(0.0009)
University	-0.0005	-0.0004	-0.0004	-0.0005	-0.0004	-0.0002
	(0.0008)	(0.0009)	(0.0007)	(0.0007)	(0.0006)	(0.0006)

表7-8(續)

	2002年		2003年		2004年	
	(1)	(2)	(3)	(4)	(5)	(6)
所有制效應	Yes	Yes	Yes	Yes	有	有
地區效應	Yes	Yes	Yes	Yes	有	有
Constant	-0.1218***	-0.1190***	-0.1120***	-0.1096***	-0.1039***	-0.1023***
	(0.0087)	(0.0087)	(0.0071)	(0.0072)	(0.0063)	(0.0064)
Wald外生性檢驗	34.94***	39.10***	45.96***	58.29***	62.07***	67.58***
觀測值	9432	9432	11,176	11,176	12,136	12,136

最后需要說明的是，關於不同年份的子樣本迴歸結果顯示（具體見表7-7和表7-8），管理層風險激勵模式和異質性對企業創新行為的影響在不同年份並無明顯差異，從而印證了本章研究結果的穩健性。

四、穩健性迴歸策略

為了檢驗前面迴歸結果是否具有穩健性，我們進行了以下穩健性檢測：第一，我們進行弱內生性樣本迴歸檢驗，即剔除了極端值的影響，將變量位於平均數調整的正負三倍標準差以外的觀測值予以刪除，同時剔除了主營業務利潤率為負的企業樣本，經過上述篩選后，我們對先前設定的模型重新進行迴歸，迴歸結果與先前的迴歸結果是一致的。第二，我們採納Frölich和Melly（2012）的建議，在處理內生性的情況下，對設定模型進行無條件分位數處理效應估計[①]，得到的估計結果與先前的迴歸結果並無明顯差異。由此說明，本章的迴歸結果具有較強的穩健性。

第五節　結論與政策內涵

本章基於2005年世界銀行關於中國2002—2004年31個省121個城市的12,136家企業的投資環境調查數據。通過建立Probit和Tobit計量模型，從管理層風險激勵模式、異質性和企業創新行為的角度探討了股東和管理者之間的委託代理關係。本章的證據表明，管理層風險激勵對企業創新行為有明顯的誘

---

① Stata軟件中的迴歸估計命令為ivqte。

导作用，但不同的風險激勵模式所起的作用是不一致的。總體而言，短期激勵對企業創新行為的作用效果要遜於長期激勵。而對於管理層異質性對企業創新行為的影響而言，首先，具有政治關係的企業更傾向於規避企業創新和降低創新力度，說明政治關係抑制了企業創新行為。其次，管理層任期與企業創新行為之間呈現倒 U 形曲線關係，即隨著管理層任期的延長，激勵效應會逐漸減少，一旦超過某個臨界值，反而會失去其應有的激勵作用。在引入工具變量之後，這種倒 U 形曲線關係仍然顯著。最后，教育水平越高的管理層，越傾向於企業創新。

考慮管理層風險激勵模式可能存在的內生性，我們使用企業所在城市風險激勵的平均值作為企業風險激勵的工具變量，通過 Wald 外生性檢驗發現，管理層風險激勵是內生的，引入工具變量之後，本章關注的主要變量的系數方向和顯著性並無顯著變化，但邊際效應更強了。

接下來，我們將樣本分為東部、中部和西部三個子樣本，通過工具變量迴歸分析后發現，管理層風險激勵模式與企業創新行為的具體關係表現為：市場化程度較高的地區，短期激勵對企業創新行為的影響要弱於長期激勵，而市場化程度較低的地區則剛好相反。而管理層異質性和企業創新行為之間的關係表現為，政治關係對企業創新行為的影響隨著市場化程度的提高而逐漸弱化。管理層任期在東部和西部呈現顯著的倒 U 形曲線關係，而在中部地區則並不明顯，需要強調的是東部地區企業管理層的任期拐點要明顯長於西部地區，這意味著相對於西部地區而言，東部地區可能會更關注投資週期較長的企業創新項目。此外，遵循教育水平的邊際貢獻遞減規律，管理層教育水平隨著市場化程度的提高而對企業創新行為影響的程度在逐漸弱化。

隨后，我們按年份將樣本分為三個子樣本，通過工具變量迴歸分析發現，管理層風險激勵模式和異質性對企業創新行為的影響在不同的年份並無明顯差異，從而印證了本章研究結果的穩健性。

針對當前經濟轉型的關鍵時期，中國正在步入以知識為基礎、創新為手段的市場經濟體。企業原有的慣例和過度自信可能會使得企業脫離當前的市場環境，陷入記憶僵化的困局，這將不利於中國經濟的成功轉型。基於上述背景，本章的研究結論有著極其重要的政策含義。我們的研究表明，管理層風險激勵在一定程度上能夠有效緩解中國企業管理層的短視問題，增加企業創新傾向和創新力度，同時這也促進了企業長期發展，符合中國經濟轉型的趨勢。但需要注意的是，隨著市場化程度的提高，企業設計出長期的風險激勵契約將更有利於推動企業進行創新。其次，市場化程度提高了管理層的激勵水平，同時弱化

了政治關係對企業創新行為的抑製作用。因此，中國市場化改革推動將有利於開闊企業投資眼界。但是如果希冀市場化改革來切實推動企業創新行為，政府首先應該解除對企業的干預和保護，讓有政治關係的企業接受市場化制度的安排，否則在政府的強烈干預下，企業難以打破創新兩難的僵局。

參考文獻：

［1］Hall, B. H. and Lerner, J. (2010). The Financing of R&D and Innovation, Handbook of the Economics of Innovation, Elsevier-North Holland.

［2］Dong, J. and Gou, Y. N. (2010). Corporate Governance Structure, Managerial Discretion, and the R&D Investment in China［J］. International Review of Economics and Finance, 19 (2): 180-88.

［3］Makri, M., Lane, P. J., & Gomez-Mejia, L. (2006). CEO Incentives, innovation, and performance in technology – intensive firms［J］. Strategic Management Journal, 27 (11): 1057-1080.

［4］姜濤，王懷明．高管激勵對高新技術企業 R&D 投入的影響［J］．研究與發展管理，2012，24（4）：53-60.

［5］Lin, C., Lin, P., Song, F. M., Li, C. (2011). Managerial incentives, CEO characteristics and corporate innovation in China's private sector［J］. Journal of Comparative Economics, 39: 176-190.

［6］Shen, C. Hsin-han., Zhang, H. (2013). CEO risk incentives and firm performance following R&D increases［J］. Journal of Banking & Finance, 37: 1176-1194.

［7］Barker, V., Mueller, G. (2002). CEO characteristics and firm R&D spending［J］. Management Science 48: 782-801.

［8］Stein, J. C. (1988). Takeover Threats and Managerial Myopia［J］. Journal of Political Economy, 96: 61-79.

［9］Bertrand, M., and Mullainathan, S. (2003). Enjoying the Quiet Life? Corporate Governance and Managerial Preferences［J］. Journal of Political Economy, 111: 1043-1075.

［10］Cyert, R. M., March, J. G. (1992). A Behavioral Theory of the Firm, 2nd ed. Prentice Hall, Englewood Cliffs, NJ.

[11] Gavetti, G., Greve, H. R., Levinthal, D. A., Ocasio, W. (2012). The behavioral theory of the firm: assessment and prospects [J]. The Academy of Management Annals, 6 (1): 1-40.

[12] Jensen, M. C., Meckling, W. H. (1976). Theory of the firm: managerial behavior, agency costs and ownership structure [J]. Journal of Financial Economics, 3: 305-360.

[13] Wright, P., Kroll, M., Krug, J. A., & Pettus, M. (2007). Influences of top management team incentives on firm risk taking [J]. Strategic Management Journal, 28 (1): 81-89.

[14] Balkin D. B., Markman, G. D., and Gomez-Mejia, L. (2000). Is CEO Pay in High-Technology Firms Related to Innovation? [J]. Academy of Management Journal, 43 (6): 1118-1129.

[15] Tosi, H., Werner, S., Katz, J., and Gomez-Mejia, L. (2000). How much does performance matter? A meta-analysis of CEO pay studies [J]. Journal of Management, 26 (2): 301-339.

[16] Coles, J., Danniel, N., Naveen, L. (2006). Managerial incentives and risk-taking [J]. Journal of Financial Economics, 79: 431-468.

[17] Core, J. E., Guay, W. R., & Larcker, D. F. (2003). Executive equity compensation and incentives: A survey [J]. Economics and Policy Review, 9 (1): 27-50.

[18] Demerjian, P., Lewis, M., Lev, B., McVay, S., 2012. Quantifying Managerial ability: A New Measure and Validity Tests [J]. Management Science, 58 (7): 1229-1248.

[19] Larraza-Kintana, M., Wiseman, R. M., Gomez-Mejia, L. R., & Welbourne, T. M. (2007). Disentangling compensation and employment risks using the behavioral agency model [J]. Strategic Management Journal, 28 (10): 1001-1019.

[20] Baysinger, B. D., & Hoskisson, R. E. (1989). Diversification strategy and R&D intensity in large multi-productfirms [J]. Academy of Management Journal, 32 (2): 310-332.

[21] Chang, E., Wong, S. (2004). Political control and performance in China's listed firms [J]. Journal of Comparative Economics, 32: 617-636.

[22] 王燕妮. 高管激勵對研發投入的影響研究——基於中國製造業上市公司的實證檢驗 [J]. 科學學研究, 7: 1071-1078.

[23] Antia, M., Pantzalis, C., and Park, J. C. (2010). CEO decision horizon and firm performance: An empirical investigation [J]. Journal of Corporate Finance, 16: 288-301.

[24] Dechow, P., and Sloan, R. (1991). Executive Incentives and the Horizon Problem: An Empirical Investigation [J]. Journal of Accounting and Economics, 14: 51-89.

[25] Mannix E., and Loewenstein, G. (1994). The Effects of Interfirm Mobility and Individual versus Group Decision Making on Managerial Time Horizons [J]. Organizational Behavior and Human Decision Processes, 72: 256-279.

[26] Miller, D. (1991). Stale in the saddle: CEO tenure and the match between organization and environment [J]. Management Science, 37: 34-52.

[27] Agrawal, A., Knoeber, C. (2001). Do some outside directors play a political role? [J]. The Journal of Law and Economics, 44: 179-198.

[28] Khuaja, A., Mian, A. (2005). Do lenders favor politically connected firms? Rent provision in an emerging financial market [J]. Quarterly Journal of Economics, 120: 1371-1411.

[29] Claessens, S., Feijen, E., Laeven, L. (2008). Political connections and preferential access to finance: the role of campaign contributions [J]. Journal of Financial Economics, 88 (3): 554-580.

[30] Faccio, M., Masulis, R., McConnell, J. (2006). Political connections and corporate bailouts [J]. The Journal of Finance, 61: 2597-2635.

[31] Li, Hongbin, Meng, Lingsheng, Wang, Qian, Zhou, Li-An. (2008). Political connections, financing and firm performance: evidence from Chinese private firms [J]. Journal of Development Economics, 87 (2): 283-299.

[32] Cohen, W., Klepper, S. (1996). A reprise of size and R&D [J]. Economic Journal, 106: 925-952.

[33] Choi, S. B., Lee, S. H., Williams, C. (2011). Ownership and firm innovation in a transition economy: Evidence from China [J]. Research Policy, 40: 441-452.

[34] Cohen, W. M. and Levinthal, D. A. (1990). Absorptive Capacity: A New Perspective on Learning and Innovation [J]. Administrative Science Quarterly, 35 (1): 128-152.

[35] Chen, W. R., Miller, K. D. (2007). Situational and institutional deter-

minants of firms' R&D search intensity [J]. Strategic Management Journal, 28 (4): 369-381.

[36] Argyres, N. S., Brain, S. S. (2004). R&D, organization structure, and the development of corporate technological knowledge [J]. Strategic Management Review, 25: 929-958.

[37] Lerner, J., Wulf, J. (2007). Innovation and incentives: Evidence from corporate R&D [J]. Review of Economics and Statistics, 89: 634-644.

[38] Hall, B., Jaffe, A., Trajtenberg, M. (2001). The NBER Patent Citation Data File: Lessons, Insights, and Methodological Tools. NBER Working Paper No. 8498.

[39] Czarnitzki, D. (2005). The extent and evolution of productivity deficiency in Eastern Germany [J]. Journal of Productivity Analysis, 24: 209-229.

[40] Cassiman, B., Veugelers, R. (2006). In search of complementarity in innovation strategy: internal R&D and external knowledge acquisition [J]. Management Science, 52: 68-82.

[41] Sanders, W. G. (2001). Behavioral responses of CEO's to stock ownership and stock option pay [J]. Academy of Management Journal, 44 (3): 477-492.

[42] Wright, P., Kroll, M., Lado, A., & Van Ness, B. (2002). The structure of ownership and corporate acquisition strategies [J]. Strategic Management Journal, 23 (1): 41-53.

[43] Eberhart, A. C., Maxwell, W. F., and Siddique, A. R. (2004). An examination of long-term abnormal stock returns and operating performance following R&D increases [J]. Journal of Finance, 59: 623-651.

[44] Sanders, W. G., Hambrick, D. C. (2007). Swinging for the fences: The effects of CEO stock options on company risk taking and performance [J]. Academy of Management Journal, 50 (5): 1055-1078.

[45] 李后建. 市場化、腐敗與企業家精神 [J]. 經濟科學, 2013, 193 (1): 99-111.

[46] 陳守明, 簡濤, 王朝霞. CEO 任期與 R&D 強度: 年齡和教育層次的影響 [J]. 科學學與科學技術管理, 2011, 32 (6): 159-165.

[47] 文芳. 股權集中度、股權制衡與公司 R&D 投資——來自中國上市公司的經驗證據 [J]. 南方經濟, 2008 (4): 41-52.

[48] Hambrick, D. C., Fukutomi, G. D. S. (1991). The Seasons of a CEO's tenure [J]. Academy of Management Review, 16: 719-742.

[49] Reinnikka, R., Svensson, J. (2006). Using micro-surveys to measure and explain corruption [J]. World Development, 34: 359-370.

[50] Fisman, R., Svensson, J. (2007). Are corruption and taxation really harmful to growth? Firm level evidence [J]. Journal of Development Economics, 83: 63-75.

[51] 辛清泉, 譚偉強. 市場化改革、企業業績與國有企業經理薪酬 [J]. 經濟研究, 2009 (11): 68-81.

[52] 唐清泉, 甄麗明. 管理層風險偏愛、薪酬激勵與企業 R&D 投入——基於中國上市公司的經驗研究 [J]. 經濟管理, 2009 (5): 56-64.

[53] Frölich, M. and Melly, B. (2012). Unconditional quantile treatment effects under endogeneity, IZA discussion paper, No. 3288.

第八章 政治關係、信貸配額優惠與企業創新行為

在中國經濟轉軌的關鍵時期，如何構建激勵企業創新的有效制度成為實現「中國夢」的有效保證。本章以世界銀行在中國開展的投資環境調查數據為樣本，實證考察了政治關係、信貸配額優惠對企業創新行為的影響。研究發現，主動政治關係推動了企業創新，而被動政治關係則抑制了企業的創新行為。此外，信貸配額優惠對企業創新具有積極作用，但這種作用受制於政治關係的影響，具體表現為政治關係弱化了信貸配額優惠對企業創新行為的正向影響。進一步的研究還發現，市場化進程強化了主動政治關係和信貸配額優惠對企業創新行為的積極影響，而弱化了被動政治關係對企業創新行為的抑製作用，同時在市場化機制的作用下，政治關係對信貸配額優惠和企業創新行為之間正向關係的弱化作用得到了緩解。本章為理解轉軌經濟背景下的中國企業創新行為的影響因素提供了一個新的重要視角，也為理解當前的金融體制改革、企業創新融資約束等問題提供了新的經驗證據。

第一節 引言

有關內生經濟增長理論的研究表明創新才是驅動經濟增長的內生性動力（Aghion et al., 2005; Laincz & Peretto, 2006）。Porter（1990）亦強調了創新對長期經濟增長的重要性，他認為若經濟增長長期依賴於要素驅動，那麼當要素耗竭時，建立在要素基礎上的經濟體系終將崩塌。

對照中國經濟發展經驗，雖然中國經濟自1978年改革開放以來保持了三十多年的高度增長，被世人譽為「增長奇跡」，但是造就中國經濟增長奇跡的

並非技術創新，而是建立在「政治晉升錦標賽」激勵機制下的高儲蓄和高投資（周黎安，2008）。此外，在「中國增長奇跡」的背後，我們看到的是環境污染、食品安全以及腐敗等已經成為「中國增長奇跡」的系列副產品並日益顯現出其負外部性問題的嚴重性。這些問題不僅使社會背負著高昂的治理成本，而且可能危及中國經濟的可持續發展（李后建，2013）。

基於上述判斷，中國經濟發展模式從「要素驅動型」向「創新驅動型」轉變已是大勢所趨且迫在眉睫。這促使我們思考如下問題：中國應如何推動創新？雖然以往的研究表明產權制度（陳國宏、郭弢，2008）、政治關聯（江雅雯等，2011）、金融發展（解維敏、方紅星，2011）、企業規模（溫軍等，2011）、腐敗（李后建，2013）和市場化進程（江雅雯等，2012；李后建，2013）等都是影響中國企業創新的重要因素，但是中國企業創新可能更多地受制於融資約束（溫軍等，2011）。這主要是因為，相對於其他項目而言，企業創新項目可能存在著更加嚴重的信息不對稱而使其陷入融資困境。首先，企業創新成果轉化為產品，從而實現商業價值，需要經過較長的孕育期，再加上其固有的風險性，這使得投資者很難識別創新項目的優劣；其次，雖然企業信息披露是緩解信息不對稱問題的有效辦法，但是企業創新主體為防競爭者模仿以致弱化創新活動收益的弱排他性佔有而不願披露信息；最後，為了降低信息不對稱程度，銀行機構通常的做法是要求借款人提供抵押品。但是對於高新技術企業而言，這樣的要求似乎並不現實。因為在創新活動中，大部分的研發支出都是工資薪金，而並非可以作為抵押品的資本物品（Hall & Lerner, 2010）。在信息嚴重不對稱的情況下，企業創新活動的風險規避和私有信息會導致嚴重的逆向選擇和道德風險問題，這使得謹慎的投資者對企業創新活動失去投資興趣。然而，金融系統提供的信貸保證條款可以對企業創新活動起到良好的監督作用，從而緩解上述代理問題。因此，高效的金融系統可以有效地緩解企業創新活動的融資約束問題（Ang & Madsen, 2008）。Aghion 和 Howitt（2009）指出金融發展會降低金融機構的篩選成本和監督成本，從而緩解信息不對稱問題，增加了企業創新活動的頻次。

然而，對於中國這樣一個具有「新興加轉型」雙重制度特徵的經濟體而言，相關正式制度並未完全確立，政府依然掌控著重要資源的供給，銀行信貸亦隨政府導向而為（Sapienza, 2004）。為此，建立政治關係成為企業獲得重要資源並克服融資約束的關鍵手段。已有研究表明企業有建立政治關係的強烈動機（Li et al., 2006；Morck et al., 2005），因為通過政治渠道，企業可以獲得諸多益處，例如有利的監管條件（Agrawal & Knoeber, 2001）、更多的財政補貼

（余明桂等，2010）、更低的稅收優惠（Wu et al.，2012；馮延超，2012）和更多的銀行貸款（余明桂、潘紅波，2008；Adhikari et al.，2006；Yeh et al.，2013）等。因此，處理與政府的關係也就構成了企業戰略決策和經營行為的重要方面（張建君、張志學，2005）。事實上，政治關係作為一種稀缺性資源，它在某種程度上減少了市場機制不完善對企業的傷害（Chen et al.，2011）。羅黨論和唐清泉（2009）認為企業獲得政治關係的目的就是尋求對市場不完善的替代保護機制。那麼進一步的問題是企業如何通過維持政治關係獲得信貸配額優惠，從而有針對性地推進企業創新。國內鮮有文獻從企業微觀和實證視角對此進行考察。有鑒於此，本章的研究動機在於探討政治關係、信貸配額優惠與企業創新行為之間的關聯性。之所以選擇企業創新行為這一角度展開研究，是基於以下兩點考慮：（1）在知識經濟時代，企業創新行為對中國經濟轉型有著至關重要的作用，然而企業創新行為在中國還有待深入研究。以中國上市公司為例，在信貸配額優惠和企業創新行為的關聯性上，經驗研究並無定論。近年來，雖然有研究開始關注中國企業創新行為的決定性因素，但從轉型經濟中企業信貸配額優惠去理解企業創新行為的研究鳳毛麟角。（2）在經濟轉型中，政治關係是對正式制度不完善的彌補（余明桂、潘紅波，2008）。由於分析政治關係對企業創新行為的影響類似於檢驗非正式制度對企業創新行為的影響，因此，本章能夠為考察中國在正式制度缺位的情況下非正式制度的有效性提供一個重要視角。

　　本章的貢獻主要表現在以下兩個方面：其一是拓展和深化了融資約束與企業創新行為研究的視角。制度環境是企業融資約束的重要影響因素，其中政治關係顯得尤為重要。因為在中國經濟轉軌時期，政府仍然扮演著社會資源配置的重要角色。江雅雯等（2011，2012）、張兆國等（2011）、蔡衛星等（2011）和羅黨論、唐清泉（2007）等研究表明，政治關係是一種正式制度的替代機制，對企業行為和融資約束有著重要的影響。儘管有些研究分析了政治關係對企業創新行為的影響（江雅雯等，2011，2012），但是他們沒有進一步分析市場化程度不同的地區，政治關係對企業創新行為影響的差異性。本章對此進行了進一步深入分析，結果發現，在市場化程度越低的地區，被動政治關係對企業創新行為的抑制作用越明顯。本章的這些研究結果意味著，在市場化程度越低的地區，企業更多地依賴於非正式制度來緩解融資約束，但卻沒有進一步推動企業創新行為。這也進一步解釋了落後地區政治關係更加普遍的現象。其二是我們通過考察發現政治關係對信貸配額優惠與企業創新行為關係的影響。雖然具有政治關係的企業能夠獲得更多的信貸配額優惠，但是這些企業的投資目

標將有可能受到政治關係的制約，甚至企業制定的戰略目標也僅僅是為實現地方政府官員的政治目標而服務的。這意味著地方官員的「政治晉升錦標賽」機制將可能扭曲具有政治關係的企業的投資偏好，過度功利化的政治目標有可能擠出了具有政治關係企業用在創新活動上的信貸配額資金。因此，考察政治關係對信貸配額優惠與企業創新行為之間關係的干擾作用，為進一步理解在正式制度缺位的情況下，政治關係這種非正式替代性機制的運行質量提供了新的證據。

本章其余內容安排如下：第二部分在對相關文獻進行評述的基礎上，提出本章的分析框架，並提出相應的假設；第三部分是本章的研究方法設計，主要包括樣本來源、變量選取、相關變量的描述性統計以及模型設定；第四部分則是實證結果分析及穩健性檢驗；最后是本章的結論與政策內涵。

第二節　理論基礎與研究假設

一、政治關係與企業創新行為

關於政治關係的定義可謂是見仁見智，一般而言，政治關係是指企業與擁有政治權力的個人之間所形成的隱性政治關係（吳文鋒等，2009）。由於政治關係是企業獲取各種政策資源的重要渠道（羅黨論、唐清泉，2009），因此，企業與政治官員之間的政治關係是各國企業發展過程中存在的普遍現象（Faccio，2006）。關於政治關係的形成，江雅雯等（2011）認為主要分為兩類：其一是主動建立的政治關係，即企業主動維持政治關係的各種行為，例如設立政府關係辦公室等；其二是被動建立的政治關係，例如政府直接任命企業高管並控制這些企業以實現社會和政治目的。在以下的分析中，本章將分別考察這兩種政治關係對企業創新行為的影響。

1. 主動政治關係與企業創新行為

Fisman（2001）將政治關係視為企業的一種稀缺資源，並且認為它對企業戰略選擇和長期績效有著深刻的影響。羅黨論、唐清泉（2009）認為政治關係是企業社會資本的重要組成部分，它能幫助企業獲得政府各項支持，包括更容易進入政府管制行業、更多進入房地產行業以及獲得更大比例的政府補助。因此，越來越多的企業熱衷於主動建立政治關係，民營企業顯得尤為迫切（陳釗等，2008）。就中國現階段而言，知識產權保護薄弱、市場經濟體制尚不完善並且政府仍然是關鍵資源配置的主導者。在此情境下，企業主動建立政

治關係有利於獲取企業進行創新所需的必要條件。毋庸置疑，在知識產權保護不力的條件下，企業創新存在著諸多風險，例如當企業創新活動形成的無形資產被競爭對手毫無代價地模仿和傳播時，企業創新活動的成果將付諸東流（McMillan，1995），為此企業通過政治關係可以督促政府有關部門通過各種相關措施來確保這些無形資產的專有性，以降低企業創新活動的風險。此外，近年來，政府為鼓勵企業創新，制定了一系列的優惠政策。主動建立政治關係的企業則可以優先獲得這些優惠政策，從而投入更多創新所需資金。江雅雯等（2011）認為獲得創新補貼、稅收優惠政策或者融資便利的企業在創新活動上有低成本優勢。她們通過研究發現主動政治關係的「資源效應」強化了企業創新活動的動機。因此，從這個角度來看，主動建立政治關係有利於激活企業的創新動力。但是主動政治關係也有可能弱化企業的創新動機。主動建立政治關聯不僅有利於企業獲得重要的政策資源，而且還有可能獲得市場特權，從而打壓潛在的企業競爭，最終弱化了企業通過創新活動來獲取市場競爭優勢的動機（李后建，2013）。此外，企業與政府官員建立政治關係也要付出一定的代價，例如為迎合地方政府官員的政治偏好而要花費大量的時間和精力，這在一定程度上擠出了企業創新活動所需投入的精力。因此，從這個角度而言，主動建立政治關係又將妨礙企業創新，對企業創新活動存在「擠出效應」。我們認為，作為理性的企業而言，只有主動建立政治關係的「資源效應」大於「擠出效應」時，企業才有主動建立政治關係的動力。另外，從長遠的角度來看，創新才是企業獲得永續競爭優勢的內生性動力，因此企業主動建立政治關係的最終目的仍是為企業創新提供必要條件，以便推動企業創新。基於上述分析，本章提出如下假設：

H1a：主動政治關係有利於推動企業創新活動。

2. 被動政治關係與企業創新行為

政府通常會直接任命高管而形成企業的被動政治關係，以便強化政府對企業的控制，以助其實現特定的政治目標（江雅雯等，2011）。在中國特色的政治晉升錦標賽模式中，地方政府官員的競爭目標通常建立在本地經濟增長率和失業率基礎之上（Li & Zhou，2005），因此，地方政府官員有更加強烈的動機利用有政治關聯的高管來達到他們的政治和社會目標，例如提高經濟增長率和降低失業率。由此可知，具有政治關係的高管除了要實現企業自身的目標外，還擔負著沉重的政策性負擔。為了實現地方政府官員的政治和社會目標，企業通常要壓縮創新活動支出規模，因為某些創新活動可能與地方政府的政治和社會目標相悖。此外，由地方政府指派的企業高管通常會對創新活動表現出

「激勵不足」，因為相對於企業市場競爭目標而言，他們肩負的政治使命要更重要。因此，他們的去留並非取決於企業的財務目標，這在一定程度上給足了具有政治關係的高管安於現狀的激勵。Betrand 和 Mullainathan（2003）在其「安定生活假說」中指出，如果高管更替並非由市場力量決定，那麼高管將有強烈的動機去規避風險投資。由於企業創新活動具有投資大、孕育週期長且風險大等特徵，因此，具有政治關係的高管做出創新投資決策的可能性不大。基於上述分析，本章提出如下假設：

H1b：被動政治關係不利於推動企業創新活動。

二、信貸配額優惠與企業創新行為：政治關係的調節作用

研發是企業創新的關鍵性投入，並且是內生經濟增長的主要驅動力。在信息不對稱和抵押品短缺的情況下，企業創新活動的風險規避和私有信息會導致逆向選擇和道德風險問題。此外，企業研發的一個重要特徵是它具有強烈的知識溢出效應（knowledge spillover effect），這意味著企業研發投入的私人最優收益和社會最優收益之間存在著「缺口」問題。上述問題的存在會使得風險厭惡者對企業創新活動失去投資興趣。這勢必會阻塞企業創新活動的外部融資渠道，使得企業創新活動陷入融資困境（Hall, 2002）。因此，創新活動頻繁的企業通常較少利用債務融資來滿足研發支出的規模和效率（Hall & Lerner, 2010）。事實上，就企業創新項目融資渠道而言，股權融資相比債務融資存在著三大優勢：（1）股東能夠分享企業創新所帶來的正向收益；（2）沒有抵押品要求；（3）追加股權融資不會給企業財務困境等相關問題帶來壓力。然而，股權融資的這些優勢通常受限於企業的內部現金流水平，這意味著對外發行股票對企業創新項目融資起著至關重要的作用（Gompers & Lerner, 2006）。Kim 和 Weisbach（2008）提供的證據表明，股票發行能夠緩解企業創新項目融資約束。由於信息不對稱所導致的發行成本和「檸檬溢價」使得公眾股權並非外部融資的完美替代品（Myers & Majluf, 1984）。這些摩擦加大了外部成本和外部股權融資之間的裂痕。儘管如此，相對於債務融資而言，股票發行是企業創新項目融資的關鍵來源，特別是對年輕企業而言。

目前，中國正處在經濟轉軌的關鍵時期，資本市場體系並不完善，且企業上市條件苛刻，因此，大部分企業難以借助資本市場平臺以股權的形式獲得企業創新項目融資。為了能夠解決融資困境，中國企業對建立政治關係樂此不疲（張兆國等，2011），因為具有政治關係的企業更加容易取得國內銀行融資認可，從而獲得更多的低成本銀行信貸（余明桂、潘紅波，2008）。事實上，政

治關係對企業在取得銀行貸款方面存在著三大優勢：（1）在經濟轉軌時期，銀行的貸款行為通常是基於國家政策傾向的考慮，因此，在同等條件下，銀行會將貸款機會讓給具有政治關係的企業；（2）政治關係是一種重要的聲譽機制和企業擔保貸款的重要資源，因此，具有政治關係的企業通常能夠分享到政府部門的外部網路資源，從而獲得成本更低數量更多的信貸資源；（3）具有政治關係的企業可以獲得政府的救助，即使在企業面臨財務困境時，政府仍然會出手相救（Faccio et al., 2006），這在一定程度上降低了銀行對具有政治關係企業道德風險的擔憂。Dinc（2005）研究表明掌權的政治家傾向於控制國有銀行來達到他們的政治目標。因此，相對於無政治關係的企業而言，有政治關係的企業更有可能從國有銀行獲得信貸優惠（張兆國等，2011；余明桂、潘紅波，2008）。

企業儘管可以通過政治關係來達到獲得更多銀行信貸配額的目的，但是卻不一定會將這些貸款配額用於創新活動支出。這是因為，具有政治關係的企業往往承擔著「政策性負擔」，它們要為地方官員進行的以經濟增長為基礎的「政治晉升錦標賽」服務（解維敏、方紅星，2011）。地方政府官員為了追求自身利益最大化，他們更偏好企業將信貸配額投向能短期內提升地區生產總值的項目，以便在短期內獲得晉升籌碼。這些企業為了繼續維持與政府官員之間的政治關係，紛紛迎合地方政府官員的政治偏好，而減少了對投資週期長、風險大的企業創新項目的資金支持。基於上述分析，本章提出如下假設：

H2：信貸配額優惠有利於推動企業創新活動。

H3a：主動政治關係會弱化信貸配額優惠對企業創新活動的正向影響。

H3b：被動政治關係會弱化信貸配額優惠對企業創新活動的正向影響。

第三節　研究設計

一、樣本選擇

本章使用的數據主要來自於世界銀行2005年所做的投資環境調查（Investment Climate Survey）。這一調查的目的在於確定中國企業績效和成長背後的驅動和阻礙因素。這個調查要求公司經理回答有關市場結構、制度環境、公司治理、企業所有制結構以及企業融資等相關問題。就中國而言，有關調研主要由國家統計局執行，2005年的調研樣本分佈在31個省、自治區和直轄市中121個城市的12,400家企業。由於該調研數據分佈廣泛且比較均勻，就調研企

業所有制性質而言，既有國有企業，也有非國有企業；就調研地區而言，既有東部地區，也有中西部地區；就行業性質而言，既涉及製造業，也有服務業等，因此樣本具有較強的代表性。除了企業層面的數據外，我們還從中國省級統計年鑒中摘取了宏觀層面的控制變量數據。剔除相關異常值和缺失值（Missing value）樣本后，本章共獲得了11,887個有效樣本。

二、變量與定義

1. 因變量

在本章研究中，企業創新行為是我們關注的因變量。然而，由於企業創新活動是一項領域非常廣泛、內容非常豐富的實踐活動，因此要完整地測量企業創新行為並非易事。早在20世紀30年代，約瑟夫·熊彼特就列舉了五類創新活動：(1) 生產新產品；(2) 引進新方法；(3) 開闢新市場；(4) 獲取新材料；(5) 革新組織形式等。Lin等（2011）認為評價企業創新行為之前必須首先區分創新投入和創新產出。關於創新投入，廣泛使用的指標是R&D投資決策和R&D強度（Coles et al., 2006；Chen & Miller, 2007；Lin et al., 2011）。主要是因為這些指標較容易從企業財務報表中摘取，且易於理解。但這些指標的潛在缺陷是它們無法捕捉到企業的創新產出。基於此，使用企業創新產出指標可以彌補這一缺陷。關於創新產出指標，應用得比較廣泛的有專利授權量（Argyres & Silverman, 2004；Lerner & Wulf, 2007）、專利前向引用（Lerner & Wulf, 2007；Hall et al., 2001）和新產品銷售比例（Czarnitzki, 2005；Cassiman & Veugelers, 2006；Lin et al., 2011）。在本章中，由於調查問卷只涉及了企業創新投入指標而沒有涉及企業創新產出指標，因此，我們遵循Chen和Miller（2007）的做法，使用R&D投資決策虛擬變量和R&D強度作為企業創新行為的測度指標。R&D投資決策的具體賦值方法是：若企業有R&D支出，則賦值為1，否則為0；R&D強度利用企業R&D支出/企業主營業務收入來表示。

2. 自變量

關於政治關係的度量，國內普遍的做法是利用企業董事會成員或高管是否是現任或前任的政府官員、人大代表或政協委員來衡量企業是否具有政治關係，採用這種方法度量政治關係一般是一個虛擬變量（余明桂、潘紅波，2008；蔡衛星等，2011）。但是這種方法無法衡量出政治關係的程度。因此國內另一些學者則根據企業董事會成員或高管在或曾在政府部門任職的最高行政級別賦值，以體現政治關係程度的強弱（鄧建平、曾勇，2009；梁萊歆、馮延超，2010）。參照上述變量設置，本章將結合研究需要對政治關係分類選取相

應的代理變量進行衡量。首先關於主動政治關係的衡量，我們選取世界銀行所做的調查中有關「企業與政府關係」中的「貴公司有無專業人員處理政府關係」這一問題來衡量主動政治關係，我們設定其為虛擬變量，若企業有專業人員處理政府關係，則賦值為1，否則為0。而用處理政府關係的專業人員數量與企業員工數量的比例乘以1000來衡量主動政治關係強度。關於被動政治關係，我們借鑑江雅雯等（2011）的做法，若將政府是否任命企業高管作為衡量企業被動政治關係的指標，我們同樣設定其為虛擬變量，若企業高管是政府任命，則賦值為1，否則為0。

關於信貸配額優惠的度量，我們選取世界銀行所做的調查中有關「企業融資」中的「貴公司是否享受透支或信貸配額等優惠條件」這一問題來衡量信貸配額優惠，我們設定其為虛擬變量，若企業有享受透支或信貸配額等優惠條件，則賦值為1，否則為0。此外，我們還利用貸款配額數量/主營業務收入來衡量貸款配額優惠強度。

3. 控制變量

關於控制變量，我們主要從企業和企業所在城市兩個層面來控制住其他變量對企業創新行為的影響。在企業微觀層面，我們主要控制住了企業收益率、規模、年齡、制度環境、所有制性質和行業性質對企業創新行為的影響。關於企業收益率，我們主要用主營業務利潤/主營業務收入來控制收益率對企業創新行為的影響；關於企業規模，我們利用企業員工數量的自然對數來控制企業規模對企業創新行為的影響（Lin et al., 2011）；關於企業年齡，我們利用企業自成立以來的年數來反應企業的年齡並控制其對企業創新行為的影響；關於制度環境，我們借鑑江雅雯等（2011）的做法，利用問卷中關於「在商業或其他法律糾紛中公司的法律合同或產權受到保護的百分比」這一問題的調查結果來衡量制度環境對企業創新活動的影響；關於所有制，我們利用系列虛擬變量來控制所有制對企業創新行為的影響（Choi et al., 2011）。需要說明的是，在本研究中所有制類型主要包括國有制、集體所有制、股份合作制、有限責任制、股份制、私有制、港澳臺投資企業、外商投資企業以及其他等九大類。此外，我們還加入了行業性質的虛擬變量，以捕捉行業差異的影響。對於企業所在城市的宏觀層面，我們主要控制了地方保護主義、地區生產總值以及高等教育機構數量等對企業創新行為的影響。地方保護主義反應了地區市場競爭的程度，同時也會加劇地區內競爭的程度，而競爭往往能夠驅動企業創新。我們利用企業關於地方保護主義對其營運和成長影響的評價程度來測度地方保護主義。根據地方保護主義影響的嚴重程度，分為五個等級，按從低到高分別賦值

1、2、3、4 和 5；關於經濟增長和高等教育機構數量，我們則分別利用企業所在城市地區生產總值對數和高等教育機構數量的對數來反應。此外，我們還控制了地區效應，以捕捉省份差異的影響。變量的定義如表 8-1 所示。

表 8-1　　　　　　　　　　　變量定義

變量	定義
RD_decide	虛擬變量，若企業有 R&D 支出則賦值為 1，否則為 0
RD_intensi	表示研發強度，定義為企業 R&D 支出/主營業務收入
ZD_poli	表示主動政治關係，虛擬變量，若企業有處理政府關係的專業人員則賦值為 1，否則為 0
ZD_inte	表示主動政治關係強度，定義為處理政府關係的專業人員數量/企業員工總數乘以 1000
BD_poli	表示被動政治關係，虛擬變量，若企業高管屬於政府任命則賦值為 1，否則為 0
Fl_quot	表示信貸配額優惠，虛擬變量，若企業有享受信貸配額優惠則賦值為 1，否則為 0
Fl_inte	表示信貸配額優惠強度，定義為企業信貸配額數量/主營業務收入
ROS	表示主營業務利潤率，即用主營業務利潤/主營業務收入
Size	表示企業員工數量的自然對數
Firm_age	表示公司成立以來的年數，用 2004 年減去公司成立的年份
Prot	表示地方保護主義對企業營運和成長影響的評價程度
INST	表示制度環境，定義為法律合同或產權受到保護的百分比
地區生產總值	城市地區生產總值的自然對數
lnUNV	城市高等教育機構數量的自然對數
Owne	表示所有制效應
INDU	表示行業效應
Area	表示地區效應

三、計量方法

為了驗證政治關係、信貸配額和企業創新行為之間的關聯性，遵循以往相關文獻的經驗（Coles et al., 2006；Chen & Miller, 2007；Lin et al., 2011），我們使用 Probit 模型和 Tobit 模型作為本研究的估計模型。首先，我們使用 Probit 模型來探究企業 R&D 投資決策的潛在決定性因素。企業 R&D 投資決策的概率函數可以表示為：

$$\Pr(RD\_decide=1) = F(X, \beta)$$

其中 $F(\cdot)$ 表示標準分佈的累積分佈函數（CDF），它可以表示為 $F(z) = \Phi(z) = \int_{-\infty}^{z} \varphi(\nu) d\nu$，其中 $\varphi(\nu)$ 表示標準正態分佈的概率密度函數。X 表示系列的變量，其中包括解釋變量和控制變量。解釋變量包括反應政治關係和信貸配額的系列變量，控制變量包括企業層面和城市層面的系列控制變量。參數集 β 反應了 X 變化對概率的影響。

其次，由於 R&D 強度在零值處出現左截尾，因此我們利用 Tobit 模型來探究企業 R&D 強度的潛在決定性因素。企業 R&D 強度的 Tobit 模型可以表示為：

$$RD\_intensi^* = F(X, \beta)$$

$$當 RD\_intensi^* = \begin{cases} 0, & 當 RD\_intensi^* \leq 0 時 \\ RD\_intensi^*, & 當 RD\_intensi^* > 0 時 \end{cases}$$

RD_intensi 表示企業沒有 R&D 強度或者企業 R&D 投入強度為正。其他參數含義與上述相同。表 8-2 顯示了主要變量的基本統計指標。

表 8-2　　　　　　　　　　主要變量的描述性統計

變量	平均值	標準差	最小值	最大值
RD_decide	0.5927	0.4913	0	1
RD_intensi	0.0102	0.0284	0	0.6050
ZD_poli	0.2784	0.4482	0	1
ZD_inte	0.8642	2.3487	0	50
BD_poli	0.1280	0.3341	0	1
FI_quot	0.2918	0.4546	0	1
FI_inte	0.1178	0.1796	0	1
ROS	0.1582	0.1746	-3.1566	0.9947
Firm_size	5.7589	1.4722	1.7918	13.5020
Firm_age	13.3961	14.3429	2	139
Prot	1.7263	0.9296	1	5
INST	62.2471	38.8276	0	100
地區生產總值	6.6691	0.8031	4.6596	8.9160
lnUNV	1.9487	1.1241	0	4.3438

第四節　實證結果與分析

一、基準模型迴歸

在本研究中，潛在的內生性問題可能是一個嚴重的問題。這是因為企業 R&D 投資決策和強度極有可能影響政治關係和信貸配額優惠。此外，由於企業某些不可觀測的特徵，企業創新行為與信貸配額優惠可能是同時決定的經濟變量。信貸配額優惠的內生性會對我們的結果產生兩種影響：一種是模型中的迴歸係數可能是有偏的，第二種是信貸配額優惠和企業創新行為之間的因果關係難以確定。解決潛在內生性問題的有效辦法就是尋找信貸配額優惠的有效工具變量。但是由於我們利用控制了企業的諸多特徵，例如企業績效、規模、年齡、企業所在城市的地方保護主義程度、制度環境、經濟發展水平以及教育發展程度等，因此要找到銀行信貸優惠的有效工具變量並非易事。參照相關文獻（Reinnikka & Svensson, 2006；Fisman & Svensson, 2007）的經驗做法，即將企業所在城市的特徵變量經常作為企業內生特徵變量的工具變量。Fisman 和 Svensson（2007）使用企業所在地區相關經濟變量的平均值作為工具變量。基於此，我們將使用企業所在城市的政治關係及強度、信貸配額優惠及強度以及兩者之間的交叉項的平均值分別作為政治關係、信貸配額優惠及兩者之間交叉項的工具變量。企業績效（ROS）也有可能會受到內生性問題的影響，因此，我們利用企業所在地區的行業平均績效作為企業績效的工具變量。利用這些工具變量，我們使用 IVProbit 和 IVTobit 迴歸。

表 8-3 匯報了企業 R&D 投資決策和強度影響因素的 IVProbit 和 IVTobit 迴歸結果。Wald 外生性排除檢驗都拒絕了原假設，表明政治關係和信貸配額優惠是內生的。此外，第一階段迴歸中所有工具變量的迴歸係數都是顯著的，說明並不存在「弱工具變量」的問題。[①] 表 8-3 中的第（1）列至第（4）列顯示的是政治關係和信貸配額優惠對企業 R&D 投資決策影響的 Probit 迴歸，第（4）列至第（8）列顯示的是政治關係和信貸配額優惠對企業 R&D 強度影響的 Tobit 迴歸。表 8-3 中的各列顯示，主動政治關係（ZD_poli）、主動政治關係強度（ZD_inte）的係數在 5% 的水平上顯著為正，而被動政治關係（BD_poli）的係數則在 5% 的水平上顯著為負。這意味著有主動政治關係或者主動政治關係程

[①] 限於篇幅，本章未列出第一階段的迴歸結果。

表 8-3　　　　　　　　　　　基準模型迴歸結果

	IVProbit				IVTobit			
	(1)	(2)	(3)	(4)	(5)	(6)	(7)	(8)
BD_poli	-0.1167**	-0.1596***	-0.1576***	-0.1486***	-0.0037**	-0.0038**	-0.0046***	-0.0034**
	(0.0492)	(0.0532)	(0.0496)	(0.0557)	(0.0015)	(0.0017)	(0.0015)	(0.0017)
ZD_poli	0.1690***	0.1472***			0.0056***	0.0068***		
	(0.0317)	(0.0373)			(0.0010)	(0.0012)		
FI_quot	0.2698***	0.2489***			0.0068***	0.0078***		
	(0.0327)	(0.0394)			(0.0010)	(0.0012)		
Cross1		0.0727				-0.0036*		
		(0.0704)				(0.0021)		
Cross2		0.2421**				0.0004		
		(0.1163)				(0.0001)		
ZD_inte			0.0144**	0.0174**			0.0005***	0.0005**
			(0.0064)	(0.0067)			(0.0002)	(0.0002)
FI_inte			0.2114**	0.1593*			0.0138***	0.0153***
			(0.0833)	(0.0945)			(0.0025)	(0.0028)
Cross3				-0.0785*				-0.0001*
				(0.0468)				(0.0000)
Cross4				0.0905**				0.0125**
				(0.0426)				(0.0047)
ROS	1.0294***	1.0253***	1.0726***	1.0684***	0.0408***	0.0409***	0.0414***	0.0414***
	(0.0816)	(0.0816)	(0.0839)	(0.0840)	(0.0025)	(0.0025)	(0.0026)	(0.0026)
Firm_size	0.2589***	0.2590***	0.2770***	0.2762***	0.0043***	0.0043***	0.0049***	0.0049***
	(0.0114)	(0.0114)	(0.0118)	(0.0118)	(0.0004)	(0.0004)	(0.0004)	(0.0004)
Firm_age	0.0021	0.0021	0.0017	0.0017	0.000,03	0.000,03	0.000,02	0.000,02
	(0.0013)	(0.0013)	(0.0013)	(0.0012)	(0.000,04)	(0.000,04)	(0.000,04)	(0.000,04)
Prot	0.0746***	0.0747***	0.0797***	0.0793***	0.0018***	0.0018***	0.0018***	0.0018***
	(0.0157)	(0.0158)	(0.0159)	(0.0159)	(0.0005)	(0.0005)	(0.0005)	(0.0005)
INST	0.0016***	0.0016***	0.0018***	0.0018***	0.000,03**	0.000,03**	0.000,03***	0.000,03***
	(0.0004)	(0.0004)	(0.0004)	(0.0004)	(0.000,01)	(0.000,01)	(0.000,01)	(0.000,01)
地區生產總值	0.1538***	0.1528***	0.1526***	0.1529***	0.0035***	0.0035***	0.0036***	0.0036***
	(0.0239)	(0.0239)	(0.0241)	(0.0241)	(0.0008)	(0.0008)	(0.0008)	(0.0008)
lnUNV	-0.0205	-0.0202	-0.0124	-0.0127	0.0006	0.0005	0.0006	0.0006
	(0.0231)	(0.0231)	(0.0234)	(0.0234)	(0.0008)	(0.0008)	(0.0008)	(0.0008)
Owne	控制	控制	控制	控制	控制	控制	控制	控制
Indu	控制	控制	控制	控制	控制	控制	控制	控制
Area	控制	控制	控制	控制	控制	控制	控制	控制

表8-3(續)

	IVProbit				IVTobit			
	(1)	(2)	(3)	(4)	(5)	(6)	(7)	(8)
Constant	-2.7438***	-2.7274***	-2.7704***	-2.7594***	-0.0676***	-0.0679***	-0.0712***	-0.0714***
	(0.1907)	(0.1909)	(0.1903)	(0.1942)	(0.0061)	(0.0061)	(0.0061)	(0.0061)
Wald Test	44.37***	50.16***	37.88***	36.40***	44.13***	31.56***	29.44***	31.58***
觀測值	11,887	11,887	11,887	11,887	11,887	11,887	11,887	11,887

註：Cross1 表示主動政治關係與貸款配額優惠之間的交互項，Cross2 表示被動政治關係與貸款配額優惠之間的交互項，Cross3 表示主動政治關係強度與貸款配額優惠強度之間的交互項，Cross4 表示被動政治關係與貸款配額優惠強度之間的交互項。*、**、*** 分別表示在 10%、5% 和 1% 的水平上顯著。以下相同。

度越強的企業，越傾向於投資 R&D 和提高 R&D 強度，而被動政治關係則會抑制企業 R&D 投資並降低 R&D 強度。這表明本章研究假設 H1a 和 H1b 是成立的。這與江雅雯等（2011）的研究結論是一致的。事實上，企業主動建立政治關係體現了企業在正式制度並未完善情況下的一種積極戰略，體現了企業通過政治部門獲取資源的積極主動態度。一方面，有利於企業獲得政府部門所掌控的關鍵性資源，從而為企業開展創新活動提供必要的條件；另一方面，主動與政府部門建立良好的關係可以向外顯示企業具有良好的聲譽，便於企業獲得創新活動所需的人才資源和顧客資源。被動政治關係對企業創新活動的抑制體現出了政府所扮演的「掠奪之手」的作用。政府任命的高管通常具有企業家和政治家的雙重身分（存在「旋轉門」的現象），他們通常缺少創新活動的足夠激勵。一方面，因為他們可以通過非正式手段獲得市場特權並打壓其他競爭者（李后建，2013）；另一方面，政府任命的高管，其去留並非取決於企業的長期財務目標，而是取決於企業短期內是否能夠提升地方政府的政治績效，這使得他們將精力集中於短期投資項目，而厭惡孕育週期長、風險大的企業創新項目。

關於信貸優惠配額，首先信貸優惠配額的系數在 1% 的水平上顯著為正，這意味著享受信貸優惠配額有利於企業傾向於做出 R&D 投資決策；其次，信貸優惠配額強度的系數在 10% 的水平上顯著為正，這意味著信貸優惠配額的強度有利於提高企業 R&D 投入力度。綜上表明，本章研究 H2 是成立的。由於企業創新項目孕育週期長，且充斥著巨大的投資風險，因此，大部分的企業創新活動會因為融資約束而「胎死腹中」。信貸配額優惠使得企業擁有了外部資金的融資渠道，緩解了企業創新活動的融資約束，在一定程度上滿足了企業創新活動所需的大量資金投入。

關於政治關係與信貸配額優惠的交互影響，首先，在 IVProbit 迴歸模型中，主動政治關係與貸款配額優惠之間交互項（Cross1）的係數為正，但估計係數並沒有統計意義上的顯著性。這說明主動政治關係並沒有強化信貸配額優惠對企業 R&D 投資傾向的影響。在 IVTobit 迴歸模型中，主動政治關係與貸款配額優惠之間交互項（Cross1）的係數為負，且具有統計意義上的顯著性，這意味著主動政治關係弱化了信貸配額優惠對企業 R&D 投資強度的積極影響。綜上表明，主動政治關係雖然能夠給企業帶來信貸配額優惠，但它並未強化信貸配額優惠對企業創新活動傾向的影響，甚至顯著地弱化了信貸配額優惠對企業 R&D 投資強度的影響。其次，被動政治關係與信貸配額優惠之間交互項（Cross2）的係數以及被動政治關係與信貸配額強度交互項（Cross4）係數在 5%的水平上都顯著為正，這意味著被動政治關係弱化了信貸配額優惠及其強度對企業 R&D 投資傾向和投資強度的積極影響。最後，主動政治關係強度與信貸配額優惠強度之間交互項（Cross3）的係數在 10%的水平上都顯著為負，表明主動政治關係弱化了信貸配額優惠及其強度對企業 R&D 投資傾向和投資強度的正向影響。上述實證結果表明，企業在主動獲得政治關係的過程中也付出了一定的代價，甚至扭曲了企業的長期戰略目標。在正式制度並未完善的情況下，企業主動與政府部門建立政治關係，試圖通過政府部門這一渠道來獲得為實現企業目標所需的信貸資金。雖然企業利用這一渠道獲得了更多的信貸配額優惠，但是企業的戰略目標也將受到地方政府的約束。這是因為，在中國集權型的政治體制之下，上級官員主要依據經濟增長來考核和提拔地方官員，因此，地方官員有著很強的動力來發展經濟以獲得政治上的升遷。在激烈的「政治晉升錦標賽」中，地方政府官員的政治目標通常帶有很強的功利性，他們希望能夠在短期內實現當地經濟的飛速發展以爭取政治上的升遷。為此他們通常通過控制具有政治關係的企業來實現這一政治目標，因此，地方官員的政治偏好也就在某種程度上形成了企業的投資偏好。企業創新項目投資風險大、週期長等特點，決定了企業創新項目投資難以迎合地方政府的政治偏好。為此，具有政治關係的企業通常將其獲得的信貸配額用於投資短期項目，擠出了企業分配到創新項目上的信貸配額資金。因此，政治關係弱化了信貸配額優惠對企業創新行為的積極影響。

關於控制變量，我們也獲得了一些有趣的發現。首先，企業績效（ROS）和企業規模（Firm_size）的係數在 1%的水平上顯著為正，意味著較好的企業績效和更大的企業規模有助於推動企業創新。其次，在 10%的水平上，企業年齡（Firm_age）對 R&D 投資決策和投資強度的積極影響並不明顯。這是因為

隨著企業年齡的增長，企業可能越發擅長執行原有的慣例，並對企業先前的技術能力表現出過度自信的狀態，以致企業陶醉於原有的技術優勢，而陷入「能力陷阱」。因此，年齡較大的企業由於具有惰性可能會減少嘗試創新的機會。最後，就宏觀層面而言，地方保護主義（Prot）對企業創新行為有顯著的促進作用，這意味著地方競爭的激烈程度會有效激勵企業創新行為；制度環境（INST）對企業創新行為有著顯著的正向影響，這意味著完善的制度環境有利於防止企業創新成果的非法侵占，有效地促進了企業的創新活動；城市經濟增長（即地區生產總值）的系數顯著為正，這表明本地經濟增長對企業創新行為有顯著的促進作用；在10%的水平上，高等教育機構數量（lnUNV）對企業R&D投資決策和投資強度的影響並不明顯，這意味著高校的集聚並未有效地促進企業創新活動。

二、分地區迴歸

為了深入分析政治關係、信貸配額優惠對企業創新行為的影響，我們還將總體樣本按照所在地區分為東部、中部和西部地區樣本，然后分別進行迴歸（模型和分析方法同前）。

毋庸置疑，地區差異會導致不同的市場化程度，而市場化程度對相關制度環境的影響已有共識（辛清泉、譚偉強，2009），企業政治關係和信貸優惠配額內生於其特定的制度環境，同時也受制於外部環境，尤其是地區市場化程度。對於市場化程度較高的地區，金融業競爭通常更加激烈，信貸資金分配更能體現市場的力量。由此，我們有理由相信，在市場化的作用下，市場的力量會弱化政治關係的作用。表8-4匯報的結果顯示：（1）主動政治關係和信貸配額優惠可以提高東部和中部地區企業R&D投資傾向，而對西部地區企業R&D投資傾向的正向影響並不明顯。這意味著市場化程度強化了主動政治關係和信貸配額優惠對R&D投資傾向的積極影響。相反地，被動政治關係抑制了中部和西部地區企業R&D投資傾向，而對東部地區企業R&D投資傾向的抑製作用並不明顯，這意味著市場化程度弱化了被動政治關係對R&D投資傾向的消極影響。（2）主動政治關係強度和信貸配額強度可以顯著促進東部和中部地區企業R&D投資傾向，而對西部地區企業R&D投資傾向的積極影響並不明顯，這意味著市場化程度強化了主動政治關係強度和信貸配額強度對R&D投資傾向的積極影響。（3）主動政治關係和信貸配額優惠以及主動政治關係強度和信貸配額優惠強度的交互項對中部和西部地區企業R&D投資傾向具有顯著的負面影響，而對東部地區企業R&D投資傾向雖有正向影響，但並不顯

著，這意味著市場化程度弱化了主動政治關係對信貸配額優惠及其強度和企業投資傾向之間關係的負向干擾作用。類似地，被動政治關係和信貸配額優惠以及被動政治關係和信貸配額強度的交互項都對各個地區企業 R&D 投資傾向具有顯著的正向影響，並且正向作用程度由東部地區向西部地區呈現出遞增的趨勢，同時顯著程度也越來越高。這意味著市場化程度弱化了被動政治關係對信貸配額優惠及其強度和企業投資傾向之間關係的負向干擾作用。表 8-5 匯報的結果也顯示政治關係、信貸配額優惠對企業 R&D 投資的影響具有上述性質，此處不再贅述。

表 8-4　　　　　　企業 R&D 投資傾向的分地區迴歸結果

	東部		中部		西部	
	（1）	（2）	（3）	（4）	（5）	（6）
BD_poli	−0.0337	−0.0641	−0.1496**	−0.1854***	−0.4326***	−0.4049***
	（0.0886）	（0.0897）	（0.0573）	（0.0609）	（0.1073）	（0.1148）
ZD_poli	0.1109**		0.2277***		0.0901	
	（0.0518）		（0.0644）		（0.0765）	
FI_quot	0.2436***		0.3517***		0.1067	
	（0.0538）		（0.0758）		（0.0938）	
Cross1	0.1222		−0.1216*		−0.2268***	
	（0.1007）		（0.0697）		（0.0602）	
Cross2	0.1658*		0.1779**		0.6316***	
	（0.0897）		（0.0818）		（0.2011）	
ZD_inte		0.0184***		0.0064*		0.0018
		（0.0039）		（0.0036）		（0.0044）
FI_inte		0.1944***		0.1986**		0.0050
		（0.0463）		（0.0791）		（0.1995）
Cross3		0.0068		−0.0108**		−0.0211**
		（0.0077）		（0.0053）		（0.0089）
Cross4		0.0091*		0.0209**		0.0759***
		（0.0053）		（0.0076）		（0.0218）
ROS	1.3482***	1.3803***	0.9674***	1.0783***	0.7786***	0.7613***
	（0.1417）	（0.1444）	（0.1508）	（0.1583）	（0.1373）	（0.1409）
Firm_size	0.2820***	0.2992***	0.2553***	0.2754***	0.2506***	0.2596***
	（0.0166）	（0.0169）	（0.0205）	（0.0217）	（0.0268）	（0.0275）

表8-4(續)

	東部		中部		西部	
	(1)	(2)	(3)	(4)	(5)	(6)
Firm_age	0.0034*	0.0028	0.0017	0.0007	0.0011	0.0016
	(0.0020)	(0.0020)	(0.0022)	(0.0022)	(0.0026)	(0.0026)
Prot	0.0933***	0.0951***	0.0657**	0.0759***	0.0594*	0.0597*
	(0.0250)	(0.0250)	(0.0281)	(0.0285)	(0.0310)	(0.0312)
INST	0.0015***	0.0016***	0.0018***	0.0018***	0.0021***	0.0025***
	(0.0005)	(0.0005)	(0.0006)	(0.0006)	(0.0008)	(0.0008)
地區生產總值	0.1592***	0.1727***	0.0908*	0.0810	0.2156***	0.1864***
	(0.0434)	(0.0436)	(0.0570)	(0.0679)	(0.0600)	(0.0606)
lnUNV	-0.0529	-0.0473	0.0146	0.0275	0.0104	0.0299
	(0.0321)	(0.0324)	(0.0536)	(0.0542)	(0.0539)	(0.0551)
Owne	控制	控制	控制	控制	控制	控制
Indu	控制	控制	控制	控制	控制	控制
Area	控制	控制	控制	控制	控制	控制
Constant	-3.1000***	-3.1875***	-1.8338***	-1.8719***	-3.3883***	-3.3138***
	(0.3317)	(0.3355)	(0.4776)	(0.4874)	(0.4189)	(0.4297)
Wald Test	62.17***	59.18***	43.67***	40.83***	36.78***	33.51***
觀測值	5889	5889	4011	4011	1987	1987

表8-5　　企業創新投資強度的分地區迴歸結果

	東部		中部		西部	
	(1)	(2)	(3)	(4)	(5)	(6)
BD_poli	-0.0016	-0.0020	-0.0053*	-0.0054*	-0.0074**	-0.0074**
	(0.0025)	(0.0024)	(0.0029)	(0.0030)	(0.0031)	(0.0032)
ZD_poli	0.0049***		0.0099***		0.0056*	
	(0.0017)		(0.0021)		(0.0030)	
FI_quot	0.0081***		0.0074***		0.0060*	
	(0.0015)		(0.0024)		(0.0035)	
Cross1	0.0030		-0.0078**		-0.0101**	
	(0.0026)		(0.0039)		(0.0043)	
Cross2	0.0014*		0.0026**		0.0037**	
	(0.0008)		(0.0011)		(0.0017)	

第八章　政治關係、信貸配額優惠與企業創新行為　181

表8-5(續)

	東部		中部		西部	
	(1)	(2)	(3)	(4)	(5)	(6)
ZD_inte		0.0006**		0.0006**		0.0002
		(0.0003)		(0.0003)		(0.0005)
FI_inte		0.0158***		0.0111**		0.0122**
		(0.0037)		(0.0053)		(0.0056)
Cross3		-0.0132		-0.0147*		-0.0198**
		(0.0110)		(0.0099)		(0.0097)
Cross4		0.0011*		0.0027**		0.0043**
		(0.0006)		(0.0013)		(0.0022)
ROS	0.0491***	0.0490***	0.0423***	0.0451***	0.0302***	0.0292***
	(0.0037)	(0.0037)	(0.0047)	(0.0049)	(0.0054)	(0.0054)
Firm_size	0.0045***	0.0052***	0.0038***	0.0042***	0.0055***	0.0058***
	(0.0005)	(0.0005)	(0.0007)	(0.0007)	(0.0010)	(0.0010)
Firm_age	0.0001	0.0001	0.0001	0.0001	0.0001	0.0001
	(0.0001)	(0.0001)	(0.0001)	(0.0001)	(0.0001)	(0.0001)
Prot	0.0018***	0.0019***	0.0018**	0.0021**	0.0016	0.0009
	(0.0006)	(0.0007)	(0.0009)	(0.0009)	(0.0018)	(0.0012)
INST	0.000,02**	0.000,02**	0.000,06***	0.000,05**	0.000,03	0.000,06*
	(0.000,01)	(0.000,01)	(0.000,02)	(0.000,02)	(0.000,03)	(0.000,03)
地區生產總值	0.0054***	0.0056***	0.0020	0.0021	0.0043*	0.0036*
	(0.0012)	(0.0012)	(0.0022)	(0.0022)	(0.0023)	(0.0022)
lnUNV	-0.0007	-0.0005	0.0028	0.0025	0.0007	0.0009
	(0.0009)	(0.0009)	(0.0018)	(0.0018)	(0.0021)	(0.0021)
Owne	控制	控制	控制	控制	控制	控制
Indu	控制	控制	控制	控制	控制	控制
Area	控制	控制	控制	控制	控制	控制
Constant	-0.0869***	-0.0911***	-0.0565***	-0.0578***	-0.0649***	-0.0700***
	(0.0094)	(0.0093)	(0.0155)	(0.0157)	(0.0159)	(0.0160)
Wald Test	51.76***	49.17***	32.18***	29.77***	28.87***	25.92***
觀測值	5889	5889	4011	4011	1987	1987

綜上所述，我們可以得出的基本結論是，中國市場化進程的推進能夠有效地弱化政治關係對信貸配額優惠和企業創新行為之間關係的扭曲程度。同樣地，市場化進程還有利於強化主動政治關係和信貸配額優惠對企業創新行為的積極影響，弱化被動政治關係對企業創新行為的負面影響。因此，強調金融體系的競爭性市場化改革，是符合當前中國經濟轉型情境下所需的金融體制改革策略。毋庸置疑，在強調金融體制改革的同時，金融機構質量的提升也同樣重要。目前，中國高速的經濟增長依賴於「政治晉升錦標賽」機制下，地方官員對經濟增長的高度關注。在激烈的晉升競賽中，地方官員有強烈的動機追求短期內經濟的高速增長，以便在晉升競賽中勝出。為此，具有主動政治關係抑或被動政治關係的企業，其行為必須迎合地方官員的政治偏好，否則企業將可能會被解除政治關係，從而切斷利益輸送渠道。在非完善的正式制度環境下，無政治關係的企業若要推動創新，其可能面臨著嚴重的信貸約束，一則是因為具有政治關係的企業擠占了無政治關係企業創新所需的信貸配額資金；另一則是因為相比有政治關係的企業而言，無政治關係的企業在創新項目的外部融資方面由於逆向選擇和道德風險問題而缺少先天性優勢。在此種情境下，有創新意向的企業將有強烈的動機去建立政治關係，並希望通過政治關係來獲得創新投資所需的足夠信貸資金。但事與願違的是，企業創新是一項孕育週期長、而回報來得相對較慢的投資，這與地方官員的政治目標是相悖的。為了迎合地方官員的政治偏好，企業只有將原本想投入創新活動的資金投向地方官員偏好的週期短、回報快的項目。這將使得具有創新動機的企業陷入兩難境地。為了緩解企業創新所面臨的兩難問題，推動市場化進程將可能是一種有效的策略。這也意味著，對於企業創新行為而言，市場化機制和政治關係這種非正式機制是一種相斥的關係，即政治關係弱化了市場力量對信貸資金的配置作用，並且扭曲了信貸資金應有的用途，而市場化機制則釋放了市場的力量，在某種程度上匡正了政治關係對信貸資金配置的扭曲，從而有效地推動了企業創新。需要強調的是，本章從另一個角度解釋了落后地區政治關係更加普遍的原因，這是因為相對於發達地區的地方而言，落后地區的政治官員有更加強烈的動機來與企業建立政治關係，並試圖控制更多的企業來幫助自身實現本地經濟快速增長的目標，從而為政治晉升贏得更多的籌碼。

三、穩健性迴歸策略

為了檢驗前面迴歸結果是否具有穩健性，我們進行了以下穩健性檢測：首先，我們進行弱內生性樣本迴歸檢驗，即剔除了極端值的影響，將變量位於平

均數調整的正負三倍標準差以外的觀測值予以刪除，同時剔除了主營業務利潤率為負的企業樣本。經過上述篩選后，我們對先前設定的基準模型重新進行迴歸，迴歸結果與基準模型的迴歸結果是一致的。其次，我們採納 Frölich 和 Melly（2012）的建議，在處理內生性的情況下，對設定模型進行無條件分位數處理效應估計①，我們得到的估計結果與基準模型的迴歸結果並無明顯差異。由此說明，本章的迴歸結果具有較強的穩健性。

第五節　結論與政策內涵

在中國經濟轉軌的關鍵時期，如何構建一個有效激勵中國企業的創新行為的制度體系，已經成為擺在政府決策者面前必須重點解決的戰略性改革任務。全面理解未完善的正式制度下，非正式制度對企業創新行為的影響以及存在的問題，可為政府制定相關制度的改革和策略提供重要的經驗依據。

本章從政治關係、信貸配額優惠和企業創新行為之間的相互關係和作用機制的實證研究入手，獲得了以下有意義的發現：

首先，從整體上而言，主動政治關係和被動政治關係對企業創新行為的激勵作用是相反的，主動政治關係有利於推動企業創新，而被動政治關係會抑制企業的創新行為。此外，信貸配額優惠有利於促進企業創新，但信貸配額優惠對企業創新行為的作用會明顯地受到政治關係影響，這種影響表現為政治關係弱化了信貸配額優惠對企業創新行為的積極影響。

其次，受轉軌時期改革方案所決定，市場化機制對信貸資金配置的基礎性作用雖有體現，但並未充分發揮出來，這使得企業創新行為或多或少地受到政治關係的約束。事實上，雖然政治關係是政府向相關企業輸送利益的重要渠道，但企業也為獲得政治關係付出了巨大的代價，具體表現為具有政治關係的企業必須迎合地方官員的政治偏好，而激烈的「政治晉升錦標賽」機制使得地方官員熱衷於孕育週期短、回報快的投資項目，這使得具有政治關係的企業必須捨棄孕育週期長、回報慢的創新投資而將信貸配額投向地方官員偏好的短期項目，從而擠占了創新項目的信貸資金，抑制了企業的創新行為。在本章研究中，我們發現在市場化機制的作用下，政治關係對信貸配額優惠和企業創新行為之間正向關係的弱化作用得到了緩解，這意味著，對於企業的創新行為而

---

① Stata 軟件中的迴歸估計命令為 ivqte。

言，政治關係這種非正式機制和市場化這種正式機制的作用是互斥的。

最后，本章的研究結果具有較強的穩健性，增進了人們對於正式制度並未完全確立的情境下，非正式制度對企業創新行為影響的理解。

當前，「政治晉升錦標賽」機制雖然能夠造就中國經濟增長的奇跡，但是我們更應該看到的是，在中國經濟增長奇跡的背後隱藏著巨大的社會治理成本。社會問題和社會衝突的凸顯不僅破壞了和諧社會的氛圍，而且有可能粉碎「中國夢」。種種跡象告誡我們，中國已經面臨著亟須轉型的經濟局面。因此，本章的結論在當前背景下有著重要的政策含義。首先，政治關係取代市場力量對信貸資金配置可能是企業創新面臨嚴重外部融資約束的重要原因，因此，推動金融體系改革，讓市場力量成為信貸資金配置的主體應該成為當前金融體制改革的主要方向和重要策略。其次，由於正式制度完全取代非正式制度的作用要經歷一個漫長的過程，因此，要在短時間內通過市場力量來完全取代政治關係對信貸資金配置的主導性地位並不現實，甚至可能適得其反。但我們可以通過糾正地方官員的政治偏好來匡正政治關係對企業創新行為的扭曲。具體而言，中央政府必須制定出考核地方官員的長效指標體系，擯棄過度強調地方經濟增長單一考核指標的做法。最后，政府應該增加企業創新項目投資的融資渠道，減少對信貸資金配置的干預，同時引導市場機制來提升信貸資金配置的效率。

參考文獻：

[1] 陳國宏，郭弢. 中國FDI、知識產權保護與自主創新能力關係實證研究 [J]. 中國工業經濟，2008（4）：25-33.

[2] 陳釗，陸銘，何俊志. 權勢與企業家參政議政 [J]. 世界經濟，2008（6）：39-49.

[3] 蔡衛星，趙峰，曾誠. 政治關係、地區經濟增長與企業投資行為 [J]. 金融研究，2011（4）：100-112.

[4] 鄧建平，曾勇. 金融關聯能否緩解民營企業的融資約束 [J]. 金融研究，2011（8）：78-92.

[5] 馮延超. 中國民營企業政治關聯與稅收負擔關係的研究 [J]. 管理評論，2012（6）：167-176.

[6] 江雅雯，黃燕，徐雯. 政治聯繫、制度因素與企業的創新活動 [J].

南方經濟, 2011（11）: 3-15.

[7] 江雅雯, 黃燕, 徐雯. 市場化程度視角下的民營企業政治關聯與研發[J]. 科研管理, 2012（10）: 48-55.

[8] 李后建. 市場化、腐敗與企業家精神[J]. 經濟科學, 2013（1）: 99-111.

[9] 梁萊歆, 馮延超. 民營企業政治關聯雇員規模與薪酬成本[J]. 中國工業經濟, 2010（10）: 127-137.

[10] 羅黨論, 唐清泉. 中國民營上市公司的制度環境與績效問題研究[J]. 經濟研究, 2009（2）: 106-118.

[11] 羅黨論, 唐清泉. 政府控制、銀企關係與企業擔保行為研究——來自中國上市公司的經驗證據[J]. 金融研究, 2007（3）: 151-161.

[12] 溫軍, 馮根福, 劉志勇. 異質債務、企業規模與R&D投入[J]. 金融研究, 2011（1）: 167-181.

[13] 吳文鋒, 吳衝鋒, 芮萌. 中國上市公司高管的政府背景與稅收優惠[J]. 管理世界, 2009（3）: 34-42.

[14] 解維敏, 方紅星. 金融發展、融資約束與企業研發投入[J]. 金融研究, 2011（5）: 171-183.

[15] 辛清泉, 譚偉強. 市場化改革、企業業績與國有企業經理薪酬[J]. 經濟研究, 2009（11）: 68-81.

[16] 余明桂, 回雅甫, 潘紅波. 政治聯繫、尋租與地方政府財政補貼有效性[J]. 經濟研究, 2010（3）: 65-76.

[17] 余明桂, 潘紅波. 政治關係、制度環境與民營企業銀行貸款[J]. 管理世界, 2008（8）: 9-21.

[18] 周黎安. 轉型中的地方政府: 官員激勵與治理[M]. 上海: 格致出版社, 上海人民出版社, 2008.

[19] 張建君, 張志學. 中國民營企業的政治戰略[J]. 管理世界, 2005（7）: 94-105.

[20] 張兆國, 曾牧, 劉永麗. 政治關係、債務融資與企業投資行為——來自中國上市公司的經驗證據[J]. 中國軟科學, 2011（5）: 106-121.

[21] Aghion, P., Howitt, P., Mayer-Foulkes, D. (2005). The effect of financial development on convergence: theory and evidence [J]. Quarterly Journal of Economics, 120: 173-222.

[22] Ang, J. B., Madsen, J. B. (2008). Knowledge production, financial lib-

eralization and growth. Paper presented at the financial development and economic growth conference, Monash University, April 2008.

[23] Aghion, P., Howitt, P. (2009). The economic of growth [M]. Cambridge Massachusetts: The MIT Press.

[24] Agrawal, A., and Knoeber C. R. (2001). Do Some Outside Directors Play a Political Role? [J]. Journal of Law and Economics, 44: 179-198.

[25] Adhikari, A., Derashid, C., Zhang, H., 2006. Public policy, political connections, and effective tax rates: longitudinal evidence from Malaysia [J]. Journal of Accounting and Public Policy, 25 (5): 574-595.

[26] Argyres, N. S., Brain, S. S. (2004). R&D, organization structure, and the development of corporate technological knowledge [J]. Strategic Management Review, 25: 929-958.

[27] Bertrand, M., and Mullainathan, S. (2003). Enjoying the Quiet Life? Corporate Governance and Managerial Preferences [J]. Journal of Political Economy, 111: 1043-1075.

[28] Chen, S., Sun, Z., Tang, S., and Wu, D. (2011). Government intervention and investment efficiency: Evidence from China [J]. Journal of Corporate Finance, 17 (2): 259-271.

[29] Coles, J., Danniel, N., Naveen, L. (2006). Managerial incentives and risk-taking [J]. Journal of Financial Economics, 79: 431-468.

[30] Chen, W. R., Miller, K. D. (2007). Situational and institutional determinants of firms' R&D search intensity [J]. Strategic Management Journal, 28 (4): 369-381.

[31] Czarnitzki, D. (2005). The extent and evolution of productivity deficiency in Eastern Germany [J]. Journal of Productivity Analysis, 24: 209-229.

[32] Cassiman, B., Veugelers, R. (2006). In search of complementarity in innovation strategy: internal R&D and external knowledge acquisition [J]. Management Science, 52: 68-82.

[33] Choi, S. B., Lee, S. H., Williams, C. (2011). Ownership and firm innovation in a transition economy: Evidence from China [J]. Research Policy, 40: 441-452.

[34] Dinc, I. S. (2005). Politicians and banks: Political influences on government-owned banks in emerging markets [J]. Journal of Financial Economics, 77:

453–479.

[35] Faccio, M. (2006). Politically connected firm [J]. American Economic Review, 96 (1): 369–386.

[36] Fisman, R. (2001). Estimating the value of political connections [J]. American Economic Review, 91: 1095–1102.

[37] Fisman, R., Svensson, J. (2007). Are corruption and taxation really harmful to growth? Firm level evidence [J]. Journal of Development Economics, 83: 63–75.

[38] Frölich, M. and Melly, B. (2012). Unconditional quantile treatment effects under endogeneity, IZA discussion paper, No. 3288.

[39] Gompers, P. and Lerner, J. (2006). The Venture Capital Cycle [M]. Cambridge, MA: MIT Press.

[40] Hall, B. H., Lerner, J. (2010). The financing of R&D and innovation [M]. In: Hall, B. H., Rosenberg, N. (Eds.), Handbook of the Economics of Innovation. Elsevier-North Holland, Amsterdam, 609–639.

[41] Hall, B. H. (2002). The financing of research and development [J]. Oxford Review of Economic Policy, 18 (1): 35–51.

[42] Hall, B., Jaffe, A., Trajtenberg, M. (2001). The NBER Patent Citation Data File: Lessons, Insights, and Methodological Tools. NBER Working Paper No. 8498.

[43] Kim, W. and Weisbach, M. S. (2008). Motivations for Public Equity Offers: An International Perspective [J]. Journal of Financial Economics, 87: 281–307.

[44] Laincz, C., Peretto, P. (2006). Scale effects in endogenous growth theory: An error of aggregation, not specification [J]. Journal of Economic Growth, 11 (3): 263–288.

[45] Li, H., Meng, L., Wang, Q., and Zhou, L. (2008). Political connections, financing and firm performance: evidence from Chinese private firms [J]. Journal of Development Economics, 87 (2): 283–299.

[46] Li, H., Zhou, L., (2005). Political turnover and economic performance: the incentive role of personnel control in China [J]. Journal of Public Economics, 89 (9–10): 1743–1762.

[47] Lin, C., Lin, P., Song, F. M., Li, C. (2011). Managerial incentives,

CEO characteristics and corporate innovation in China's private sector [J]. Journal of Comparative Economics, 39: 176-190.

[48] Lerner, J., Wulf, J. (2007). Innovation and incentives: Evidence from corporate R&D [J]. Review of Economics and Statistics, 89: 634-644.

[49] McMillan, J. (1995). China's nonconformist reforms [M]. In: Lazear, E. P. (Ed.), Economic Transition in Eastern Europe and Russia: Realities of Reform. Stanford: Hoover Institution Press.

[50] Myers, S. C., and Majluf, N. S. (1984). Corporate Financing and Investment Decisions When Firms have Information that Investors Do Not [J]. Journal of Financial Economics, 13: 187-221.

[51] Morck, R., Wolfenzon, D. and Yeung, B. (2005). Corporate governance, economic retrench, and growth. Journal of Economic Literature, 63.

[52] Porter, M. E. (1990). The Competitive Advantage of Nations [M]. New York: Free Press.

[53] Reinnikka, R., Svensson, J. (2006). Using micro-surveys to measure and explain corruption [J]. World Development, 34: 359-370.

[54] Sapienza, P. (2004). The effects of government ownership on bank lending [J]. Journal of Financial Economics, 72: 357-384.

[55] Wu, W., Wu, C., Zhou, C., and Wu, J. (2012). Political connections, tax benefits and firm performance: Evidence from China [J]. Journal of Accounting and Public Policy, 31: 277-300.

[56] Yeh, Y., Shu, P., and Chiu, S. (2013). Political connections, corporate governance and preferential bank loans [J]. Pacific-Basin Finance Journal, 21: 1079-1101.

第九章　金融發展、知識產權保護與技術創新效率改進

技術創新效率是經濟增長方式轉變質量的關鍵因素，因此改善技術創新活動的要素比例，提升技術創新效率對中國可持續發展具有非常重要的意義。本章運用空間動態面板計量分析技術，考察了1998—2008年中國30個省級區域（未含港、澳、臺地區；西藏由於數據缺失嚴重，故將其略去）金融發展、金融市場化和知識產權保護對技術創新效率的影響。研究發現，地區金融發展和知識產權保護積極推動了技術創新效率的改進，而金融市場化則妨礙了技術創新效率的提升。此外，知識產權保護強化了金融發展對技術創新效率改進的積極作用，而弱化了金融市場化對技術創新效率改進的消極作用，但作用程度並不大。進一步研究發現，中國技術創新效率具有較強的空間效應強度和路徑依賴性，同時也具有明顯的區域差異性。本章為理解市場化改革背景下的中國技術創新效率影響因素提供了一個新的視角，也為理解金融發展、金融市場化和知識產權保護對於經濟增長影響的機制提供了新的經驗證據。

第一節　引言

改革開放以來，中國經濟過度依賴資本投入而表現出了強勁的增長勢頭。然而，從長期來看，中國經濟增長的可持續性令人擔憂。以資本驅動經濟增長的方式已經成為制約中國經濟可持續發展的突出問題。內生經濟增長理論表明技術創新才是推動經濟可持續發展的根本動力（Aghion, Howitt, & Mayer-Foulkes, 2005; Laincz & Peretto, 2006; Bravo-Ortega & Marin, 2011）。因此，轉變經濟增長方式，促使經濟增長源泉由高儲蓄和投資轉向技術創新已刻不容

緩。而在經濟增長方式轉變的過程中，技術創新效率又進一步決定了經濟增長方式轉變的質量。為了提高技術創新效率，政府將大力發展資本市場作為一項重要的舉措（溫軍、馮根福和劉志勇，2011）。然而，事與願違，中國技術創新效率仍停留在較低水平（余泳澤，2011）。為了理清影響中國技術創新效率機制，以往研究探討了技術創新效率的諸多影響因素，如政府干預（樊華、周德群，2012）、企業性質（虞曉芬等，2005）、要素聚集（余泳澤，2011）和勞動者素質（池仁勇、虞曉芬和李正衛，2004）等。但這些研究都沒有回答中國技術創新效率低下的真正原因。因此，我們必須尋找影響技術創新效率的本質性因素，即金融因素和知識產權因素（Ang，2011）。目前尚無研究探討金融發展和金融市場化對創新活動效率的影響。同樣，也鮮有研究關注知識產權保護對知識創造活動的作用。技術創新項目由於信息不對稱等問題而經常面臨著嚴重的融資約束（Hall & Lerner，2010）。Chowdhury 和 Maung（2012）的研究指出，在信息不對稱的狀況下，融資機構可能會收回或錯配資源，導致技術創新效率低下。Xiao 和 Zhao（2012）指出，發達的金融體系能夠緩解信息不對稱問題。金融系統能夠產生信息揭示的帕累托改進，從而降低投資機會的事先評估風險，提高監督成效。因此，金融發展在技術創新生產中扮演著重要的角色。Colombage（2009）進一步指出，金融機構的發展會通過降低企業的監督成本、信息和交易成本來提高技術創新企業的治理成效。由於 R&D 投資項目收益的弱排他佔有性，這會提高融資機構對 R&D 項目的事先評估風險，因此，單憑金融發展為技術創新活動提供的動力是不足的，政府必須設計一種合理的制度來保護 R&D 項目的投資收益。基於此，知識產權保護制度完善便為金融發展促進技術創新效率的改進提供了更加充足的動力。知識產權保護制度能夠在某種程度上確保 R&D 項目成果的排他性佔有，促使企業獲得長期的市場競爭優勢，並刺激競爭者提高技術創新活動的效率（Ang，2010）。

雖然金融發展和知識產權保護都是技術創新活動的重要決定因素，但以往研究卻將這兩個因素隔離開來分別進行探討（Allred & Park，2007；Chowdhury & Maung，2012）。Liodakis（2008）認為，金融發展和知識產權保護是近年來推動技術創新發展的兩大重要因素，同時他強調了將這兩大因素納入同一整體框架的重要性。因為在知識產權保護體系不完善的狀況下，金融機構基於 R&D 項目收益風險的考慮而可能不會給企業技術創新活動提供融資機會。由此可知，技術創新活動的融資約束在某種程度上來源於獨占性保護制度的完善。Kanwar 和 Evenson（2009）的研究進一步指出，如果企業要獲得更多的融資機會，那麼這個國家必須提供更高水平的知識產權保護，高新技術型企業融資與

知識產權保護之間或許存在著強烈的關係。因此，我們在研究金融發展對技術創新活動影響的過程中，就不得不強調知識產權保護的作用。Ang（2010）考察了印度金融制度改革和專利保護對知識累積的作用，雖然肯定了知識產權保護和金融發展對知識累積的積極作用，但金融市場化、自由化卻給知識累積帶來了負面效果。由此可知，我們在思考金融發展和知識產權保護對技術創新效率影響的同時，還必須思考金融發展過程中，金融市場化和自由化對技術創新效率的影響。因為在市場化改革的背景下，資本市場的改革方向仍然是面向市場化，在中國金融發展的同時，這將不可避免地帶來金融市場化和自由化。基於此，本章將就該問題展開研究，同時考慮區域間空間相關性的影響，將各個區域視為相互聯繫的系統以考察金融發展、金融市場化和知識產權保護對技術創新效率的影響。

基於上述探討，本研究的貢獻主要體現在四個方面：第一，技術創新活動往往具有明顯的空間相關性，因此在研究區域技術創新活動時忽視空間相關性的影響就會帶來較大的偏誤（李婧、譚清美和白俊紅，2010）。有鑒於此，本研究採用空間動態面板模型來考慮空間相關性和空間動態效應對技術創新效率的影響，彌補了以往研究過程中的不足。第二，我們考慮了三種不同的空間權重矩陣，即空間鄰接權重矩陣、空間距離權重矩陣和空間經濟距離權重矩陣，以便準確把握技術創新效率與空間影響因素之間的關係，修正了以往研究僅考慮地理位置對經濟活動影響的不足。第三，我們利用中國省級面板數據，採用隨機前沿模型估計了中國技術創新效率，且通過實證研究表明，中國技術創新效率顯著受到了金融發展和知識產權保護的交互影響。換言之，強化知識產權保護有利於金融發展促進技術創新效率作用的發揮，這也在一定程度上回答了單有較高金融發展程度抑或較高知識產權保護水平的經濟體，而技術創新效率依然低下的命題。第四，我們在研究金融發展和知識產權保護對技術創新效率影響的過程中，重新審視了金融市場化的作用，並建議政府在制定高新技術企業融資政策的過程中應避免過度強調金融市場化、自由化。

第二節　文獻綜述

相對於其他項目而言，R&D 項目可能會存在更加嚴重的信息不對稱。原因有這幾個方面：第一，將技術創新成果轉化為產品，從而實現商業價值，需要經過較長的孕育期，再加上其固有的風險性，這使得投資者很難識別技術創

新的優質項目；第二，雖然企業信息披露是緩解信息不對稱問題的有效方法，但是技術創新主體不願意披露信息以防競爭者模仿，而弱化技術創新活動收益的弱排他性佔有（Bhattacharya & Ritter, 1983）；第三，為了減少信息不對稱問題，投資機構通常的做法就是要求借款人提供抵押品。但是對於高新技術企業而言，這樣的要求似乎並不現實。因為在技術創新活動中，大部分的研發支出形式都是工資薪金，而並非可以作為抵押品的資本物品（Hall & Lerner, 2010）。在信息嚴重不對稱的狀況下，技術創新活動的風險規避和私人信息會導致道德風險問題，這會使得謹慎的投資者對技術創新活動的投資失去興趣。然而，金融系統提供的信貸保證條款有利於對技術創新活動的監督，從而緩解上述代理問題。因此，高效的金融系統會帶來更高水平的技術創新活動（Ang & Madsen, 2008）。Blackburn 和 Hung（1998）的研究表明，企業有隱藏 R&D 項目成功的動機，以避免償還相關貸款。為此，金融機構必須強化對企業的監管力度並執行激勵相容的貸款合同，盡量規避逆向選擇和道德風險問題。他們進一步強調金融發展使得金融機構的投資分散在大量 R&D 項目上，顯著地降低了代理成本，從而推動了企業技術創新活動的發展。由 Aghion 等（2005）發展出的內生增長模型也表明，企業可能有隱藏技術創新活動成果的舉動，並拒絕償還金融機構貸款。在這種狀況下，對債權人保護力度越小，企業欺騙債權人所付出的成本就越低。這種狀況的持續惡化將會限制企業外部融資的機會，最終阻礙企業技術創新活動的推進。然而，金融發展和改革過程中所衍生出的法律與制度約束將會增加企業的隱藏成本（Hiding cost），並為企業開展技術創新活動提供融資便利。Aghion 和 Howitt（2009）在其所發展的熊彼特增長模型中指出，金融發展會降低金融機構的篩選和監督成本，從而緩解信息不對稱問題，增加企業技術創新活動的頻次。

金融發展雖然有利於企業技術創新活動的順利開展，但它只是推動企業技術創新活動的必要條件，而非充分條件。而只有當金融發展與知識產權保護相結合時，企業的技術創新活動才有更深層次的發展。對於企業而言，如果技術創新活動形成的無形資產被競爭對手毫無代價地模仿和傳播，那麼企業的技術創新活動成果將付諸東流，因此企業需要專利保護來確保這些無形資產的專有性（Allred & Park, 2007），以防企業面臨較高的技術創新活動風險。Jaffe 和 Lerner（2004）的研究表明，專利保護通過確保技術創新活動主體未來收益來充分激發他們繼續進行創新發明的動力。政策制定者也致力於建立適當的知識產權制度，並使其能夠最大限度地推動技術創新和擴散，為經濟發展提供動力。Maskus（2000）認為強調專利保護有利於知識累積，並促使企業有可能通

过专利来获取未来市场的竞争优势。国际专利制度改革的支持者认为专利权不仅有利于刺激国内创新，而且有利于国内企业引进、消化和吸收国外先进技术，而反对者则主要认为模仿是技术赶超的重要途径，过多地强调专利权会妨碍组织学习和创新（Allred & Park，2007）。事实上，专利保护对经济增长的理论效果并不总是明确的，比如 Segerstrom、Anant 和 Dinopoulos（1990）利用动态均衡模型，发现增加专利保护期限既可能促进也有可能阻碍技术创新活动。这主要是因为期限较长的专利虽然会增加 R&D 的回报，但它们可能会限制创新成果的社会扩散，增加企业的生产成本。Lai（1998）在其发展的国际产品生命周期的一般动态均衡模型中指出，如果外商直接投资是国际技术扩散的主要途径，那么提高专利保护水平有利于提升产品创新速度；如果模仿是国际技术扩散的主要途径，那么提高专利保护将会阻碍产品创新速度。还有部分研究表明，专利保护有可能会妨碍技术创新，比如，Boldrin 和 Levine（2008）认为专利保护可以作为制约竞争对手的有力武器，因为专利垄断者可以凭藉授予专利的创新或发明对其他企业进行技术打压或者专利勒索，从而妨碍了竞争对手的技术创新发展。Jaffe 和 Lerner（2004）认为在现实社会中，大部分公司会为他们的一些琐碎发明申请专利以威胁实际的创新行为。

尽管知识产权保护对于技术创新活动是一把双刃剑，但是它却能够降低投资者对 R&D 投资所预估的事前风险，从而改善了技术创新活动资金配置的环境。因此，从某种程度而言，完善的知识产权保护体系是金融发展推进技术创新活动发展的先决条件（La Porta et al.，1998）。Levine（1999）和 Beck 等（2000）认为完善的法律和制度保证了金融市场的有效运作，提高了经济活动的效率。Wurgler（2000）、Beck 和 Levine（2002）进一步指出，金融发展和法律环境对于资本有效配置起着同等重要的作用。由此，本研究将同时强调金融发展和知识产权保护在提升技术创新活动效率上的重要作用。

尽管大量文献分别强调了金融发展和知识产权保护对技术创新活动的重要作用，但金融市场化对技术创新活动的影响作用仍不明确。麦金农和肖的金融自由化理论表明，金融市场化可以优化金融资源配置，有利于推进技术创新活动，而金融市场扭曲只会导致资本利用效率低下，抑制经济活动。Stiglitz 和 Weiss（1981）、Stiglitz（2000）则认为过度金融市场化会破坏金融发展环境，不利于投资回收期较长，而风险较大的技术创新活动的发展。后来，Arestis 等人（2003）的实证研究结果表明，适度的金融监管才利于生产力和经济效率的提升。事实上，金融市场化会激励投资主体追求各自利益的最大化，使得资本市场上的金融资源流向短期收益较高的投资项目，对技术创新项目的融资具有

明顯的擠出效應。Hellmann 和 Puri（2000）的研究結果表明，風險投資對創新產出並沒有明顯的促進作用，這主要是因為風險投資者為了追求利益最大化，會將所有精力放在現有創新的商業化運作上，而打消了進一步創新的動機。Stadler（1992）在其動態隨機寡頭壟斷模型中指出，高新技術企業的最優產出與市場利率是負相關的。事實上，金融市場化、自由化會提高市場利率的波動風險，導致更高的資本成本，最終阻礙高新技術行業的技術創新活動。而政府的信貸引導有利於增加目標行業的投資（Schwarz, 1992）。Bandiera 等（2000）認為如果有更多的資金流向高新技術行業，將有助於實現創新產出整體增加的目標。此外，金融市場化、自由化會通過放寬流動性限制而減少儲蓄（Bandiera et al., 2000）並引發金融脆弱性（Kaminsky & Reinhart, 1999; Stiglitz, 2000），最終阻礙技術創新活動的發展。Mankiw（1986）認為政府對信貸市場施加約束的干預方式可以減少由於金融市場化、自由化引致的金融市場失靈問題，最終提高經濟系統的整體產出。例如，政府提供信貸補貼和信貸擔保可以提高信貸配置效率，最終促進技術創新活動的發展。由此可見，過度的金融市場化、自由化會給企業技術創新活動帶來某種程度上的金融抑制。因此，在探討企業技術創新效率的影響因素中，除了要納入金融發展和知識產權保護等因素外，我們還必須進一步考慮金融市場化、自由化的作用。

第三節 研究方法與數據來源

一、隨機前沿生產函數

隨機前沿分析方法首先是由 Aigner 等（1977）、Meeusen 和 van den Broeck（1977）提出來的。在生產函數形式的選擇上，Aigner 等（1977）、Meeusen 和 van den Broeck（1977）提出了以下模型：

$$y_i = f(x_i, \beta) + \varepsilon_i$$

其中 y_i 表示的是省份 i 的專利產出，x_i 表示的是省份 i 專利投入，β 表示待估的未知參數，ε_i 表示模型中合成誤差項，且 $\varepsilon_i = v_i + u_i$。$v_i$ 表示經濟體在專利生產中不能控制的因素，用來判別測量誤差和隨機干擾的效果，例如統計誤差、不可抗力因素等，且 v_i 服從 $N(0, \sigma_v^2)$；u_i 表示的是省份的專利產出技術無效率的部分，即專利產出與生產可能性邊界的距離，u_i 服從截尾正態分佈，即 $u_i \geq 0$，$u_i \sim N(m_i, \sigma_u^2)$。在本研究中，我們假定 u_i 服從指數分佈，因為它

更適合現有數據對模型的擬合。

由於多數研究者建議的估計方法為極大似然法,並且 Aigner 等(1977)、Meeusen 和 van den Broeck(1977)提出了似然函數的公式:

$$\ln L(y \mid \beta, \sigma_v, \varphi) = N\left[\ln\frac{1}{\varphi} + \frac{1}{2}\left(\frac{\sigma_v}{\varphi}\right)^2\right] + \sum_{i=1}^{N}\left[\ln F^*\left(\frac{-\varepsilon_i}{\sigma_v} - \frac{\sigma_v}{\varphi}\right) + \frac{\varepsilon_i}{\varphi}\right]$$

其中,$\varphi = \sigma_u$ 且 F^* 表示服從標準正態分佈的累積分佈函數。值得注意的是,由於無法直接觀測隨機誤差 u_i。因此,Jondrow 等(1982)建議專利生產非效率可以利用給定 ε_i 下的 u_i 條件分佈來估計。如果 u_i 服從指數分佈,那麼估計形式可以設定為:

$$E(u_i \mid \varepsilon_i) = \sigma_v\left\{\frac{f^*[(\varepsilon_i/\sigma_v)/(\sigma_v/\varphi)]}{1 - F^*[(\varepsilon_i/\sigma_v)/(\sigma_v/\varphi)]} - [(\varepsilon_i/\sigma_v)/(\sigma_v/\varphi)]\right\}$$

其中 f^* 和 F^* 分別表示標準正態密度函數和累積分佈函數。當知道 $E(u_i \mid \varepsilon_i)$ 時,專利產出的技術效率可以由 $\exp[-E(u_i \mid \varepsilon_i)]$ 估計得出。

在本研究中,我們根據 Battese 和 Coelli(1995),以及 Guilkey、Lovell 和 Sickles(1983)的早期研究的建議,選擇超越對數隨機前沿生產函數形式作為本研究計量模型形式,因為它相比傳統里昂惕夫生產函數、柯布道格拉斯生產函數以及固定替代彈性生產函數而言,具有更少的約束限制(Chambers,1998)。因此建立以下超越對數隨機前沿生產函數:

$$\ln(Patent_{it}) = \beta_0 + \beta_e d_e + \beta_c d_c + \beta_1\ln(K_{it}) + \beta_2\ln(L_{it}) + 1/2\beta_3\ln(^K_{it})2 \\ + 1/2\beta_4\ln(^L_{it})2 + \beta_5\ln(K_{it})\ln(L_{it}) + v_{it} - u_{it}$$

其中,$Patent_{it}$ 表示第 i 個省份第 t 年的專利授權量,K_{it} 和 L_{it} 表示第 i 個省份第 t 年的專利投入要素,分別為 R&D 資本存量與 R&D 全時當量人員,d_e 表示中國東部的虛擬變量,d_c 表示中國中部的虛擬變量。根據極大似然估計的優點,我們採用參數替換的方法,隨機前沿模型用 $\sigma^2 = \sigma_v^2 + \sigma_u^2$ 和 $\gamma = \sigma_u^2/\sigma^2$ 分別替代 σ_v^2 和 σ_u^2,且 $0 \leq \gamma \leq 1$,當 $\gamma \rightarrow 1$ 時,實際產出與最大產出的差距主要來源於技術無效誤差 u_i;而當 $\gamma \rightarrow 0$ 時,實際產出與最大產出的差距主要來源於不可控因素的隨機誤差 v_i。

二、Moran I 指數

本研究的目的是解釋區域創新生產效率與其所處空間的聯繫與影響。因此,在正式進入空間迴歸模型之前,需要瞭解區域創新生產效率的空間相關性,即技術創新效率的相關性是與空間相對位置有關的,若該省與鄰近省份在技術創新效率上有相似的現象,則視為空間正相關;若該省與鄰近省份在技術

創新效率上有較大差異，則視為空間負相關。用於檢驗空間相關性的方法為 Moran's I，其統計量如下：

$$\text{Moran's} I: I = \frac{n \sum_{i=1}^{n} \sum_{j=1}^{n} w_{ij}(y_i - \bar{y})(y_j - \bar{y})}{\left(\sum_{i=1}^{n}(y_i - \bar{y})^2\right)\left(\sum \sum_{i \neq j} w_{ij}\right)}$$

其中，n 表示空間單元的個數，y_i 表示空間單元 i 的觀測值，y_j 表示空間單位 j 的觀測值，$\bar{y}$ 表示 n 個空間單元中關於變量 y 的平均值，w_{ij} 表示空間權重矩陣（O'Sullivan & Unwin, 2003）。Moran's I 統計量的概念與皮爾森相關係數類似，其本意在於測量兩地區某一屬性值與其屬性平均值的離散程度，數值介於（-1，1），-1 代表空間完全負相關，1 表示空間完全正相關，在空間上不相關時，Moran's I 滿足 $E(I) = -1/(n-1)$，當 n 較大時，其值接近於 0。檢定這個統計量是否顯著的方法，通常有兩種，即置換排列檢驗（Permutation Test）和近似抽樣分佈檢驗（Approximate Sampling Distribution Test）。置換排列檢驗是將 n 個樣本資料重新排列的 $n!$ 種組合中，然後通過蒙特卡洛重複抽樣，計算抽樣分佈中原始排列方法所得統計值的尾端概率。而近似抽樣分佈檢驗是指假設抽樣服從正態分佈，而在檢驗迴歸殘差的空間相關性時，樣本量需要遠大於參數個數才行，此時需要調整近似抽樣分佈的平均數和方差。

三、動態空間面板模型

空間計量經濟學方法是用來解決空間相互作用與空間依存性結構問題的迴歸分析方法。空間誤差模型（SEM）和空間滯后模型（SLM）是用來解決空間依賴性的兩種不同方法（Anselin, 2001）。空間誤差模型通過誤差項引入空間依賴性的空間迴歸模式，其中誤差項是一個空間自迴歸的過程。而空間滯后模型是通過空間滯后變量引入空間依賴性的空間迴歸模式。我們通常將空間滯后模型視為空間自迴歸模型（Beck et al. 2006；Blonigen et al., 2007）。這兩種模型的設定取決於空間權重矩陣 W，而空間權重矩陣是用來描述空間單元的空間佈局。在空間計量經濟學中，空間權重矩陣 W 已被行標準化，因此空間權重矩陣 W 每行的和等於 1。在本研究中，我們假定空間權重矩陣隨著時間的推移而保持不變。

首先，我們考慮一個時空同步（time-space simultaneous）模型（Anselin et al., 2007）：

$$y_{it} = \alpha y_{i, t-1} + \beta x_{i, t} + \rho w y_{i, t} + (\eta_i + v_{i, t}) \quad |\alpha| < 1 \quad i = 1, \cdots, N; \quad t = 2, \cdots, T \tag{9.1}$$

其中，y_{it} 表示由每個空間單元 $i(i=1,\cdots,N)$ 的被解釋變量在第 t 時期（$t=2,\cdots,T$）觀測值組成的 $N\times1$ 向量。$y_{i,t-1}$ 表示 y_{it} 的前期觀測值。$wy_{i,t}$ 表示一階空間滯后項，系數 ρ 表示空間效應強度（Intensity of spatial effects）。$\eta_i + v_{i,t}$ 表示誤差成分，即不可觀測的異質性 η_i 和剩余隨機誤差項 $v_{i,t}$。Anselin（2001）和 Abreu 等（2005）的研究表明，空間滯后因變量會導致同時性和內生性問題（Simultaneity and endogeneity problems）。換言之，空間滯后因變量必須被視為內生的，同時有效的估計方法必須將這種內生性考慮在內。基於此，面板數據的動態空間滯后模型（Dynamic Spatial lag Model on Panel Data）是解決上述問題的有效估計方法。Madriaga 和 Poncet（2007）建議採用廣義矩估計量來估計動態空間滯后模型，並且將空間滯后項滯后值、自迴歸項的滯后值、因變量的滯后值和空間權重解釋變量作為空間滯后項和自迴歸項的工具變量。然而，如果空間滯后項是嚴格內生（Strictly endogeneity）的，那麼廣義矩估計由於矩限制，而導致其無法提供無偏和一致的估計量。因此，我們考慮將 $wy_{i,t}$ 作為內生變量來解決這一問題並估計式（9.1）：

$$E(wy_{is}\Delta\varepsilon_{it})=0\ t=2,\cdots,T;\ s=1,\cdots,T-2$$

進一步地，我們使用空間權重解釋變量 $wx_{i,t}$ 來作為空間滯后項的工具變量。

上述估計方法的有效性必須服從以下矩限制：

如果 wx_{it} 是嚴格內生的，那麼 $E(wx_{it}\Delta\varepsilon_{it})=0\ t=2,\cdots,T$。

動態面板環境下的空間誤差模型的估計要比空間滯后模型更複雜一些。儘管如此，Elhorst（2005）提出動態面板環境下空間誤差自相關的極大似然估計方法。Kapoor 等人（2007）和 Mutl（2006）認為，可以通過一系列矩條件來得到靜態面板模型的一致估計量，並且他們將這一方法拓展到動態面板的估計。

我們考慮以下模型設定：

$$y_{it}=\alpha y_{i,t-1}+\beta x_{i,t}+\varepsilon_{i,t}\ |\alpha|<1\ i=1,\cdots,N;\ t=2,\cdots,T$$
$$\varepsilon_{it}=\rho w\varepsilon_{i,t}+(\eta_i+v_{i,t})\ |\rho|<1$$

其中，誤差項包括空間滯后同步誤差和先前所述的誤差成分（$\eta_i+v_{i,t}$）。同時，我們假設 $v_{i,t}$ 相互獨立，方差 σ_v^2 為常數。考慮到系統廣義矩估計的優勢，我們沿用 Blundell 和 Bond（1998）的廣義矩估計策略，並將空間鄰接權重矩陣、空間距離權重矩陣和空間經濟距離權重矩陣納入模型中，同時採納 Mutl（2006）的建議，使用空間動態兩步系統廣義矩對計量模型（9.2）進行估計。

$$tech_{it} = \alpha_0 tech_{i,t-1} + \rho\,(w\cdot tech)_{i,t} + \alpha_j EV_{i,t} + \beta_j CV_{i,t} + (\eta_i + v_{i,t})$$
(9.2)

在式（9.2）中，$tech_{it}$ 表示第 i 個省份第 t 年的技術創新效率，$tech_{i,t-1}$ 表示第 i 個省份第 $t-1$ 年的技術創新效率，ρ 表示待估未知參數，用來反應空間自迴歸項 $(w\cdot tech)_{i,t}$ 的空間效應強度，w 表示空間滯后權重矩陣。$EV_{i,t}$ 表示解釋變量，包括金融發展、金融市場化和知識產權保護，$CV_{i,t}$ 表示控制變量，包括經濟發展水平（實際人均 GDP 的對數）、貿易開放度（進出口總額/名義 GDP）、外商直接投資程度（實際 FDI 的對數）、人口總數（人口總數的對數）以及第三產業的比重（第三產業產值/名義 GDP）。

四、變量與數據

1. 投入產出變量選擇

根據李婧、譚清美和白俊紅（2010）的建議，本章將 R&D 人員全時當量和 R&D 資本存量作為投入要素，同時將發明專利申請授權量作為產出指標。對於 R&D 人員全時當量的計算，本章根據李婧、譚清美和白俊紅（2010）的建議，認為 R&D 全時當量為 R&D 全時人員數與非全時人員按工作量折算成全時人員數的和。對於 R&D 資本存量，本研究參考 Ang（2011）的做法，運用永續盤存法對 R&D 資本存量進行核算。在計算過程中，本章採用朱有為和徐康寧（2006）的 R&D 價格指數計算方法對 R&D 經費支出進行了平減，同時，假定基期 R&D 資本存量的增長率等於實際 R&D 經費支出的增長率，基期 R&D 資本存量的估算公式為：

$$K_{i0} = I_{i0}/(\delta + g)$$

其中 K_{i0} 表示基期 R&D 資本存量，I_{i0} 表示基期的實際 R&D 經費支出，δ 表示折舊率，該折舊率被假定為 10%（Ang, 2011），g 為考察期內實際 R&D 經費支出的平均增長率。根據該公式可以計算各地的 R&D 資本存量。

2. 金融發展、金融市場化和知識產權保護指標

關於衡量金融發展的指標，國內學者有不同的看法，但大部分研究者質疑麥氏指標（M2／GDP）和戈氏指標（FIR）衡量金融發展的有效性（冉光和、魯釗陽，2011；王毅，2002）。基於此，本研究採納冉光和、魯釗陽（2011）和黃燕君、鐘槭（2009）的建議，利用各地金融機構各項貸款餘額與存款餘額之和與名義地區生產總值之比來衡量地區金融發展程度。金融市場化和知識產權保護指標來源於樊綱、王小魯和朱恒鵬（2011）所著的《中國市場化指數：各地區市場化相對進程 2011 年報告》。在報告中，涉及的關於金融市場化的指

標有金融市場化程度、金融業競爭程度、信貸資金分配市場化和價格市場決定程度；涉及的關於知識產權保護的指標是知識產權保護程度。

3. 控制變量

關於控制變量選擇，本研究根據余泳澤（2011）、樊華和周德群（2012）的建議，選取了經濟發展水平（實際人均 GDP 的對數）、貿易開放度（進出口總額/名義 GDP）、外商直接投資程度（實際 FDI 的對數）、人口總數（人口總數的對數）以及第三產業的比重（第三產業產值/名義 GDP）。

五、空間面板權重矩陣的構建

空間面板權重矩陣是用來描述空間單元的空間依賴性程度，選擇合理的空間面板權重對技術創新活動的空間計量分析非常關鍵。縱觀以往研究，大部分學者選用空間鄰接標準和距離標準來定義空間面板權重矩陣（余泳澤，2011）。鄰接標準是指如果兩個空間單元相鄰，則存在空間相關性，反之，則不存在空間相關性。而距離標準是指利用兩個空間單元的地理距離或經濟距離來定義空間面板權重矩陣。距離越大則空間相關程度越低，反之則相反。為了準確把握區域技術創新活動與空間因素之間的關聯性，本研究借鑑李婧、譚清美和白俊紅（2010）的做法從地理特徵和經濟特徵兩個不同的角度建立了空間鄰接權重矩陣、空間距離權重矩陣和空間經濟距離權重矩陣。

1. 地理特徵空間權重矩陣

關於地理特徵空間權重矩陣，目前國際上通行的做法就是通過判斷兩個空間單元在地理上是否相鄰而在空間鄰接權重矩陣 W_1 上賦予不同的數值，其中對角線上的元素為 0，其他元素滿足：

$$\omega_{ij} = \begin{cases} 1 & 鄰接 \\ 0 & 不鄰接 \end{cases} \quad i \neq j$$

李婧、譚清美和白俊紅（2010）認為空間鄰接權重矩陣具有較大的缺陷，而且不能較為客觀地反應經濟活動規律，因此他們通過地理標準構建了空間距離權重矩陣，因為這比較符合地理學第一定律，即距離較近的區域之間存在著更加密切的聯繫，反之則相反。常用的空間距離權重矩陣 W_2 可以表示為：

$$\omega_{ij} = \begin{cases} 1/d^2 & i \neq j \\ 0 & i = j \end{cases}$$

其中 d 為兩個空間單元地理中心位置之間的距離。對於 d 的計算可以通過下列 Vincenty（1975）的公式得到：

$$d = r\Delta\hat{\sigma}$$

$$\Delta\hat{\sigma} = \arctan\left(\frac{\sqrt{(\cos\varphi_f \sin\Delta\lambda)^2 + (\cos\varphi_s \sin\varphi_f - \sin\varphi_s \cos\varphi_f \cos\Delta\lambda)^2}}{\sin\varphi_s \sin\varphi_f + \cos\varphi_s \cos\varphi_f \cos\Delta\lambda}\right)$$

其中 r 表示地球半徑，$\Delta\hat{\sigma}$ 表示地球上 s 點和 f 點之間所對應的弧度。φ_s 和 λ_s 分別表示 s 點地理緯度和經度，φ_f 和 λ_f 分別表示 f 點的地理緯度和經度。$\Delta\lambda$ 表示 s 點和 f 點的經度差。在本研究中，我們採用上述公式來計算兩個空間單元地理中心位置。

2. 社會經濟特徵空間權重矩陣

實際上以地理區域的差異反應技術創新活動的空間依賴性僅僅體現了地理鄰近特徵的影響。因此地理特徵空間權重矩陣就顯得比較膚淺，區域內部的技術創新活動是一項複雜的經濟活動過程，它除了受到地理鄰近因素影響外，還有可能受到其他經濟因素的影響。因此，在構建空間權重矩陣的時候，我們需要綜合考慮地理鄰近因素和區域之間經濟因素對技術創新活動空間依賴性的影響。李婧、譚清美和白俊紅（2010）在研究中指出，通過構建經濟距離空間權重矩陣可以更好地反應區域經濟因素對技術創新活動空間依賴性的影響。基於此，本研究採納李婧、譚清美和白俊紅（2010）的研究方法，構建了物質資本空間權重矩陣和人力資本空間權重矩陣。物質資本空間權重矩陣 W_3 可以表示為：

$$W_3 = W_d diag(\bar{K}_1/\bar{K}, \bar{K}_2/\bar{K}, L, \bar{K}_n/\bar{K})$$

其中 W_d 表示地理距離空間權重矩陣，$\bar{K}_i = 1/(t-t_0+1)\sum_{t_0}^{t_1} K_{it}$ 表示考察期內第 i 地區的物質存量平均值，$\bar{K} = \frac{1}{n(t_1-t_0+1)}\sum_{i=1}^{n}\sum_{t_0}^{t_1} K_{it}$ 表示考察期內總物質資本存量均值，t 表示不同時期。各地區物質存量的核算參照張軍等（2004）的做法。

人力資本空間權重矩陣 W_4 可以表示為：

$$W_4 = W_d diag(\bar{H}_1/\bar{H}, \bar{H}_2/\bar{H}, L, \bar{H}_n/\bar{H})$$

其中，$\bar{H}_i = 1/(t-t_0+1)\sum_{t_0}^{t_1} H_{it}$ 表示考察期內第 i 地區的人力資本存量平均值，$\bar{H} = \frac{1}{n(t_1-t_0+1)}\sum_{i=1}^{n}\sum_{t_0}^{t_1} H_{it}$ 表示考察期內總人力資本存量均值，對於人力資本存量的核算，本研究採用受教育年限作為衡量指標。

六、數據來源

本研究以 1998—2008 年中國 30 個省級行政區域（未含港、澳、臺地區；

西藏由於數據缺失嚴重，故將其略去）作為研究對象，原始數據來源於《中國統計年鑑》《中國科技統計年鑑》《中國金融年鑑》《中國人口統計年鑑》和 2011 年樊綱、王小魯和朱恒鵬所著的《中國市場化指數：各地區市場化相對進程 2011 年報告》。其中，投入產出變量的原始數據來源於《中國科技統計年鑑》（1999—2009），金融發展指標來源於《中國金融年鑑》（1999—2009），教育年限方面的數據來源於《中國人口統計年鑑》，金融市場化和知識產權保護等指標數據來源於 2011 年樊綱、王小魯和朱恒鵬所著的《中國市場化指數：各地區市場化相對進程 2011 年報告》。各地區省會的經度和緯度由作者自己整理得到。①

第四節 結果分析

一、技術創新效率的隨機前沿生產函數估計

表 9-1 匯報了 1998—2008 年，中國 30 個省級行政區域技術創新的隨機前沿生產函數極大似然估計。表 9-1 中列（1）和列（2）是對柯布道格拉斯生產函數模型的估計結果，而列（3）和列（4）顯示的是超越對數生產函數的估計結果。列（1）和列（2）之間以及列（3）和列（4）之間的不同之處在於列（2）和列（4）納入了地區虛擬變量。在表 9-2 中的最後兩行顯示的是模型設定的兩種檢驗。第一種是對超越對數形式中平方項和交叉項的聯合效應檢驗。列（3）和列（4）的結果顯示，統計結果是顯著的，因此，超越對數函數形式適合於中國技術創新生產函數；第二種是對模型中地區虛擬變量聯合效應的檢驗。所有的統計量在最後一行都是顯著的，這表明地區虛擬變量的聯合效應是顯著的。總體而言，具有超越對數函數形式並帶有地區虛擬變量的生產函數更加適合擬合中國技術創新生產函數，也是我們進一步分析時所需要的模型。根據模型選擇標準 AIC 和 BIC 的結果顯示，列（3）和列（4）要比其他模型更合適擬合數據。在列（3）的基礎上，加入地區虛擬變量以後，得到列（4）的結果，從列（4）的適切性來看，技術無效率的診斷性統計量揭示出 σ^2 在 1% 的水平上通過顯著性檢驗，表明模型的擬合度良好，合成誤差項假定的分佈形式是正確的。λ 在 1% 的水平上顯著，並且 $\gamma = \sigma_u^2/\sigma^2$ 趨近於 1，這表明技術無效率誤差項 u_i 主導了不可控因素的隨機誤差 v_i，同樣也表明列

---

① 具體參見 http://www.zou114.com/guojia/。

(4) 的擬合度和設定的分佈形式都是較好的 (Tadesse and Moorthy, 1997)。

由於技術創新投入自然對數的系數估計可以轉換為技術創新產出的彈性，因此可以測量出每種要素對技術創新產出彈性的影響。從列 (4) 的迴歸結果來看，R&D 資本存量和 R&D 人員全時當量這兩種要素投入參數與理論預期是一致的，且兩種要素皆在 1% 的水平上通過顯著性檢驗，說明這兩種要素投入對技術創新產出具有顯著的正向影響，且兩種要素對產出迴歸的系數和要小於 1（0.1856+0.4015<1），即 R&D 資本存量和 R&D 人員全時當量都增加 1% 時，技術創新產出將要增加 0.5871%。這表明，中國技術創新生產呈現出規模報酬遞減的狀態，其中 R&D 人員全時當量這一要素對技術創新產出的影響要大於 R&D 資本存量對技術創新產出的影響。這說明，相對於 R&D 人員全時當量而言，中國 R&D 資本存量利用效率較低；地區虛擬變量的參數符號在 5% 的水平上顯著為正，這表明中部和西部地區的技術創新效率要明顯要小於東部地區。上述模型計算結果顯示，1998—2008 年間，中國技術創新效率平均為 0.4569，這表明中國技術創新效率仍具有較大的改善空間。

表 9-1　　極大似然估計的中國技術創新隨機生產前沿函數

	(1)	(2)	(3)	(4)
Constant	9.1840*** (0.9060)	8.9140*** (0.4217)	9.5457*** (0.5873)	9.7380*** (0.6052)
$\ln(K)$	0.1731*** (0.0467)	0.1386*** (0.0391)	0.1724*** (0.0353)	0.1856*** (0.0345)
$\ln(L)$	0.7322*** (0.0551)	0.7080*** (0.0491)	0.5657*** (0.0521)	0.4015*** (0.0606)
$[\ln(K)]^2$			0.0353*** (0.0074)	−0.0211 (0.0133)
$[\ln(L)]^2$			0.0351* (0.0204)	−0.1441*** (.0384)
$\ln(K) \times \ln(L)$				0.1980*** (0.0402)
d_{east}		0.6691*** (0.1325)		0.4567** (0.1995)
d_{center}		0.0019 (0.1236)		−0.0424 (0.1601)
σ_v^2	0.0326*** (0.0027)	0.0303*** (0.0025)	0.0258*** (0.0021)	0.0234*** (0.0020)

表9-1(續)

	(1)	(2)	(3)	(4)
σ_u^2	0.1519*** (0.0436)	0.0841*** (0.0242)	0.1788*** (0.0552)	0.1649*** (0.0565)
σ^2	0.1844*** (0.0437)	0.1145*** (0.0243)	0.2046*** (0.0551)	0.1883*** (0.0562)
λ	0.8234*** (0.0435)	0.7349*** (0.0585)	0.8739*** (0.0358)	0.8759*** (0.0396)
Log likelihood	31.4986	48.0429	63.6848	79.8355
AIC①	-48.9973	-78.0858	-109.3696	-135.6709
BIC	-22.4037	-43.8940	-75.1778	-90.0818
Log-Likelihood ratio test (χ^2)				
$\beta_{i,j}=0$, $i,j=\ln(K)^2,\ln(L)^2$			64.37***	43.55***
$d_{i,j}=0$, $i,j=e,c$		33.09***		32.30***

註:1. 在迴歸的過程中,交叉項和平方項在進行交叉和平方之前都已經經過中心化處理(STATA12.0 的 center 命令)。

2. ln(K) 表示 R&D 存量的對數,ln(L) 表示 R&D 全時當量人員的對數,east 表示東部,center 表示中部。

3. *、**、*** 分別表示在 10%、5% 和 1% 的水平上顯著,以下相同。

二、區域技術創新效率的空間相關性檢驗

區域技術創新效率的 Moran I 指數②用於解釋區域技術創新的空間自相關。圖 9-1 顯示了 1998—2008 年 11 年的中國省域技術創新效率 Moran I 指數變動趨勢。從圖 9-1 可以看出,1998—2008 年 11 年間區域技術創新效率存在著正向空間自相關(系數在 0.102~0.147 間波動,且均通過了 5% 的顯著性概率檢驗)。這說明 11 年間中國區域技術創新效率在空間分佈上具有明顯的相關性,區域技術創新效率並不是處於完全的隨機狀態,而是在地理空間上呈現出集聚現象。這也表明對技術效率空間相關性的忽略將會導致潛在性的估計偏誤,因此,運用空間面板計量模型對技術創新效率進行研究有利於克服以往研究過程

---

① STATA12.0 的 estat ic 命令得出。

② 具體運用 STATA12.0 的 spatgsa 命令可以得出。

中計量模型設定的不足。

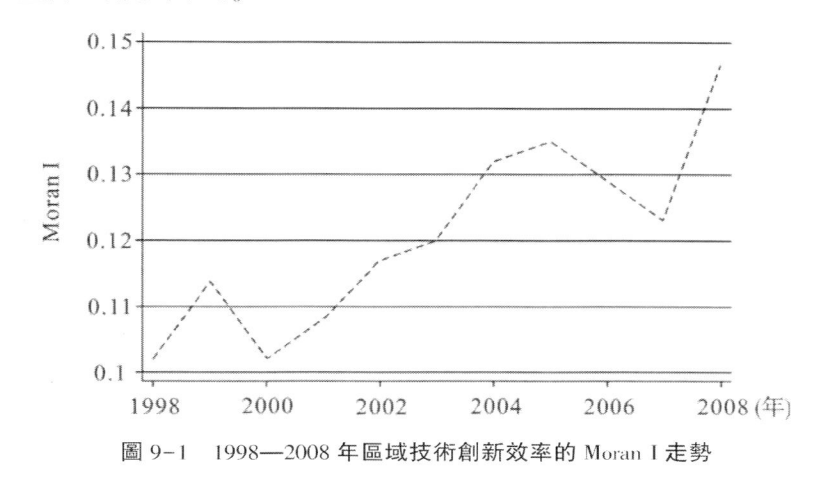

图 9-1　1998—2008 年區域技術創新效率的 Moran I 走勢

三、空間動態面板計量模型檢驗

由 Moran I 的檢驗結果可知，區域技術創新效率呈現出較為明顯的空間依賴性，因此考慮採用空間因素對技術創新效率的影響。基於此，本章接下來將利用上述數據擬合空間動態面板計量模型來實證檢驗中國金融發展、金融市場化和知識產權保護對技術創新效率的影響。考慮到系統廣義矩估計量的一致性依賴於迴歸方程中解釋變量的滯后期值和一階差分值作為工具變量的有效性，因此，我們需要檢驗工具變量選擇的有效性。其中漢森（Hansen）的過度識別限制性檢驗是判斷工具變量整體有效的檢驗方法，其主要原理是通過分析估計過程中使用的矩條件相似樣本來判斷整體工具變量的有效性。一階差分殘差的二階序列顯著相關表明原始誤差項存在序列相關，此時工具變量的設定有誤。因此，我們需要對一階差分殘差的一階和二階序列相關性進行檢驗。如果原始誤差項不存在序列相關，那麼一階差分殘差便存在顯著的一階序列負相關，而不存在二階序列相關性。此外，Windmeijer（2005）利用兩步協方差矩陣進行有限樣本修正，顯著降低了小樣本估計偏差，使得兩步系統 GMM 穩健估計相比一步系統 GMM 穩健估計更有效。因此本章利用兩步系統廣義矩來估計計量模型（9.2）。

估計結果經整理匯報在表 9-2 和表 9-3。表 9-2 和表 9-3 匯報的結果顯示，漢森的過度識別限制性檢驗在 10% 的水平上接受了原假設，這表明整體工具變量的選擇是有效的。此外，AR（1）和 AR（2）檢驗的 P 值顯示，除表 9-2 中列（7）的一階差分殘差在 10% 的水平上存在一階和二階序列相關外，

表 9-2　地理距離權重估計結果

	(1)	(2)	(3)	(4)	(5)	(6)	(7)	(8)
	地理鄰接權重矩陣				地理距離權重矩陣			
$Tech_{-1}$	0.487,961*** (0.004,196)	0.701,257*** (0.005,403)	0.625,844*** (0.004,991)	0.743,689*** (0.005,449)	0.497,318*** (0.004,412)	0.790,169*** (0.005,988)	0.576,081*** (0.004,715)	0.603,212*** (0.004,216)
$W \cdot tech$	0.000,606*** (0.000,831)	0.000,102 (0.000,703)	0.000,147 (0.000,727)	0.000,550 (0.000,685)	0.010,780*** (0.002,341)	0.013,604*** (0.002,346)	0.012,164*** (0.002,397)	0.010,081*** (0.002,377)
FD	0.000,621*** (0.000,064)	0.000,622*** (0.000,102)	0.000,551*** (0.000,070)	0.000,670*** (0.000,078)	0.000,382*** (0.000,065)	0.000,429*** (0.000,076)	0.000,392*** (0.000,066)	0.000,510*** (0.000,062)
PP	0.000,051*** (0.000,007)	0.000,049*** (0.000,010)	0.000,045*** (0.000,005)	0.000,050*** (0.000,007)	0.000,050*** (0.000,006)	0.000,102*** (0.000,007)	0.000,051*** (0.000,005)	0.000,078*** (0.000,007)
FM	−0.000,049*** (0.000,009)				−0.000,042*** (0.000,006)			
FC		−0.000,032*** (0.000,008)				−0.000,038*** (0.000,009)		
LM			−0.000,045*** (0.000,003)				−0.000,033*** (0.000,003)	
PD				−0.000,075*** (0.000,012)				−0.000,056*** (0.000,008)
FD×PP	0.000,014*** (0.000,002)	0.000,017*** (0.000,002)	0.000,016*** (0.000,002)	0.000,011*** (0.000,002)	0.000,021*** (0.000,002)	0.000,024*** (0.000,002)	0.000,023*** (0.000,002)	0.000,015*** (0.000,001)

表9-2（續）

	地理鄰接權重矩陣				地理距離權重矩陣			
	(1)	(2)	(3)	(4)	(5)	(6)	(7)	(8)
FD×FM	−0.000,022 (0.000,021)				−0.000,020 (0.000,018)			
FM×PP	−0.000,012*** (0.000,001)				−0.000,010*** (0.000,001)			
FD×FC		−0.000,007 (0.000,015)				−0.000,011 (0.000,009)		
PP×FC		−0.000,006 (0.000,008)				−0.000,001 (0.000,001)		
FD×LM			−0.000,020*** (0.000,006)	−0.000,074*** (0.000,011)			−0.000,013** (0.000,005)	
PP×LM			−0.000,009*** (0.000,001)	−0.000,019*** (0.000,003)			−0.000,008** (0.000,001)	
FD×PD								−0.000,055*** (0.000,008)
PP×PD								−0.000,015*** (0.000,001)
Openness	0.000,013 (0.000,121)	0.000,055 (0.000,142)	0.000,028 (0.000,103)	0.000,093 (0.000,098)	0.000,074 (0.000,123)	0.000,024 (0.000,013)	0.000,036 (0.000,098)	0.000,054 (0.000,083)

第九章　金融發展、知識產權保護與技術創新效率改進　207

表0-2（续）

	地理邻接权重矩阵				地理距离权重矩阵			
	(1)	(2)	(3)	(4)	(5)	(6)	(7)	(8)
lnpgdp	0.002,885***	0.003,095***	0.003,154***	0.003,018***	0.002,833***	0.003,057***	0.003,060***	0.003,493***
	(0.000,449)	(0.000,533)	(0.000,307)	(0.000,452)	(0.000,337)	(0.000,382)	(0.000,256)	(0.000,383)
lnfdi	0.000,065***	0.000,053**	0.000,046**	0.000,051***	0.000,032*	0.000,030	0.000,059***	0.000,051***
	(0.000,018)	(0.000,024)	(0.000,019)	(0.000,019)	(0.000,019)	(0.000,024)	(0.000,021)	(0.000,019)
lnpopulation	0.003,071*	0.002,468	0.001,974	0.001,936	0.002,301**	0.002,779**	0.000,914*	0.001,238
	(0.001,815)	(0.001,550)	(0.001,240)	(0.001,321)	(0.001,078)	(0.001,219)	(0.000,491)	(0.000,933)
Thirdratio	0.000,049***	0.000,049***	0.000,049***	0.000,054***	0.000,042***	0.000,048***	0.000,046***	0.000,062***
	(0.000,009)	(0.000,011)	(0.000,009)	(0.000,010)	(0.000,008)	(0.000,009)	(0.000,007)	(0.000,007)
Constant	−0.040,711***	−0.036,940***	−0.033,412***	−0.032,662***	−0.033,004***	−0.038,936***	−0.023,274***	−0.029,831***
	(0.013,164)	(0.011,613)	(0.009,298)	(0.009,639)	(0.008,366)	(0.008,728)	(0.005,545)	(0.006,835)
F−test	532.2228	472.6289	346.5230	447.4503	478.2489	431.7098	339.2204	443.6258
Hansen test	0.119	0.131	0.312	0.214	0.108	0.113	0.255	0.192
AR(1)test	0.000	0.000	0.000	0.000	0.000	0.001	0.001	0.000
AR(2)test	0.127	0.241	0.115	0.176	0.103	0.213	0.097	0.148
样本数	300	300	300	300	300	300	300	300

注：FD 表示金融发展指标，PP 表示知识产权保护指标，FM 表示金融市场化指标，FC 表示金融业竞争指标，LM 表示信贷资金分配市场化指标，PD 表示价格市场决定指标，Openness 表示贸易开放度，lnpgdp 表示实际人均 GDP 的自然对数，lnpopulation 表示人口总数的对数，Thirdratio 表示第三产业占比。以下相同，不再赘述。

表 9-3　經濟距離權重矩陣估計結果

	物質資本距離權重矩陣			經濟距離權重矩陣			人力資本距離權重矩陣	
	(1)	(2)	(3)	(4)	(5)	(6)	(7)	(8)
$Tech_{-1}$	0.379,192***	0.487,775***	0.493,919***	0.388,621***	0.364,713***	0.506,723***	0.516,141***	0.541,639***
	(0.003,315)	(0.005,450)	(0.005,184)	(0.003,565)	(0.004,354)	(0.005,751)	(0.005,852)	(0.004,087)
$W \cdot tech$	0.003,882***	0.004,125***	0.004,326***	0.003,393***	0.005,832***	0.007,013***	0.006,806.5***	0.005,255***
	(0.001,180)	(0.000,817)	(0.001,121)	(0.000,671)	(0.001,637)	(0.001,940)	(0.001,756)	(0.001,230)
FD	0.000,555***	0.000,583***	0.000,514***	0.000,610***	0.000,681***	0.000,586***	0.000,676***	0.000,692***
	(0.000,074)	(0.000,087)	(0.000,098)	(0.000,095)	(0.000,065)	(0.000,081)	(0.000,100)	(0.000,065)
PP	0.000,026***	0.000,072***	0.000,038***	0.000,070***	0.000,020***	0.000,026***	0.000,068***	0.000,053***
	(0.000,007)	(0.000,007)	(0.000,004)	(0.000,007)	(0.000,007)	(0.000,005)	(0.000,010)	(0.000,007)
FM	-0.000,047***				-0.000,054***			
	(0.000,009)				(0.000,009)			
FC		-0.000,029***				-0.000,044***		
		(0.000,009)				(0.000,003)		
LM			-0.000,044***				-0.000,028***	
			(0.000,004)				(0.000,010)	
PD				-0.000,066***				-0.000,061***
				(0.000,009)				(0.000,008)
FD×PP	0.000,017***	0.000,012***	0.000,018***	0.000,012***	0.000,018***	0.000,021***	0.000,018***	0.000,012***
	(0.000,003)	(0.000,001)	(0.000,002)	(0.000,001)	(0.000,002)	(0.000,002)	(0.000,003)	(0.000,001)

表9-3(續)

	物質資本距離權重矩陣					人力資本距離權重矩陣			
	(1)	(2)	(3)	(4)	(5)	(6)	(7)	(8)
FD×FM	−0.000,007[***] (0.000,008)				−0.000,003 (0.000,008)			
FM×PP	−0.000,012[***] (0.000,001)				−0.000,010[***] (0.000,001)			
FD×FC		−0.000,008 (0.000,009)				−0.000,007 (0.000,006)		
PP×FC		−0.000,017[***] (0.000,003)				−0.000,009[***] (0.000,001)		
FD×LM			−0.000,010[*] (0.000,005)				−0.000,013[**] (0.000,006)	
PP×LM			−0.000,009[***] (0.000,001)				−0.000,002[**] (0.000,001)	
FD×PD				−0.000,058[***] (0.000,009)				−0.000,067[***] (0.000,008)
PP×PD				−0.000,017[***] (0.000,003)				−0.000,016[***] (0.000,001)
Openness	0.000,390[*] (0.000,213)	0.000,484[***] (0.000,104)	0.000,728[***] (0.000,254)	0.000,484[***] (0.000,104)	0.000,052 (0.000,160)	0.000,266[**] (0.000,128)	0.000,371[**] (0.000,159)	0.000,670[***] (0.000,152)

表9-3（續）

	物質資本距離權重矩陣				人力資本距離權重矩陣			
	（1）	（2）	（3）	（4）	（5）	（6）	（7）	（8）
lnpgdp	0.003,277***	0.003,556***	0.003,237***	0.003,556***	0.003,524***	0.003,158***	0.003,219***	0.003,376***
	(0.000,311)	(0.000,248)	(0.000,361)	(0.000,248)	(0.000,327)	(0.000,378)	(0.000,494)	(0.000,324)
lnfdi	0.000,081***	0.000,078***	0.000,072***	0.000,076***	0.000,075***	0.000,085***	0.000,068***	0.000,083***
	(0.000,020)	(0.000,022)	(0.000,021)	(0.000,022)	(0.000,020)	(0.000,021)	(0.000,022)	(0.000,021)
lnpopulation	0.002,511	0.001,480	0.002,358	0.001,480	0.001,612	0.001,601	0.001,663	0.002,645
	(0.001,908)	(0.001,121)	(0.001,868)	(0.001,121)	(0.001,852)	(0.001,087)	(0.001,762)	(0.002,402)
Thirdratio	0.000,053***	0.000,063***	0.000,050***	0.000,063***	0.000,053***	0.000,046***	0.000,048***	0.000,059***
	(0.000,008)	(0.000,006)	(0.000,008)	(0.000,006)	(0.000,008)	(0.000,009)	(0.000,011)	(0.000,007)
Constant	-0.038,758**	-0.032,810***	-0.037,079**	-0.032,810***	-0.033,395**	-0.030,163***	-0.043,673***	-0.040,854***
	(0.015,233)	(0.009,219)	(0.015,252)	(0.009,219)	(0.014,562)	(0.009,019)	(0.008,363)	(0.009,657)
F-test	332.3771	408.3455	339.5052	421.3455	415.9751	473.5464	432.2911	418.6954
Hansen test	0.214	0.210	0.281	0.118	0.204	0.129	0.218	0.176
AR(1) test	0.000	0.000	0.000	0.000	0.000	0.000	0.000	0.000
AR(2) test	0.213	0.237	0.107	0.183	0.147	0.128	0.112	0.115
樣本數	300	300	300	300	300	300	300	300

其他各列的一階差分殘差僅存在一階序列相關，而不存在二階序列相關，這表明除表9-2中列（7）估計的結果可能並不是有效的外，其他各列估計的結果都是有效的。但在5%的水平上仍然可以接受表9-2中列（7）估計的結果。

從表9-2和表9-3的估計結果，我們可以得到幾個有趣的發現：

第一，技術創新效率的空間效應強度會由於區域因素的差異而發生明顯變化。區域地理因素並非推動技術創新效率在空間上聚集的主因，而區域經濟因素是推動經濟發展水平和人力資源水平相近地區之間技術創新效率相互提升的主因。表9-2中，列（1）至列（4）的結果顯示，空間相關係數雖然為正，但並不顯著。這表明空間鄰接地區技術創新效率的提升並沒有顯著的正向作用，而列（5）至列（8）的結果顯示，空間相關係數顯著為正，這表明區域中心相近對於推動技術創新效率的提升具有促進作用。可能的原因是，區域中心往往是技術創新活動集中地帶，它對周邊地區具有強烈的技術溢出效應。但是區域之間的技術溢出效應是有代價和條件的，它要受到各種因素的制約。Cohen和Levinthal（1990）認為區域中心的鄰近有利於降低獲取和吸收技術溢出的成本，從而提升技術創新活動的效率。表9-3中列（1）至列（8）的結果顯示，空間相關係數顯著為正。這表明經濟條件相近的區域之間有利於技術創新效率的相互促進。可能的原因是，經濟條件相近的區域更有利於技術擴散，從而推動區域技術創新效率的提升。事實上，經濟條件相近的程度決定了技術勢能差異的大小，經濟條件越相近，技術勢能差異就越小，技術擴散條件就相對較低，技術擴散就越容易發生。此外，比較表9-2和表9-3的空間相關性系數可知，相對於地理因素而言，經濟因素對技術創新效率的空間相關性影響更大。

第二，技術創新效率的一階滯后項（$Tech_{-1}$）的系數估計值在1%的水平下顯著為正。這表明技術創新效率具有明顯的路徑依賴性。可能的原因是，以往研究表明，技術創新具有明顯的路徑依賴性（姜勁、徐學軍，2006），即技術創新的歷史因素決定了未來技術創新的發展。不同地區有可能根據當地的經濟水平、社會文化和制度等因素選擇不同的技術創新路徑。如果某個地區一旦選擇特定的技術創新路徑，那麼該技術創新路徑將會鎖定（lock-in）該路徑上技術創新效率的高低。

第三，金融發展對技術創新效率具有顯著的正向影響（表9-2和表9-3中各列對應的FD的系數估計值顯著為正）。金融發展之所以會推動技術創新效率的改進，主要是因為金融發展緩解了企業技術創新的外部融資約束，促進了企業技術創新要素比例的優化配置；同時，金融發展對技術創新效率的積極

作用與 Aghion 和 Howitt（2009）提出的 R&D 驅動內生增長框架是一致的。即金融發展可以減少監督成本和道德風險問題，促進技術創新活動。

第四，知識產權保護程度有利於技術創新效率的提升（表 9-2 和表 9-3 中各列對應的 PP 的系數估計值顯著為正）。這與 Gould 和 Gruben（1996）的研究結果是一致的。他們強調，更高水平的知識產權保護程度有利於創新效率的提升。事實上，知識產權保護不僅有利於保證企業 R&D 項目成果的商業化價值，而且還能降低金融機構評估企業 R&D 項目時所感知的投資風險，從而促使企業 R&D 項目的順利開展。

第五，雖然金融發展促進了技術創新效率的改進，但金融市場化對技術創新效率有消極影響［表 9-2 和表 9-3 中列（1）和列（5）對應的 FM 的系數估計值顯著為負］。事實上，金融市場化會通過減少儲蓄、引發金融系統脆弱性或改變資金流向等渠道消極影響創新生產（Gylfason et al., 2010）。同樣地，金融業競爭程度［表 9-2 和表 9-3 中列（2）和列（6）對應的 FC 的系數估計值顯著為負］、資金市場分配程度［表 9-2 和表 9-3 中列（3）和列（7）對應的 LM 的系數估計值顯著為負］和價格市場決定程度［表 9-2 和表 9-3 中列（4）和列（8）對應的 PD 的系數估計值顯著為負］皆對技術創新效率有顯著的消極影響，進一步說明了金融市場化對技術創新效率負面影響的穩健性。

第六，金融發展與知識產權保護的交互項系數顯著為正（表 9-2 和表 9-3 中各列對應的 FD×PP 的系數估計值顯著為正），這表明知識產權保護程度會強化金融發展對技術創新效率的正向影響。因為企業技術創新成果具有弱排他性，非競爭性公共產品屬性，若缺乏知識產權保護，企業實施技術創新將面臨較高的投資風險。在這種情況下，大多數企業會減少對 R&D 項目的融資。這與 Ang（2010）的發現是一致的，即在知識產權保護程度較高的地區，金融發展對技術創新效率的影響會更加明顯。

第七，金融發展與金融市場化的交互項系數［表 9-2 和表 9-3 中列（1）和（5）對應的 FD×FM 的系數估計值］為負，但並不顯著，這表明金融市場化並沒有弱化金融發展對技術創新效率的正面影響。此外，金融發展和金融業競爭程度的交互項系數［表 9-2 和表 9-3 中列（2）和（6）對應的 FD×FC 的系數估計值］雖然為負，但並不顯著，這說明，金融業競爭程度並沒有弱化金融發展對技術創新效率的積極影響；金融發展與市場資金分配程度的交互項［表 9-2 和表 9-3 中列（3）和（7）對應的 FD×LM 的系數估計值］、金融發展與價格市場決定程度的交互項［表 9-2 和表 9-3 中列（4）和（8）對應的

FD×PD 的系數估計值］對技術創新效率具有顯著的負面影響，這表明市場資金分配程度和價格市場決定程度會顯著弱化金融發展對技術創新效率的積極效應。導致上述結果可能的原因是，中國市場化改革並沒有擺脫政府的干預，政府在特定領域的信貸融資上仍發揮著重要的調節作用（解維敏和方紅星，2011），這也使得金融市場化就金融發展對技術創新效率影響的干擾效果並不明顯抑或作用程度並不大。

第八，金融市場化和知識產權保護的交互項系數［表9-2和表9-3中列（1）和（5）對應的FM×PP的系數估計值］顯著為負，這表明，知識產權保護顯著弱化了金融市場化對技術創新效率的負面影響。此外，表9-2中知識產權保護和金融業競爭程度的交互項系數為負［表9-2中列（2）和（6）對應的PP×FC的系數估計值］，但並不顯著，而在表9-3中顯著為負［表9-3中列（2）和（6）對應的PP×FC的系數估計值］。由於在我們設定的經濟距離權重矩陣中，同時包含了地理距離的影響，這樣的估計結果表明了地理區位因素和經濟因素對技術創新活動的雙重影響，因此以經濟距離為權重矩陣的空間動態面板模型估計結果更具解釋力度（李婧、譚清美和白俊紅，2010）。由此可知，我們選擇表9-3的結果來解釋知識產權保護和金融業競爭的交互項對技術創新效率的影響，即知識產權保護顯著弱化了金融業競爭對技術創新效率的負面影響。知識產權保護與市場資金分配程度的交互項系數［表9-2和表9-3中列（3）和（7）對應的PP×LM的系數估計值］，以及知識產權保護與價格市場決定程度的交互項系數［表9-2和表9-3中列（4）和（8）對應的PP×PD的系數估計值］都顯著為負，這表明知識產權保護弱化了市場資金分配和價格市場決定對技術創新效率的負面影響。總體而言，知識產權保護就金融市場化對技術創新效率負面影響的弱化作用雖然顯著但程度較小。主要原因是，一方面，雖然中國專利行政執法取得了明顯的成效，但知識產權法律服務體制仍存在諸多不足之處，有效地保護知識產權仍需要政府、企業和社會各界的努力；另一方面，在中國社會經濟轉型的關鍵時期，R&D項目投資將面臨較大的市場風險，即使國家建立了完善的知識產權保護體系，也不能阻止金融市場化和自由化對R&D項目的金融抑制。

其他控制變量的系數估計結果顯示：（1）貿易開放度的提高促進了技術創新效率的改進，主要是貿易競爭優勢有利於激發本土技術創新的動力（汪琦，2007），同時貿易開放度可以增進國際技術創新交流，從而帶動技術創新的發展。（2）經濟發展水平顯著地促進了技術創新效率，這主要是因為經濟發展水平能夠推動技術變遷，並將技術創新引向更高水平（Mulder et al.,

2001）。（3）外商直接投資顯著提高了技術創新效率，說明外商直接投資對中國技術創新能力的累積具有顯著的正向效應。因為外商直接投資不僅能夠實現先進技術的輸入，而且還能引入適宜於中國技術創新發展的國外先進管理與創新模式，並能夠通過技術外溢效應對技術創新效率產生正面的推動（劉小魯，2011）。（4）第三產業比重對技術創新效率的改進具有顯著的推動作用，第三產業的發展可以為技術創新創造商業價值提供廣闊的空間，從而為技術創新發展提供了源動力。

第五節　結論與政策內涵

　　本章以1998—2008年中國30個省級行政區（未含港、澳、臺地區；西藏由於數據缺失嚴重，故將其略去）面板數據，結合中國資本市場改革和知識產權保護的制度環境，實證考察了地區金融發展水平、金融市場化和知識產權保護對技術創新效率的影響。研究發現：（1）R&D投入的相對低效導致中國技術創新生產呈現出規模報酬遞減的狀態；（2）中國技術創新效率存在地區差異，具體表現為東部的技術創新效率要明顯大於中部和西部；（3）技術創新效率的空間效應強度會由於區域因素的差異而發生明顯變化，其中經濟因素是技術創新效率空間聚集的主因；（4）技術創新效率具有一定的路徑依賴性；（5）中國金融發展和知識產權保護促進了技術創新效率的改進，而金融市場化卻在一定程度上阻礙了技術創新效率的改進；（6）知識產權保護強化了金融發展對技術創新效率改進的促進作用，同時弱化了金融市場化對技術創新效率的消極影響，但作用程度並不大。此外，金融市場化並沒有弱化金融發展對技術創新效率改進的正向作用。

　　本章的研究結論具有重要的政策內涵。首先，資本市場化改革雖然有利於資本的有效配置，但是過度金融市場化和自由化會在一定程度上對R&D項目產生金融抑制。因此，政府在進行資本市場化改革的同時，還需要通過必要的干預措施來調節R&D的信貸資源配置。其次，由於技術創新項目具有高度的資產專用性、不確定性和收益弱排他性佔有等特點，因此為了提高技術創新效率，政府除了提高金融發展水平以外，還必須完善中國知識產權法律體系，加強知識產權保護力度。最后，為了促進技術創新效率的改進，技術創新主體必須加強鄰近地區，尤其是經濟條件相似地區間的信息溝通與共享，以及技術和人才等科技資源的共享，積極開展技術創新項目的交流與合作。

參考文獻：

[1] Aghion, P., Howitt, P., Mayer-Foulkes, D. (2005). The effect of financial development on convergence: theory and evidence [J]. Quarterly Journal of Economics, 120: 173-222.

[2] Laincz, C., Peretto, P. (2006). Scale effects in endogenous growth theory: An error of aggregation, not specification [J]. Journal of Economic Growth, 11 (3): 263-288.

[3] Barro, R. J. (1991). Economic growth in a cross section of countries [J]. Quarterly Journal of Economics, 106: 407-443.

[4] 溫軍, 馮根福, 劉志勇. 異質債務、企業規模與 R&D 投入 [J]. 金融研究, 2011 (1): 167-181.

[5] 樊華, 周德群. 中國省域科技創新效率演化及其影響因素研究 [J]. 科研管理, 2012 (1): 10-26.

[6] 虞曉芬, 李正衛, 池仁勇, 施鳴燁. 中國區域技術創新效率：現狀與原因 [J]. 科學學研究, 2005 (2): 258-264.

[7] 余泳澤. 創新要素集聚、政府支持與科技創新效率——基於省域數據的空間面板計量分析 [J]. 經濟評論, 2011 (2): 93-101.

[8] 池仁勇, 虞曉芬, 李正衛. 中國東西部地區技術創新效率差異及其原因分析 [J]. 中國軟科學, 2004 (8): 128-132.

[9] Ang, J. B. (2011). Financial development, liberalization and technological deepening [J]. European Economic Review, 55: 688-701.

[10] Ang, J. B. (2010). Financial Reforms, Patent Protection, and Knowledge Accumulation in India [J]. World Development, 38 (8): 1070-1081.

[11] Hall, B. H., Lerner, J. (2010). The financing of R&D and innovation [M]. In: Hall, B. H., Rosenberg, N. (Eds.): Handbook of the Economics of Innovation. Amsterdam: Elsevier-North Holland, 609-639.

[12] Chowdhury, R. H., Maung, M. (2012). Financial market development and the effectiveness of R&D investment: Evidence from developed and emerging countries [J]. Research in International Business and Finance, 26: 258-272.

[13] Xiao, S., Zhao, S. (2012). Financial development, government

ownership of banks and firm innovation [J]. Journal of International Money and Finance, 31: 880-906.

[14] Colombage, S. R. N. (2009). Financial markets and economic performances: empirical evidence from five industrialized economies [J]. Research in International Business and Finance, 23: 339-348.

[15] Allred, B. B., Park, W. G. (2007). The influence of patent protection on firm innovation investment in manufacturing industries [J]. Journal of International Management, 13 (2): 91-109.

[16] Liodakis, G. (2008). Finance and intellectual property rights as the two pillars of capitalism changes [M]. In B. Laperche, & D. Uzunidis (Eds.), Powerful finance and innovation trends in a high-risk economy. Hampshire: Palgrave Macmillan, 110-127.

[17] Kanwar, S., Evenson, R. (2009). On the strength of intellectual property protection that nations provide [J]. Journal of Development Economics, 90 (1): 50-56.

[18] 李婧, 譚清美, 白俊紅. 中國區域創新生產的空間計量分析——基於靜態和動態空間面板模型的實證研究 [J]. 管理世界, 2010 (7): 43-65.

[19] Bhattacharya, S., Ritter, J. R. (1983). Innovation and communication: signaling with partial disclosure [J]. Review of Economic Studies, 50: 331-346.

[20] Ang, J. B., Madsen, J. B. (2008). Knowledge production, financial liberalization and growth. Paper presented at the financial development and economic growth conference, Monash University, April 2008.

[21] Blackburn, K., Hung, V. T. Y. (1998). A theory of growth, financial development and trade [J]. Economica, 65 (257): 107-124.

[22] Aghion, P., Howitt, P. (2009). The economic of growth [M]. Cambridge Massachusetts: The MIT Press.

[23] Jaffe, A. B. and Lerner, J. (2004). Innovation and Its Discontents. How Our Broken Patent System is Endangering Innovation and Progress, and What to Do About It, Princeton and Oxford, Princeton University Press.

[24] Maskus, K. E. (2000). Intellectual Property Rights in the Global Economy [M]. Washington, DC: Institute for International Economics.

[25] Segerstrom, P. S., Anant, T. C. A., Dinopoulos, E. (1990). A Schumpeterian Model of the Product Life Cycle [J]. American Economic Review, 80 (5): 1077-1091.

[26] Lai, E. (1998). International intellectual property rights protection and the rate of product innovation [J]. Journal of Development Economics, 55: 133-153.

[27] Boldrin, M., Levine, D. K. (2008). Against intellectual monopoly [M]. Cambridge: Cambridge University Press.

[28] La Porta, R., Lopez-de-Silanes, F., Shleifer, A., Vishny, R. (1998). Law and finance [J]. Journal of Political Economy, 106: 1113-1155.

[29] Levine, R. (1999). Law, finance, and economic growth [J]. Journal of Financial Intermediation 8: 36-67.

[30] Beck, T., Levine, R., and Loayza, N. (2000). Finance and the Sources of Growth [J]. Journal of Financial Economics, 58: 261-300.

[31] Wurgler, J. (2000). Financial markets and the allocation of capital [J]. Journal of Finance Economics, 58: 187-214.

[32] Beck, T., Levine, R. (2002). Industry growth and capital allocation: does having a market-or bank-based system matter? [J]. Journal of Finance Economics, 64: 147-180.

[33] Stiglitz, J. E., Weiss, A. (1981). Credit rationing in markets with imperfect information [J]. American Economic Review, 71: 393-410.

[34] Stiglitz, J. E. (2000). Capital market liberalization, economic growth, and instability [J]. World Development, 28: 1075-1086.

[35] Stadler, M. (1992). Determinants of innovative activity in oligopolistic markets [J]. Journal of Economics, 56: 137-156.

[36] Hellmann, T., and Puri, M. (2000). The interaction between product market and financing strategy: The role of venture capital [J]. Review of Financial Studies, 13 (Winter): 959-984.

[37] Schwarz, A. M. (1992). How effective are directed credit policies in the United States? A literature survey. The World Bank Policy Research Working Paper, Series No.: 1019.

[38] Bandiera, O., Caprio Jr, G., Honohan, P., Schiantarelli, F. (2000). Does financial reform raise or reduce saving? [J]. Review of Economics and Statistics, 82: 239-263.

[39] Kaminsky, G. L., Reinhart, C. M. (1999). The twin crises: the causes of banking and balance-of-payments problems [J]. American Economic Review,

89: 473-500.

[40] Mankiw, N. G. (1986). The allocation of credit and financial collapse [J]. Quarterly Journal of Economics, 101 (3): 455-470.

[41] Aigner, D., Lovell, K., Schmidt, K. P. (1977). Formulation and estimation of stochastic frontier function models [J]. Journal of Econometrics, 6: 21-37.

[42] Meeusen, W., Broeck, V. D. (1977). Efficiency estimation from Cobb-Douglas production function with composed error [J]. International Economic Review, 18: 435-444.

[43] Jondrow, J., Lovell, C. A. K., Materov, I. S., Schmidt, P. (1982). On the estimation of technical inefficiency in the stochastic frontier production function model [J]. Journal of Econometrics, 19: 269-294.

[44] Battese, G. E., Coelli, T. J. (1995). A model for technical inefficiency effects in a stochastic frontier production function for panel data [J]. Empirical Economics, 20: 325-332.

[45] Guilkey, D. K., Lovell, C. A. K., & Sickles, R. C. (1983). A comparison of the performance of three flexible functional forms [J]. International Economic Review, 24 (3): 591-616.

[46] Chambers, R. G. (1998). Applied production analysis: A dual approach [M]. London: Cambridge University Press.

[47] O'Sullivan D, Unwin DJ. (2003). Geographic Information Analysis [DB]. New York: Wiley.

[48] Anselin, L. (2001). Spatial Econometrics [J]. IN Baltagi, B. H. (Ed.) Theoretical Econometrics Blackwell Publishing.

[49] Beck, N., Gledistsch, K. S. & Beardsley, K. (2006). Space Is More than Geography: Using Spatial Econometrics in the Study of Political Economy [J]. International Studies Quarterly, 50: 27-44.

[50] Blonigen, B. A., Davies, R. B., Waddell, G. R. & Naughton, H. T. (2007). FDI in space: Spatial autoregressive relationships in foreign direct investment [J]. European Economic Review, 51: 1303-1325.

[51] Anselin, L., Le Gallo, J. & Jayet, H. (2007) Spatial panel econometrics. IN Matyas., L. & Sevestre, P. (Eds.) The Econometrics of Panel Data Fundamentals and Recents Developments in Theory and Practice. Springer Berlin Heidelberg.

[52] Abreu, M., De Groot, H. L. F., & Florax, R. J. G. M. (2005). Space and Growth: a Survey of Empirical Evidence and Methods [J]. Région et Développement, 21: 13-44.

[53] Madriaga, N. & Poncet, S. (2007). FDI in Chinese Cities: Spillovers and Impact on Growth [J]. The World Economy, 30: 837-862.

[54] Elhorst, J. P. (2005). Unconditional Maximum Likelihood Estimation of Linear and Log-Linear Dynamic Models for Spatial Panels [J]. Geographical Analysis, 37: 85-106.

[55] Kapoor, M., Kelejian, H. & Prucha, I. (2007). Panel data models with spatially correlated error components [J]. Journal of Econometrics, 140 (1): 97-130.

[56] Mutl, J. (2006). Dynamic panel data models with spatially correlated disturbances [D]. Phd dissertation of the University of Maryland.

[57] Blundell, R. & Bond, S. (1998). Initial conditions and moment restrictions in dynamic panel data models [J]. Journal of Econometrics, 87: 115-143.

[58] 朱有為, 徐康寧. 中國高技術產業研發效率的實證研究 [J]. 中國工業經濟, 2006 (11): 38-45.

[59] 冉光和, 魯釗陽. 金融發展、外商直接投資與城鄉收入差距——基於中國省級面板數據的門檻模型分析 [J]. 系統工程, 2011, 29 (7): 19-25.

[60] 王毅. 用金融存量指標對中國金融深化進程的衡量 [J]. 金融研究, 2002 (1): 82-92.

[61] 黃燕君, 鐘璐. 農村金融發展對農村經濟增長的影響 [J]. 系統工程, 2009, 27 (4): 104-107.

[62] 樊綱, 王小魯, 朱恒鵬. 中國市場化指數：各地區市場化相對進程2011年報告 [M]. 北京：經濟科學出版社, 2011.

[63] Vincenty, T. (1975). Direct and inverse solutions of geodesics on the ellipsold with application of nested equations [J]. Survey Review, 22 (176): 88-93.

[64] 張軍, 吳桂英, 張吉鵬. 中國省級物質資本存量估算：1952—2001 [J]. 經濟研究, 2004 (10): 35-44.

[65] Tadesse B, Moorthy, S. K. (1997). Technical efficiency in paddy farms of Tamil Nadu: An analysis based on farm size and ecological zone [J]. Agricultural Economics, 16: 185-192.

[66] Windmeijer, F. (2005). A finite sample correction for the variance of linear efficient two-step GMM estimators [J]. Journal of Econometrics, 126: 25-51.

[67] Cohen, W., Levinthal, D. (1990). Absorptive Capacity: A new perspective on learning and innovation [J]. Administrative Science Quarterly, 35: 128-152.

[68] 姜勁, 徐學軍. 技術創新的路徑依賴與路徑創造研究 [J]. 科研管理, 2006 (5): 36-41.

[69] Gould, D., Gruben, W. (1996). The role of intellectual property rights in economic growth [J]. Journal of Development Economics, 48: 323-350.

[70] Gylfason, T., Holmstrom, B., Korkman, S., Soderstrom, H. T., Vihriala, V. (2010). Nordics in Global Crisis: Vulnerability and Resilience. The Research Institute of the Finnish Economy (ETLA): Taloustieto Oy, Yliopistopaino, Helsinki.

[71] 解維敏, 方紅星. 金融發展、融資約束與企業研發投入 [J]. 金融研究, 2011 (5): 171-183.

[72] Mulder, P., De Groot, H. L. F., Hofkes, M. W. (2001). Economic growth and technological change: A comparison of insights from a neo-classical and an evolutionary perspective [J]. echnological Forecasting & Social Change, 68: 151-171.

[73] 汪琦. 本土技術創新、外國技術溢出與中國製造業貿易競爭優勢互動性的實證 [J]. 國際貿易問題, 2007 (11): 89-94.

[74] 劉小魯. 中國創新能力累積的主要途徑: R&D, 技術引進, 還是 FDI? [J]. 經濟評論, 2011 (3): 88-96.

第十章 破解轉型經濟體中企業核心能力悖論

隨著中國經濟結構轉型，市場環境的劇烈變化，固守原有的核心能力的企業容易形成核心剛度，最終面臨淘汰的厄運。基於此，本章以中國中小型信息技術企業作為研究對象，以核心能力理論為基礎，試圖通過探尋企業家精神導向和市場導向的調節作用來破解轉型經濟體中核心能力悖論。研究結果表明，首先，核心能力悖論是中小型信息技術企業中普遍存在的現象；其次，企業家精神導向對核心剛度的軟化作用並不明顯，同時它對核心能力向核心剛度轉化的緩解作用亦不明顯；最后，市場導向既能起到軟化企業核心剛度的作用，同時又能引導企業緩解核心能力對核心剛度的強化作用。本章的結論對於進一步破解轉型經濟體中核心能力悖論，實現經濟結構成功轉型具有非常重要的意義。

第一節 引言

在當前激烈的市場競爭環境下，中小型企業若不憑藉創新來搶占市場先機，其結果無疑是在市場競爭中被獵殺。因為通過創新，企業可以獲得有別於其他企業的市場潛能。然而，對於中國中小型企業而言，創新通常要耗費巨大的代價，甚至可能讓企業萬劫不復（Wright et al., 2012）。此外，企業創新具有較強的路徑依賴性（Thrane et al., 2010）。因此，建立在創新體系上的企業核心能力往往被鎖定在原來的技術軌跡上，從而使得企業陷入某種理論範式之中，限定了企業的創新邊際搜尋傾向。在這種情況下，形成已久的核心能力有可能會阻礙企業適應技術體制的重大變革（Mudambi & Swift, 2009）。因為特

定的核心能力通常與特定的組織結構相關，改變核心能力，就意味著組織結構的變革，此時與組織層次和部門重組伴生的權力再分配將會觸動既定權力位階，從而衍生出妨礙技術體制重大變革的強大阻力。Levinthal 和 March（1993）認為做出創新決策的企業可能最終陷入兩種類型的「陷阱」，即失敗陷阱（Failure trap）和能力陷阱（Competency trap）。因此，企業創新猶如一把「雙刃劍」，若企業故步自封，那麼企業將失去競爭優勢；若企業革故鼎新，企業又可能面臨巨大的戰略機會成本。面對核心能力悖論，企業如何突破原有核心能力的限制，迅速應對外部環境變化的衝擊，既是當前中國中小型企業亟待解決的實踐問題，同時又是學術界關注的重要議題。

以往研究將焦點集中於探討如何提升企業的核心能力，而對如何破解轉型經濟體中中小型企業核心能力悖論著墨甚少（Carlile, 2002）。然而，從當前經濟轉型的緊迫形勢來看，如何破解中小型企業的核心能力悖論事關中國產業結構成功升級和未來中小型企業的發展空間。在穩定的外部環境下，企業的核心能力是其競爭優勢的源泉，然而在轉型經濟體中，複雜多變的外部環境會使得企業建立起的核心能力演變為核心剛度（Barnett, Greve, & Park, 1994）。在核心剛度的影響下，企業內部通常會營造出一種惰性和過度自信的氛圍，即它們對原有的核心能力過度自信而表現出對外部環境波動的慣常忽略（Habitual regardless）。在上述情境中，惰性壓力和過度自信通常會阻礙企業尋求與內外部環境變化一致的核心能力演進。因此，核心剛度可以被視為在劇烈變動的環境中，企業的技術核心能力同外部環境匹配錯位所必須付出的代價。為了減少這種代價，降低生存風險，企業在面臨迅速變化的市場環境時，需要隨時充實和完善自身的核心能力。然而，一個企業如何隨時演化出與內部環境和外部環境相匹配的核心能力，目前還是有待研究的重要問題。在本研究中，我們提出兩種可能破解核心能力悖論的內生性動力，即企業家精神導向和市場導向。試圖通過實證的視角評判這兩種導向對核心能力和核心剛度之間關係是否存在調節效應。

第二節　文獻探討與研究假設

一、核心能力悖論

根據企業資源基礎的觀點，企業可以被視為一組資源的集合體（Wernerfelt, 1984）。這些資源較大程度地決定了企業的優勢與劣勢（Gabriel,

Venkat, & Paul, 2003)。核心能力理論拓展了資源基礎的觀點，提出了嚴格意義上的核心能力觀點，清楚地界定了企業核心能力的邊界。企業核心能力是嵌入式的組織記憶，是組織慣例的集合。這些慣例會使得組織知識的累積和組織活動的慣例化構成組織記憶最重要的兩種存儲形式，並成為組織正常運轉的重要機制（Boyer & Robert, 2006）。由核心能力演變而來的這些組織慣例可以節省企業的認知資源，增加企業的穩定性，降低企業決策的不確定性，並且在較大程度上維持著企業的競爭優勢（Barnett, Greve, & Park, 1994）。因此，大多數企業管理層會醉心於以往成功的慣例。但它也是組織惰性（Boyer & Robert, 2006）、不靈活性（Gersick & Hackman, 1990）和企業盲目（Ashforth & Fried, 1988）的重要來源。Teece（2009）認為，隨著企業的逐漸老化，早期的決策和實踐也會被傳承下來，最終演變成組織慣例，從而使得企業變得相對惰性，這是因為目前能夠為企業提供滿意解決方案的成功慣例會妨礙企業尋求外部資源或啟動組織變革，降低了企業洞悉外部環境的能力，弱化了企業進取創新的動力。因此，在複雜變化的環境中，過度偏執和過分強調組織慣例會使得企業核心能力無法變通，迫使企業陷入「能力陷阱」的困局，並將企業鎖定為固定不變的行為模式，最終演變為「核心剛度」。事實上，瞬息萬變的市場競爭環境打破了企業原有的生存法則，甚至顛覆了企業原有的生存模式。在這種情境下，倘若企業依舊依賴以往存儲的知識模式，並恪守內部風俗、習慣或慣例來應對市場挑戰，那麼企業將面臨巨大的生存風險，甚至可能會遭受外部環境的致命衝擊。當企業意識到組織與外部環境發生錯位時，它們唯有重新構建一個具有異質性、差別化且難以仿製的優勢集合，才有可能抵禦外部環境的負面衝擊，維持原有的競爭優勢。但現實是，當中小型企業耗盡有限的資源與能力重構優勢集合時，競爭對手的行動、新技術的出現以及環境的變遷將有可能使得中小型企業精心構建的優勢集合變得毫無價值。

此外，企業核心能力具有較強的路徑依賴性，即企業的核心能力具有時間路徑的不可逆性，因此核心能力一旦形成，企業核心能力的特徵就將被選定，在往後的發展中這種特徵會沿著既定方向不斷強化（Roper & Hewitt-Dundas, 2008；Peters, 2009）。在穩定的環境下，企業利用核心能力持續獲取競爭優勢的模式是可重複的和可識別的。但當外部環境變化加劇，競爭性市場充斥不確定性時，企業的核心能力會強化組織剛性，降低企業對外部環境衝擊的反應能力。因此，外部環境的變化客觀上要求組織進化，以提高企業在複雜多變的外部環境中存活的概率。但由於企業核心能力的惰性會使得企業主觀上的進化動力不足，從而妨礙企業內在創新挖掘（Internal innovative excavation）和外部創

新搜索（External innovative search）。因此，當面對一個不斷變化的商業環境時，企業的核心能力會演變為核心剛度，它可能會割裂外部環境與企業之間的關係，導致市場不確定性將企業核心能力侵蝕殆盡。基於上述分析，我們做出研究假設 H1。

H1：在經濟轉型的經濟體中，中小型企業核心能力會強化其核心剛度，即核心能力悖論是普遍存在的。

二、破解核心能力悖論：企業家精神導向和市場導向的調節作用

外部環境的變遷使得組織與環境之間錯位，企業核心能力演變為核心剛性。此時企業管理者需要克服組織惰性，迅速挖掘內在創新潛力並同時進行外部創新搜索活動，以不斷地適應環境變化和追逐競爭優勢的動態核心能力（Dynamic capability），防止核心能力向核心剛性演化（Salge, 2011）。為了克服組織惰性，企業內部必須具備一種內生性動力來鞭策企業尋找市場上未被利用的機會。但由於市場環境是複雜多變的，而企業的內部存儲的知識有限，因此，在信息不對稱的情況下，準確地找出市場上未被利用的機會實乃不易（Ocasio, 1997）。為了準確地鑑別和利用這些市場機會，企業需要具備企業家精神導向，而企業家精神導向具有高度的創新性、風險承擔性和超前行動性等特徵（Merlo & Auh, 2009；Rhee et al., 2010）。它能夠幫助企業建立一種進行試驗和承擔風險的學習和選擇的機制，使得企業具有機會找尋（Opportunity-seeking）和優勢找尋（Advantage-seeking）的行為動機（Hughes & Morgan, 2007）。在這種動機的影響下，企業更傾向於接受新的思想，使用新的方法（Barczak, Griffin & Kahn, 2009；Li et al., 2010），也更願意交換新的思想和採納新的觀點（Brockman & Morgan, 2003）。企業家精神導向使得企業將重點放在需求創造和激進式創新上（Avlonitis & Salavou, 2007）。因此具備企業家創新導向的企業會更有強烈的意願要求變革、承擔風險和創新以使得它們在產品開發上能夠領先於競爭對手（Zhou et al., 2005）。同樣地，企業家精神導向會激勵企業持續關注市場環境的動向，以使得它們更加適應商業環境的變化和趨勢（Ahuja & Lampert, 2001）。同時，企業家精神導向會讓企業更加重視組織內外的關係網路，促進知識的流通，促成新的資源組合，以開發出更加符合消費者和市場需求的產品或服務（Renko, Carsrud, & Brännback, 2009）。此外，企業家精神導向還會促使企業去強調知識轉換機制，從而將隱性知識外化，然后進一步內化到員工的行動中。由此可知，具有企業家精神導向的企業具備更加高效的知識轉換系統，從而加深了企業對核心能力的理解，提高了企業回應

市場需求的速度（Dursun-Kilic，2005）。以往研究都將企業家精神導向視為企業動態能力的源泉（Jiao et al., 2010; Li et al., 2009; Merlo & Auh, 2009; Lin et al., 2008），它強化了企業根據環境變化來迅速調整和重新配置企業資源的能力，提高了企業的環境適應能力（Li et al., 2009）。Merlo 和 Auh（2009）認為企業家精神導向可以提高企業主動回應市場環境變化的能力，糾正企業與環境之間的錯位，克服組織惰性，防止企業核心能力向核心剛度的轉化。基於上述分析，我們推導出以下研究假設。

H2a：在經濟轉型的經濟體中，企業家精神導向對核心剛性有顯著的軟化作用。

H2b：在經濟轉型的經濟體中，企業家精神導向在中小型企業核心能力和核心剛性間扮演著負向調節功能的角色。換言之，企業家精神導向程度越高，企業核心能力對核心剛度的正向影響程度就會微弱。

除了企業家精神導向以外，企業也可能根據市場導向來調整組織與環境之間的關係（Kohli & Jaworski, 1990）。市場導向如同組織文化，它是企業持續傳遞優越價值給消費者的一種特性（Slater & Narver, 1995）。同時市場導向也可以視為一種思想體系，具備市場導向的企業認為企業最核心的目標就是替顧客創造和維持優越的價值。在這種思想體系的影響下，市場導向會激勵並驅策企業產生、散播與使用有關顧客與競爭之間的優越信息的能力。Berthon 等人（1999）認為由於企業過度關注當前顧客需求，反而會分散企業培育和完善核心能力的精力。原因在於現有顧客通常是短視的，他們缺乏洞悉潛在需求的能力，如果產品創新以現有顧客為中心，那麼企業將很難推出前瞻性的創新產品，企業的核心能力也將限定在原有的範圍之內。Christensen 和 Bower（1996）的研究結論亦表明，過高的市場導向會將企業的創新活動限制在顧客驅動的漸進式創新的狹窄範圍之內。然而，Narver 等人（2004）則認為市場導向蘊含了兩種含義，即回應性市場導向（Responsive market orientation）和預應性市場導向（Proactive market orientation）。回應性市場導向是企業試圖瞭解與滿足現有顧客表達的需求，而預應性市場導向是企業試圖瞭解與滿足潛在顧客表達的需求。回應性市場導向會激勵企業在現有的知識和經驗基礎上去徹底瞭解現有顧客表達的需求（Baker & Sinkula, 1999），因此它會不斷地激勵企業在現有的知識和經驗基礎上去吸收新的信息，並不斷地累積新的知識和經驗，以增加企業的吸收能力（Cohen & Levinthal, 1990）。通過新知識和經驗的不斷累積，企業也會不斷地培養和完善核心能力，以增強其適應環境的能力，提高企業生存的概率（Slater & Narver, 1996）。預應性市場導向會促進企業的探索性

學習行為，激勵企業尋找和傳遞新的信息和知識，使企業在經驗範圍外的組織活動發生變化（March，1991）。因此預應性的市場導向會不斷提醒企業關注新市場和新技術的發展，並在企業核心能力的基礎上獲得新的突破。Han 等人（1998）的研究表明市場導向可以激勵企業重新培育或不斷完善現有的核心能力，增強企業適應環境的能力。基於上述分析，我們推出以下研究假設。

H3a：在經濟轉型的經濟體中，市場導向對核心剛性有顯著的軟化作用。

H3b：在經濟轉型的經濟體中，市場導向在中小型企業核心能力和核心剛性間扮演著負向調節功能的角色。換言之，市場導向程度越高，企業核心能力對核心剛度的正向影響程度就會越弱。

第三節　研究方法

一、樣本與數據收集

信息技術企業是知識創新和技術創新活動較為頻繁的組織，同時它也最容易受到外部環境的影響而導致核心能力貶值，最終喪失競爭優勢。基於此，本研究選擇信息技術類中小型企業作為調查對象，以瞭解在轉型經濟體中，這些企業的核心能力向核心剛度轉化的過程中是否會受到企業家精神導向和市場導向的干擾。由於在本研究中問卷的所有問題均在於瞭解企業有關核心能力的狀況，包括核心能力、核心剛度、企業家精神導向和市場導向。對於這些情況，企業決策層的瞭解程度是最深的，因此在問卷發放上，需以公司經理作為問卷發放的對象，但若公司經理並無高度配合意願，那麼問卷的回收率可能會偏低，故本研究採取立意取樣進行資料收集，通過電話與電子郵件聯繫，確認企業經理具有較高的配合意願，則請公司經理上網填寫問卷，共收集到有效問卷 151 份。

為了檢驗無反應偏差（Non-response bias），我們將對第一批回收的有效問卷和第二批回收的有效問卷以 t-test 的方法檢驗兩次回收的有效樣本在核心能力、核心剛度、企業家精神導向和市場導向等問項是否存在顯著差異。在顯著性水平 5% 之下，兩組有效樣本之間在各個問項之間並無顯著差異，分析結果雖然無法完全排除無反應偏差，但它能增加我們對樣本代表性的信心。在樣本分佈中，信息技術類中小型企業以計算機修理業居多（32.13%）；成立時間以 3~6 年居多；員工人數以 20~40 人居多。

二、變量測量

本研究所有的觀測變量均以相關文獻為基礎，並根據多位專家學者的寶貴意見，進行局部內容及用字遣詞的調整與修正，以期能符合中國信息技術類中小型企業的實際情景與理論基礎。所有潛在變量是利用多個觀測變量來衡量。每一個觀測變量，回答者依據對題目所描述的認同程度來回答，我們採用五點李克特量表來代表認同的程度。尺度 1 表示強調不同意，尺度 3 表示普通，尺度 5 表示強烈同意。每一個潛在變量及其觀測變量簡述如下：

核心能力：根據 Long 和 Vickers-Koch（1995）、Hamel 和 Heene（1994）的觀點，我們將核心能力定義為一種技巧、知識和技術的秘訣，可以對價值鏈的特定點提供特殊的優勢，因此它是企業不易被競爭者模仿且優於競爭者的核心資產。核心能力量表建立在 Long 和 Vickers-Koch（1995）、Hamel 和 Heene（1994）有關核心能力的理論基礎之上，同時參考林文寶、吳萬益（2005）的相關量表設計成本章的核心能力量表，分為門檻能力、重要性能力和未來性能力三個構面，共 11 題。其中門檻能力是指公司面臨競爭壓力時所需具備的支持性能力和基本技術能力，譬如執行業務活動所需的一般性技能和系統，例如，計算機系統、機器設備等硬件的工具；重要性能力是指對於公司的競爭能力影響重大的技術或系統，譬如技術制程控制、新技術的引進、管理和有效運用的能力；未來性能力是指公司為了維持未來競爭優勢所必須發展的能力，譬如技術改良、生產流程自動化以及偵測回饋或預測的能力。

核心剛度：根據 Li 等人（2008）的觀點，我們將核心剛度定義為核心能力的長期不良累積而產生的難以適應環境的惰性。核心剛度量表建立在 Li 等人（2008）有關核心剛度的理論基礎之上，分為戰略剛度、營運剛度和管理剛度，共 9 題。戰略剛度是指由於管理層認知滯后和行動滯后而導致企業戰略行動上的遲延。營運剛度是指企業在組織營運過程中由於有效決策的遲延以及問題解決速度的遲延，從而導致企業難以適應外在環境的變化。管理剛度是指企業過分依賴於以往成功的管理方式和風格而難以根據外在環境的變化對組織結構做出合理的調整，最終導致管理效率低下。

企業家精神導向：根據 Covin 和 Miles（1999）的觀點，我們認為企業家精神導向是組織的一種特質，它傾向於強調積極的產品創新、提出高風險計劃、採取領先於競爭對手的先驅性創新。本研究主要參考 Atuahene-Gima 和 Ko（2001）等的文獻來發展企業家精神導向量表，共 5 題。企業家精神導向的背後隱含了機會找尋與優勢找尋的企業行為。其展現出來的特性包括：期待新

的思想及創造力的產生，鼓勵主動承擔風險，容許失敗存在的可能性，宣揚學習的重要性，支持產品、流程及行政創新，支持持續性創新。

市場導向：根據 Hult 等（2005）的觀點，我們認為市場導向是一種思想體系，它會激勵企業員工發展和利用市場信息，不斷地向顧客傳遞和維持優越的價值。本研究主要參考 Narver 等（2004）的文獻來發展市場導向量表共 7 題，分為回應性市場導向（共 3 題）和預應性市場導向（共 4 題）。回應性市場導向是指企業試圖去觀察、瞭解，進而滿足消費者表達性需求（Expressed needs）的思想體系。而預應性市場導向則是企業試圖去觀察、瞭解，進而滿足消費者潛在需求（Latent needs）的思想體系。

控制變量：根據 Li 等（2008）、Narver 等（2004）和林文寶、吳萬益（2005）的相關論述，我們將企業的相關背景變量納為控制變量，包括企業員工數（取對數）、企業年齡、大學本科及以上員工比例。

三、共同方法偏差事後檢測

為了檢測共同方法偏差的問題，本研究採用哈門氏單因子測試法（Harman's singe-factor test），將量表中（核心能力、核心剛度、企業家精神導向和市場導向）的 32 個題目一起做因子分析，在未轉軸的情況下共得到 7 個因子，累計解釋變異量為 77.657%，其中第一個因子的解釋變異量為 39.311%，顯示共同方法的偏差並不嚴重。為謹慎起見，本研究同時採用驗證性因子分析加以檢測，此法的前提為：如果方法變異是形成量表間共變異的主要原因，則驗證性因子分析將顯示單一因子模型與數據的擬合優度和假設模型一樣好。本研究將單因子模型進行驗證性因子分析的結果發現，模型與數據的擬合優度並不理想（卡方值 = 4817.435，GFI = 0.512，RMSEA = 0.184）。再與假設模型（卡方值 = 573.641，GFI = 0.912，RMSEA = 0.044），比較的結果，可以看出假設模型顯著優於單因子模型（Δ 卡方值 = 4243.794，Δdf = 7，$P <$ 0.001）。雖然上述的檢測無法排除共同方法偏差的威脅，但也提供證據說明本研究共同方法偏差的問題並不嚴重。

四、信度與效度分析

1. 信度檢驗

本研究利用內部一致性來評價量表的信度，即利用 Cronbach's alpha 和單因子模型的可靠性因素來評估研究模型的量表信度（Raykov，1998）。此外，我們也通過檢驗剔除某一題目后，整體量表的信度是否將會明顯改善來評估量

表的內部一致性強度。根據研究目的，我們所使用到的信度評價指標包括項目總平方復相關係數和剔除項目后的 Cronbach's alpha 值（Hair et al., 1998）。研究結果經整理后匯報在表 10-1。如表 10-1 所示，所有因子的內部一致性係數和可靠性係數都在 0.7 以上，因此所有因子分別具有良好的內部一致性（Hair et al., 1998）。組合信度和平均變異萃取量進一步表明本研究各量表具有良好的內部一致性。如表 10-1 所示，所有因子的組合信度皆在 0.7 以上，符合 Fornell 和 Larcker（1981）所建議的臨界值標準。如表 10-2 所示，所有因子的平均變異萃取量皆在 0.5 以上，也符合 Hair 等（1998）所建議的臨界值標準。

表 10-1　　　　　量表信度分析匯總表

因子	Alpha	可靠性係數	組合信度	保留題目數
門檻能力（TC）	0.901	0.904	0.902	4
重要性能力（IC）	0.904	0.906	0.905	4
未來性能力（FC）	0.862	0.863	0.855	3
戰略剛度（SR）	0.762	0.764	0.818	3
營運剛度（OR）	0.813	0.816	0.821	3
管理剛度（MR）	0.841	0.842	0.842	3
企業家精神導向（EO）	0.913	0.913	0.925	5
回應性市場導向（RO）	0.886	0.885	0.876	3
預應性市場導向（PO）	0.926	0.926	0.929	4

2. 效度檢驗

由於本研究數據呈現出聯合正態分佈的趨勢，因此研究量表的聚合有效性是通過驗證性因素分析中穩健性極大似然估計法來進行評估的，具體結果如表 10-2 所示。表 10-2 的結果顯示標準化的因子載荷和項目信度分別在 Steenkamp 和 van Trijp（1991）所建議的臨界值 0.6 和 0.5 之上。此外，所有題目的因子載荷都在 0.01 的水平上具有統計顯著性，因此，所有的因子具有良好的聚合有效性。

表 10-2　　　　　量表驗證性因素分析匯總表

因子	標準化因子載荷	項目信度（R^2）	平均變異萃取量
門檻能力（TC）	0.818~0.849	0.702~0.717	0.685
重要性能力（IC）	0.801~0.872	0.679~0.731	0.709
未來性能力（FC）	0.725~0.864	0.617~0.719	0.655

表10-2(續)

因子	標準化因子載荷	項目信度（R^2）	平均變異萃取量
戰略剛度（SR）	0.711~0.826	0.599~0.694	0.611
營運剛度（OR）	0.741~0.839	0.623~0.705	0.640
管理剛度（MR）	0.738~0.856	0.619~0.728	0.633
企業家精神導向（EO）	0.792~0.903	0.663~0.771	0.711
回應性市場導向（RO）	0.806~0.863	0.668~0.742	0.701
預應性市場導向（PO）	0.854~0.905	0.724~0.788	0.769

關於因子之間的區分效度，我們計算了每個因子的平均萃取變異量的平方根以及因子間的相關係數，所得結果匯報在表10-3。由於每個因子的平均萃取變異量的平方根要顯著大於這個因子與其他因子之間的相關係數，故本研究因子間具有良好的區分效度。

表10-3　　相關係數矩陣和平均萃取變異量平方根

	TC	IC	FC	SR	OR	MR	EO	RO	PO
TC	(0.828)								
IC	0.532***	(0.842)							
FC	0.451***	0.515***	(0.809)						
SR	0.236***	0.252***	0.346***	(0.782)					
OR	0.324***	0.241***	0.188***	0.365***	(0.800)				
MR	0.253***	0.210***	0.147**	0.443***	0.498***	(0.796)			
EO	0.232***	0.341***	0.426***	−0.141**	−0.174**	−0.107*	(0.843)		
RO	0.083	0.072	0.103*	−0.415***	−0.437***	−0.390***	0.565***	(0.837)	
PO	0.112**	0.104*	0.148**	−0.431***	−0.395***	−0.293***	0.540***	0.488***	(0.877)

註：*、**、***分別表示在10%、5%和1%的水平上顯著，以下相同。

第四節　資料分析和結果討論

一、資料分析

我們以企業核心剛度為自變量，以企業家精神導向和市場導向為調節變量，以核心能力為因變量，採用多層次迴歸分析對假設進行檢驗。為了避免直接生成的交叉項而導致的多重共線性，我們先將核心能力（CC）、企業家精神

導向（EO）、回應性市場導向（RO）和預應性市場導向（PO）四個變量中心化，然後再生成交叉項並進行迴歸分析。在進行數據分析時，我們還控制了企業年齡、企業規模和大學本科及以上員工比例等變量的影響。分析結果如表10-4所示。

表 10-4　　　　　　　　　　　　多層次迴歸分析表

	核心剛度		
	模型 1	模型 2	模型 3
Firm_Age	0.103*	0.097	0.092
	(0.065)	(0.064)	(0.064)
Firm_Scale	0.183**	0.168**	0.162**
	(0.086)	(0.084)	(0.084)
Bach_Ratio	−0.276***	−0.301***	−0.281***
	(0.083)	(0.085)	(0.087)
CC		0.216***	0.211***
		(0.063)	(0.064)
EO		−0.093	−0.081
		(0.111)	(0.113)
RO		−0.175**	−0.170**
		(0.075)	(0.077)
PO		−0.221***	−0.239***
		(0.076)	(0.073)
CC×EO			−0.073
			(0.215)
CC×RO			−0.106*
			(0.062)
CC×PO			−0.318***
			(0.092)
$\triangle R^2$	0.214***	0.176***	0.023***
Overall R^2	0.214	0.390	0.413
Overall F	11.754***	18.671***	23.417***

根據表10-4的迴歸結果，3個模型的F值均顯著不為零（$P<0.01$），表示3個模型中自變量與因變量的線性關係顯著。其中在模型2中，核心能力（CC）的迴歸系數顯著為正（$\beta=0.216$，$P<0.01$），這表明核心能力對中小型企業核心剛度具有顯著的強化作用，意味著本章研究假設H1獲得實證支持；

回應性市場導向（RO）（$\beta=-0.175$，$P<0.05$）和預應性市場導向（PO）（$\beta=-0.221$，$P<0.01$）的迴歸系數顯著為負，這表明市場導向對核心剛度具有顯著的軟化作用，意味著本章研究假設 H3a 是成立的；雖然企業家精神導向（EO）對核心剛度具有負面作用，但並不具有統計顯著性。這表明企業家精神導向對中小型企業核心剛度的軟化作用並不顯著，意味著本章研究假設 H2a 未獲得實證支持。

表 10-5　　　　　　　　　　穩健性迴歸分析表

	戰略剛度		營運剛度		管理剛度	
	模型 4	模型 5	模型 6	模型 7	模型 8	模型 9
Firm_Age	0.125**	0.116**	0.111	0.127	0.088	0.095
	(0.053)	(0.058)	(0.083)	(0.083)	(0.070)	(0.069)
Firm_Scale	0.181**	0.179**	0.210***	0.207**	0.167**	0.171**
	(0.070)	(0.069)	(0.070)	(0.081)	(0.071)	(0.071)
Bach_Ratio	−0.308***	−0.312***	−0.233**	−0.229**	−0.193**	−0.200**
	(0.100)	(0.100)	(0.092)	(0.102)	(0.089)	(0.090)
CC	0.187***	0.184***	0.221***	0.218***	0.166**	0.173**
	(0.058)	(0.057)	(0.061)	(0.060)	(0.070)	(0.071)
EO	−0.119	−0.103	−0.141	−0.113	−0.091	−0.078
	(0.096)	(0.098)	(0.107)	(0.106)	(0.119)	(0.125)
RO	−0.171**	−0.148*	−0.163**	−0.157**	−0.153**	−0.144**
	(0.080)	(0.081)	(0.075)	(0.073)	(0.071)	(0.069)
PO	−0.211***	−0.207***	−0.206***	−0.192***	−0.150**	−0.166**
	(0.068)	(0.068)	(0.065)	(0.064)	(0.068)	(0.071)
CC×EO		−0.118		−0.131		−0.059
		(0.209)		(0.164)		(0.194)
CC×RO		−0.128**		−0.117**		−0.097*
		(0.059)		(0.051)		(0.054)
CC×PO		−0.296**		−0.274***		−0.188**
		(0.113)		(0.084)		(0.090)
△R²	0.150***	0.043***	0.145***	0.022***	0.173***	0.029***
Overall R²	0.411	0.454	0.403	0.425	0.364	0.393
Overall F	19.98***	25.57***	18.44***	24.62***	14.75	19.66***

引入核心能力與企業家精神導向的交叉項（CC×EO）、核心能力與回應性市場導向的交叉項（CC×RO）以及核心能力和預應性市場導向的交叉項（CC×PO）之後，模型 3 的擬合優度指標 R2 有了顯著的提高，即顯著提高了 0.023。並且在模型 3 中，核心能力與回應性市場導向交叉項（CC×RO）的迴歸系數（β=-0.106，P<0.1）和核心能力與預應性市場導向交叉項（CC×PO）的迴歸系數（β=-0.318，P<0.01）顯著為負。這說明市場導向會弱化核心能力與核心剛度之間的正相關關係。因此數據分析結果支持 H3b。核心能力與企業家精神導向交叉項（CC×EO）的迴歸系數並不顯著，這表明企業家精神導向對核心能力和核心剛度之間的正向關係並無顯著的影響，意味著數據分析結果並未支持 H2b。

此外，為了我們以企業核心剛度為自變量，以企業家精神導向和市場導向為調節變量，以戰略剛度、營運剛度和管理剛度為因變量，採用多層次迴歸分析方法對研究結果進行了穩健性檢驗，研究結果匯報在表 10-5 中。表 10-5 的迴歸結果顯示，本章的迴歸結果具有較高程度的穩健性。

二、結果討論

隨著中國經濟體制的轉型，以及產業結構的全面升級和外部環境的急遽變化，企業原有的核心能力與外部環境之間發生了明顯的錯位，核心能力正逐步向核心剛度轉化。為了應對新的競爭對手、經銷商需求的轉變以及供應鏈中的技術變革，企業必須尋找一種的新的核心能力替代原有的核心能力抑或調整和完善原有的核心能力來防止企業陷入核心剛度的窘境，並維持原有的市場競爭優勢。換言之，企業必須在每個歷史時期內對現存的每個核心要素進行增補、完善和精簡，才能打破核心能力悖論來換取市場競爭優勢。為了更好地理解企業核心能力的形成機制，找尋破解核心能力悖論的內生性動力，本章以中國中小型信息技術企業為例，探討了核心能力、企業家精神導向和市場導向對核心剛度的影響。研究結果顯示：首先，核心能力對核心剛度具有強化作用，即對於中國中小型信息技術企業而言，核心能力悖論是普遍存在的。其次，企業家精神導向對核心剛度的軟化作用並不顯著，而市場導向對核心剛度的軟化作用非常顯著。最后，研究結果表明市場導向而非企業家精神導向是破解轉型經濟體中中小型企業核心悖論的內生性動力，即市場導向能夠顯著地弱化核心能力與核心剛度之間的正向關係，而企業家精神導向的弱化作用並不明顯。

對中國中小型企業核心能力悖論普遍存在的解釋是，中小型企業的核心能力實際上反應了對一些管理目標和環境壓力的應對。通常情況下，核心能力是

中小型企業隨著歷史演變所繼承下來的不變的遺傳信息，它們憑藉這些獨特的信息來爭取生存的機會。在有限的資源約束下，中小型企業沒有足夠的動力跟隨環境的腳步變革核心能力，此時形成已久的核心能力會使得企業形成一套充分發揮原有核心能力效應的行為模式。這些行為模式會引導企業參與市場競爭，並維持競爭優勢。當企業的核心能力被原封不動地繼承下來時，企業也會形成一套與之相適應的固定不變的行為模式。當這些行為模式內化為組織慣例時，組織慣例便成為引導企業行為的基本準則。在穩定的外部環境下，組織慣例雖然能夠在企業決策過程中節省認知資源、增強企業穩定性並減少不確定性。但是，組織慣例限制了企業的注意範圍以及吸收新信息的能力。因為它界定了企業的搜尋範圍：只搜尋同企業原有知識體系一致的新觀念。此外，組織慣例帶來的惰性會降低企業對市場的敏感性和洞察力。當外部環境急遽變化時，如果企業缺乏對市場的敏感性和洞察力，那麼企業內部系統中的信息流也將會缺乏獨特性，企業也就不能建立或者維持自己的競爭優勢，即企業擁有的技巧與知識組合與市場上競爭對手的技巧與知識組合相比並無優勢。因此，企業的核心能力是一個動態過程，它要求企業必須根據環境變化重新整合和建構出企業核心能力，但對於中小型企業而言，根據環境提供的信息來建構新的核心能力似乎並不現實，因為建構新的核心能力，不僅會大量消耗企業有限的資源，而且還會降低企業現有的收益，同時還可能會導致轉移成本和退出成本的提高。此外，建構新的核心能力，通常意味著組織必須根據新的核心能力來調整或變革組織結構，組織結構調整或變革會導致組織層次和部門重組所伴生的權力再分配，從而觸動既定權力位階（King & Tucci, 2002）。因此，組織核心能力的悖論是普遍存在且不能輕易破解的。

　　企業家精神導向既不能對中小型企業核心剛度起到軟化作用，又不能緩解核心能力對核心剛度的強化作用。對此，一個可能的解釋是企業家精神導向強調的是積極的產品市場創新、提出風險性高的計劃和領先競爭對手的先驅性創新傾向。它激勵企業在產品創新過程中要具有探索性以及追求風險與挑戰的精神。企業家精神導向會將企業完全暴露在複雜多變的環境所帶來的高風險之中。對於資源有限的中小型企業而言，它們沒有足夠的實力去承擔高風險創新活動失敗后所需付出的代價。因此，絕大多數的中小型企業都表現出風險規避的偏好。在這種偏好的影響下，企業家精神導向在中小型企業中通常會受到抑制。為了規避市場淘汰的厄運，中小型企業通常選擇以創新為核心的調適慣例。一些成功的中小型企業通過不斷地創造新產品來獲得市場競爭優勢，而在這種情況下這些企業並沒有足夠的協調成本來根據企業家精神導向去實現重大

的技術突破或者破壞性創新，從而達到改變整個市場競爭環境的目的。對於另一種情況，一些中小型企業選擇以工藝創新為核心能力，例如利用先進的生產技術提供一系列的標準產品或服務。在這兩種情況下，中小型企業都是通過能維持其內部的「熊彼特創造過程」而獲得生存的機會（Ganter & Hecker, 2013）。

　　市場導向既能對中小型企業核心剛度起到軟化作用，又能緩解核心能力對核心剛度的強化作用。對此，我們的解釋是市場導向是企業獲取並使用顧客信息，以發展並執行符合顧客需求的策略。它會驅動企業洞悉市場行情，即時得知顧客需求與競爭者的相關信息，準確掌握市場中的各種信息流，驅使企業根據市場環境的變化迅速調整企業策略，並開發出符合顧客需求的新產品。由此可知，市場導向既可以引導企業關注外部環境變化，又同時激勵企業不斷地調試企業核心能力的動向以應對外部環境的變化。Alford 等（2000）指出具有市場導向的企業，在研發新產品的過程中，通過與顧客頻繁地接觸，將會大幅地減少新產品研發的時間與修改錯誤的次數，從而有效地提高組織彈性能力，以避免企業因陷入核心剛度而消亡。對於中小型企業而言，它們通常是市場的追隨者，同時也是外部環境變化的接受者。因為它們沒有足夠的能力去實現破壞性創新來主動改變外部環境。因此，中小型企業在激烈的市場競爭中存活下來的理由就是這種市場導向能讓它們保持對市場較高的嗅覺靈敏度，根據掌握的市場先機來修正和完善核心能力，使得核心能力與內部選擇環境和外部選擇環境匹配起來，從而避免企業形成核心剛度而使得企業面臨淘汰的厄運。

第五節　結論與政策內涵

　　隨著中國經濟的轉軌，企業正面臨著一場深層次的變革，挑戰不言而喻。外部環境的變化使得具有路徑依賴鎖定效應的核心能力需要重新完善或變革才有可能使企業邁向與環境匹配的理想境地，否則企業將會形成核心剛性而脫離外部環境，最終面臨淘汰的厄運。基於此，本章以中國中小型的信息技術企業為研究對象，以核心能力理論為基礎，通過考察企業家精神導向和市場導向的影響，試圖破解轉型經濟體中核心能力悖論。研究發現，首先，核心能力悖論普遍存在於中小型信息技術企業中，即原有的核心能力會強化企業的核心剛性。這意味著企業核心能力的路徑依賴鎖定效應會使得企業的行為模式僵化而難以根據外部環境做出適當調整。其次，企業家精神導向對核心剛性的軟化作

用並不明顯，同時它亦不能起到緩解核心能力對核心剛性的強化作用。最后，市場導向既能對核心剛性起到軟化作用，同時也能緩解核心能力對核心剛性的強化作用。

在當前市場環境的背景下，本章結論蘊含了重要的政策意涵。本章的研究結論告誡中小企業，如何不斷地更新核心能力以適應環境的變化。顯然，在企業家精神導向的驅動下，中小型企業難以背負試驗和錯誤過程中所要付出的沉重代價，因此通過破壞型創新主動改變市場競爭環境來建立自己的適應能力絕非是中小型企業的能力範疇和最優策略。在這種情況下，中小型企業唯一能夠做的就是被動地接受外界環境的變化，並根據消費者信息和競爭對手的信息而做出最優的應對策略，即時地調整、修正和精簡核心能力，防止企業形成核心剛性。本研究結果表明企業根據市場導向所收集的顧客和競爭者信息有利於緩解企業核心能力向核心剛度轉化，從而使得企業具有適應外界環境變化的能力。這也進一步印證了上述論點。

上述論點讓中小型企業管理者必須明確，企業的核心能力是一個長期累積的過程，這種累積過程具有明顯的路徑依賴性，使得企業只能在原有的技術路徑軌跡上選擇與之相關的創新活動。企業核心能力的這種特徵顯然束縛了企業柔性。尤其在激烈的市場競爭中，外部環境的劇烈變化，核心能力路徑依賴的鎖定效應使得企業很難對核心能力做出重大調整以實現組織與外界環境的完美匹配。然而，具有市場導向，旨在收集顧客和競爭性信息來調整企業核心能力引領的固化行為模式，能夠有效地緩解核心能力的剛性和路徑依賴性。因此中小型企業核心能力的演化實際上是企業內部環境與其選擇的外部環境相融合的一個過程，而在這種融合的過程中，市場導向起著引導作用，它使得企業根據市場信息對核心能力不斷調整、修正、完善和精簡，以一種漸進式的創新模式引導企業建立起與環境相互匹配的機制。而企業家精神導向則有可能將企業引入萬劫不復之地，也有可能使得企業成為馳騁市場的領導者，因為企業家精神導向是以一種激進式的創新模式引導企業進行技術變革以強化企業的環境適應能力。企業家精神導向所引導的企業創新模式會使得企業面臨著巨大的風險，這種風險是中小型企業不能承受的。

參考文獻:

[1] Wright, C., Sturdy, A., Wylie, N. (2012). Management innovation through standardization: Consultants as standardizers of organizational practice [J]. Research Policy, 41: 652-662.

[2] Thrane, S., Blaabjerg, S., and Moller, R. H. (2010). Innovative path dependence: Making sense of product and service innovation in path dependent innovation processes [J]. Research Policy, 39 (7): 932-944.

[3] Mudambi, R. and Swift, T. (2009). Professional guilds, tension and knowledge management [J]. Research Policy, 38 (5): 736-745.

[4] Levinthal, D. A., March, J. G. (1993). The myopia of learning [J]. Strategic Management Journal, 14 (S2): 95-112.

[5] Carlile, R. P. (2002). A Pragmatic View of Knowledge and Boundaries: Boundary Objects in New Product Development [J]. Organization Science, 13 (4): 442-455.

[6] Barnett, W. P., Greve, H. R., Park, D. Y. (1994). An evolutionary model of organizational performance [J]. Strategic Management Journal, 15: 11-28.

[7] Wernerfelt, B. (1984). A resource-based view of the firm [J]. Strategic Management Journal, 5 (2): 171-180.

[8] Gabriel, H., Venkat, S. P. (2003). Is performance driven by industry or firm-specific factor? A new look at the Evidence [J]. Strategic Management Journal, 24: 1-16.

[9] Boyer, M., Robert, J. (2006). Organizational inertia and dynamic incentives [J]. Journal of Economic Behavior & Organization, 59 (3): 324-348.

[10] Gersick, C. J. G., Hackman, J. R. (1990). Habitual routines in task-performing teams [J]. Organizational Behavior and Human Decision Processes, 47: 65-97.

[11] Ashforth, B. E., Fried, Y. (1988). The mindlessness of organizational behaviors [J]. Human Relations, 41 (4): 305-329.

[12] Teece, D. J. (2009). Dynamic capabilities and strategic management [M]. New York: Oxford University Press.

[13] Peters, B. (2009). Persistence of innovation: stylised facts and panel data evidence [J]. The Journal of Technology Transfer, 34 (2): 226-243.

[14] Roper, S, and Hewitt-Dundas, N. (2008). Innovation persistence: Survey and case-study evidence [J]. Research Policy, 37: 149-162.

[15] Salge, T. O. (2011). A behavioral model of innovative search: Evidence from public hospital services [J]. Journal of Public Administration Research and Theory, 21 (1): 181-210.

[16] Ocasio, W. (1997). Towards an attention-based view of the firm [J]. Strategic Management Journal, 18: 187-206.

[17] Hughes, M., Morgan, R. E. (2007). Deconstructing the relationship between entrepreneurial orientation and business performance at the embryonic stage of firm growth [J]. Industrial Marketing Management, 36: 651-661.

[18] Barczak, G., Griffin, A., Kahn, K. B. (2009). Trends and drivers of success in NPD practices: Results of the 2003 PDMA best practices study [J]. Journal of Product Innovation Management, 26, 1: 3-23.

[19] Li, Y., Wei, Z., Liu, Y. (2010). Strategic orientations, knowledge acquisition, and firm performance: The perspective of the vendor in cross-border outsourcing [J]. Journal of Management Studies, 47, 8: 1457-1482.

[20] Merlo, O., Auh, S. (2009). The effects of entrepreneurial orientation, market orientation, and marketing subunit influence on firm performance [J]. Marketing Letters, 20: 295-311.

[21] Rhee, J., Park, T., Lee, D. H. (2010). Drivers of innovativeness and performance for innovative SMEs in South Korea: Mediation of learning orientation [J]. Technovation, 30: 65-75.

[22] Avlonitis, G. J., Salavou, H. E. (2007). Entrepreneurial orientation of SMEs, product innovativeness and performance [J]. Journal of Business Research, 60 (5): 566-575.

[23] Zhou, K. Z., Yim, C. K., Tse, D. K. (2005). The effects of strategic orientations on technology-and market-based breakthrough innovations [J]. Journal of Marketing, 69 (2): 42-60.

[24] Ahuja, G., Lampert, C. M. (2001). Entrepreneurship in the large corporation: A longitudinal study of how established firms create breakthrough inventions [J]. Strategic Management Journal, 22, 6/7: 521-543.

[25] Renko, M., Carsrud, A., and Brännback, M. (2009) The effects of a Market Orientation, Entrepreneurial Orientation, and Technology Capability on Innovativeness: A study of Young Biotechnology Ventures in the United States and in Scandinavia [J]. Journal of Small Business Management, 47 (3): 331-369

[26] Dursun-Kilic, T. (2005). An empirical investigation of the link between market oriention and new product performance: the mediating effects of organizational capabilities [D]. Doctoral dissertation, old dominion university. Proquest information and learning company.

[27] Jiao, H., Wei, J., Cui, Y. (2010). An Empirical Study on Paths to Develop Dynamic Capabilities: From the Perspectives of Entrepreneurial Orientation and Organizational Learning [J]. Frontiers of Business Research in China, 4 (1): 47-72.

[28] Li, Y. H., Huang, J. W., Tsai, M. T. (2009). Entrepreneurial orientation and firm performance: The role of knowledge creation process [J]. Industrial Marketing Management, 38: 440-449.

[29] Lin, C. H., Peng, C. H., Kao, D. T. (2008). The innovativeness effect of market orientation and learning orientation on business performance [J]. International Journal of Manpower, 29 (8): 752-772.

[30] Kholi, A., and Jaworski, B. J. (1990). Market-orientation: The construct, research propositions, and managerial implications [J]. Journal of Marketing, 54 (4): 1-18.

[31] Slater, S. F. and Narver, J. C. (1994). Does competitive environment moderate the market orientation – performance relationship? [J]. Journal of Marketing, 58 (1): 46-55.

[32] Berthon, P., Hulbert, J. M., Pitt, L. F. (1999). To serve or create?: Strategic orientations toward customers and innovation [J]. California Management Review, 42: 37-56.

[33] Christensen, C. M., Bower, J. L. (1996). Customer power, strategic investment, and the failure of leading firms [J]. Strategic Management Journal, 17 (3): 197-218.

[34] Narver, J. C., Slater, S. F., and MacLachlan, D. L. (2004). Responsive and proactive market orientation and new-product success [J]. Journal of Product Innovation Management, 21 (5): 334-347.

［35］Baker, W. E., Sinkula, J. M. (1999). The synergistic effect of market orientation and learning orientation on organizational performance［J］. Journal of the Academy of Marketing Science, 27 (4): 411-427.

［36］Cohen, W. M., Levinthal, D. A. (1990). Absorptive Capacity: A New Perspective on Learning and Innovation［J］. Administrative Science Quarterly, 35 (1): 128-152.

［37］Slater, S., Narver, J. (1996). Competitive strategy in the market focussed business［J］. Journal of Market Focused Management, 1 (2): 139-174.

［38］March, J. G. (1991). Exploring exploitation in organisational learning［J］. Organisation Science, 2 (1): 71-87.

［39］Han, J. K., Kim, N., Srivastava, R. (1998). Market orientation and organizational performance: Is innovation a missing link? Journal of Marketing, 62 (4): 30-45.

［40］Long,. K., Vickers-Koch, M. (1995). Using core capabilities to create competitive advantage［J］. Organizational Dynamics, 24 (1): 6-22.

［41］Hamel, G. and Heene, C. (1994). The Concept of Core Competence［DB］. New York: Wiley, Chichester.

［42］Li, S-X., Easterby-Smith, M., and Lyles, M. A. (2008). Overcoming corporate rigidities in the dynamic Chinese market［J］. Business Horizons, 51: 501-509.

［43］Covin, J. G. & Miles, M. P. (1999). Corporate entrepreneurship and the pursuit of competitive advantage［J］. Entrepreneurship Theory and Practice, 23 (3): 47-65.

［44］Atuahene-Gima, K. and Ko, A. (2001). An Empirical Investigation of the Effect of Market Orientation and Entrepreneurship Orientation Alignment on Product Innovation［J］. Organization Science, 12 (1): 54-74.

［45］Hult, G. T., Ketchen, D. J., Slater, S. F. (2005). Market orientation and performance: an integration of disparate approaches［J］. Strategic Management Journal, 26 (12): 1173-1181.

［46］林文寶, 吳萬益. 以組織學習觀點探討知識整合及運作特性對核心能力影響之研究［J］. 臺大管理叢論, 2005, 15 (2): 165-197.

［47］Raykov, T. (1998). Coefficient alpha and composite reliability with interrelated nonhomogeneous items［J］. Applied Psychological Measurement, 22: 375

-385.

[48] Hair, J. F. Jr., Anderson, R., Tatham, R., Black, W. C. (1998) Multivariate Data Analysis (5th ed.) [M]. New Jersey: Prentice Hall.

[49] Fornell, C., Larcker, D. F. (1981). Evaluating structural equation models with unobservable variables and measurement error [J]. Journal of Marketing Research, 18 (1): 39-50.

[50] Steenkamp, J. E. M., Van Trijp, H. C. M. (1991). The use of LISREL in validating marketing constructs [J]. International Journal of Research in Marketing, 8: 283-299.

[51] King, A. A., Tucci, C. L. (2002). Incumbent entry into new market niches: The role of experience and managerial choice in the creation of dynamic capabilities [J]. Management Science, 48 (2): 171-186.

[52] Ganter, A. and Hecker, A. (2013). Deciphering antecedents of organizational innovation [J]. Journal of Business Research, 66: 575-584.

[53] Alford, D., Sackett, P., Nelder, G. (2000). Mass customization-An automotive perspective [J]. International journal of production economics, 65: 99-110.

國家圖書館出版品預行編目(CIP)資料

企業創新驅動影響因素實證研究/李後建、張劍 著.-- 第一版.
-- 臺北市：崧博出版：財經錢線文化發行，2018.10

　面 ； 　公分

ISBN 978-957-735-525-6(平裝)

1.企業管理 2.中國

494.1　　　　　107016202

書　　名：企業創新驅動影響因素實證研究
作　　者：李後建、張劍 著
發 行 人：黃振庭
出 版 者：崧博出版事業有限公司
發 行 者：財經錢線文化事業有限公司
E-mail：sonbookservice@gmail.com
粉絲頁　　　　　　　網　址：
地　　址：台北市中正區延平南路六十一號五樓一室
8F.-815, No.61, Sec. 1, Chongqing S. Rd., Zhongzheng Dist., Taipei City 100, Taiwan (R.O.C.)
電　　話：(02)2370-3310　傳　真：(02) 2370-3210
總 經 銷：紅螞蟻圖書有限公司
地　　址：台北市內湖區舊宗路二段 121 巷 19 號
電　　話：02-2795-3656　傳真：02-2795-4100　網址：
印　　刷：京峯彩色印刷有限公司（京峰數位）

　　本書版權為西南財經大學出版社所有授權崧博出版事業有限公司獨家發行電子書及繁體書繁體版。若有其他相關權利及授權需求請與本公司聯繫。

定價：400元

發行日期：2018 年 10 月第一版

◎ 本書以POD印製發行